建筑结构设计实战丛书

钢框架结构实战设计

朗筑结构　张　俊　编

中国建筑工业出版社

图书在版编目（CIP）数据

钢框架结构实战设计 / 郎筑结构，张俊编. -- 北京：
中国建筑工业出版社，2025.7. --（建筑结构设计实战
丛书）. -- ISBN 978-7-112-31248-1

Ⅰ. TU391

中国国家版本馆 CIP 数据核字第 2025LM6376 号

责任编辑：徐仲莉　王砾瑶
责任校对：李美娜

建筑结构设计实战丛书
钢框架结构实战设计
朗筑结构　张　俊　编

*

中国建筑工业出版社出版、发行（北京海淀三里河路 9 号）
各地新华书店、建筑书店经销
霸州市顺浩图文科技发展有限公司制版
北京君升印刷有限公司印刷

*

开本：787 毫米×1092 毫米　1/16　印张：12½　字数：300 千字
2025 年 7 月第一版　2025 年 7 月第一次印刷
定价：**48.00** 元
ISBN 978-7-112-31248-1
（45281）

前　　言

1. 刚入行的新人存在的问题

在十几年的面授班教学过程中，接触了太多太多的新人，作者自己也是由新人一步一步走过来的，相信每一个一路走来的结构工程师在新手阶段都有如下的痛苦或者困惑：刚进入设计院时，面对专业负责人安排给自己的工作，总感觉无从下手，或者运气好的话，好不容易在师父的指导下，加班加点完成了出图工作，但在事后回想起整个过程，却如同做梦一般，不知道这一切都是怎么完成的，理不清其中的来龙去脉。

出现上述问题的原因很大程度是本科教育与实践工作的脱钩造成的，本科教育阶段涉及的专业知识面很广，但各个方面都还不够深入。土木工程专业的毕业生就业方向非常广，不同的就业方向所要求的专业知识又各有不同，这势必会造成在本科教育阶段，所涉及的知识面非常广但又不能够太深入的问题。因此，本专业的毕业生刚走上工作岗位时，往往不能胜任自己的工作，而这种个人能力的不足，又以进入设计院工作的毕业生最为明显。现列举一些新人常见的问题：

(1) 过度依赖软件操作，忽视力学分析与设计原理；

(2) 对结构体系稳定性理解不足；

(3) 规范理解与执行不到位；

(4) 节点设计与施工可行性考虑不周；

(5) 经济性与优化意识薄弱。

2. 市面上参考书存在的问题

纵观市面上多如牛毛的专业书籍，大致可以将其分为两派，一派可以称之为理论派，典型的代表就是各种各样的专业教科书，由于这类书籍的目标是传授理论知识，因此它们也仅限于介绍理论知识，毫无疑问，扎实的理论是结构工程师们所需要的，但仅有这些理论知识，还不足以胜任结构工程师的工作。因此，很多毕业于名校的毕业生会有这样的困惑：自己毕业于名校，在学校里的成绩很优秀，年年都拿奖学金，为什么到了设计院却连一个 3 层的小框架也搞不定？另一派可以称之为实操派，典型的代表如《××软件入门教程》《××软件 30 天速成》等，看过这类书籍的读者都应该感受得到，这类书籍往往只介绍软件的操作步骤，更像是软件的应用手册，而结构设计这项工作可不是简单地拿软件搭个架子，计算完直接就可以软件成图这么简单的事情，它需要结构工程师有自己的理解和判断。

这两派书籍都有各自的缺陷，前者仅仅只注重理论知识的传播，而后者又太过于注重软件的操作，对设计工作中的理论知识直接忽视或者干脆避而不谈。两者均缺乏对设计流程的系统性指导，未将力学知识、规范、图集、施工图设计等环节整合，新人需自行摸索知识体系。这两派书籍对于想要尽快胜任结构工程师这份工作的新人而言，都是不太合适的。因此我们迫切需要一本既能涵盖设计工作中的理论知识，同时又能指导实践操作的书籍。

3. 怎样去解决上述问题

在弄清楚了自身存在的问题，同时看到了市面上一般参考书所存在的问题后，就要着手解决问题。对于那些不能去参加各种培训班同时又不能幸运地找到好师父的新人来说，我们希望提供一本这样的书籍：在教大家做结构设计时，不仅要教会大家实践操作，还要把理论知识灌输到这个学习过程中，让大家真正地学会做结构设计。

我们有着十几年的教学经验，在与学生面对面的交流过程中，深刻地认识到新人存在的问题，同时也非常理解他们的困惑。通过培训，学员们解决了自己的问题，也解开了自己的困惑，顺利地走上了属于自己的结构设计之路。既然我们的教学能达到如此效果，那么我们有理由相信，这本书也可以实现我们的目标。

这本书是我们多年教学经验的总结，在手把手地教大家做结构设计的过程中，既要教会大家常用软件的操作，也要教会大家每一步操作背后的设计原理。这既是我们的目标，也是大家的愿望。

为了实现这个目标，在本书中，我们将以一个完整的项目，从拿到建筑方案开始进行结构选型，一步一步进行结构布置、建模计算……直至最终的施工图设计。通过这样一个完整的设计过程，既把实践操作教给大家，也把设计理论蕴含其中，让大家真正地学会做结构设计。

本书配套视频请联系朗筑客服微信（18971123050）索要，本书理解过程中的任何问题，可以加朗筑钢结构设计交流 QQ 群（762306632），更多钢结构学习视频和工具资料可百度搜索"朗筑"官网进入"教学视频"专区和"资料下载"专区进行下载，关注朗筑抖音（抖音号：26429956928）或视频号（微信视频号中搜索：朗筑）可观看直播。朗筑公众号可在微信服务号中搜索"朗筑"关注。

2025 年 3 月武汉

目　　录

1 绪论

1.1 钢结构设计的起源及发展历程

钢结构的起源可以追溯到古代文明时期。从我国出土的三星堆青铜神树可以看出，早在公元几千年前，人类就开始使用金属连接件以及复杂连接，这在近代才出现焊接工艺的条件下，当时的古人是如何做到这一点的就成了一个谜。

在中世纪的欧洲，一些大型建筑开始尝试使用铁结构，例如法国的一些教堂在建造过程中使用了铁制的拉杆和支撑件，用于加强建筑的结构稳定性。

18 世纪中叶的工业革命是钢结构发展的重要转折点。随着炼铁技术的逐渐成熟，铁的产量和质量都有了显著提升，这使得铁在建筑中的应用更加广泛。在英国，铁路建设成为推动钢结构发展的重要力量。大量的铁路桥梁需要能够承受重载和跨度较大的结构，钢结构因其高强度和可加工性的优点成为首选。同时，工业建筑也开始大量采用钢结构，满足了生产设备的安装和空间需求。

19 世纪末至 20 世纪初，钢结构技术迎来了快速发展时期。钢材的性能不断改进，高强度合金钢的出现使得钢结构的承载能力进一步提高。同时，对钢材的耐腐蚀性和防火性能的研究也取得了进展，为钢结构在更广泛的环境中的应用创造了条件。在设计理论上，结构力学的发展为钢结构设计提供了更精确的计算方法，使得设计越来越科学和合理。

进入 20 世纪，钢结构建筑迎来了快速发展期。纽约帝国大厦、芝加哥联合大厦等摩天大楼的建成，展示了钢结构在高层建筑中的卓越性能，并推动了钢结构技术的不断创新和完善。在中国，中华人民共和国成立后随着经济建设的发展，钢结构在公共建筑和工业建筑中得到了初步应用。改革开放后，中国经济快速发展，钢结构建筑迎来了新的发展机遇。

进入 21 世纪，钢结构建筑在全球范围内得到了广泛应用。随着城市化进程的加速和人们对高品质生活的追求，钢结构在高层建筑、大跨度桥梁、体育场馆等多个领域得到了广泛应用。同时，数字化制造、绿色建筑和智能化应用等新技术也为钢结构的发展注入了新的活力。

1.2 钢结构设计的现状及前景

钢结构设计的现状如下。

（1）市场需求和产量：近年来，中国钢结构市场需求持续增长，2023 年钢结构产量达到 1.12 亿 t，同比增长 10.5%。自 2014 年以来，钢结构产量激增超过 160%，显示出强劲的市场需求和发展潜力。

（2）应用领域：钢结构在多个领域实现了大规模应用，包括铁路、道路、桥梁、电力、海洋工程等基础设施领域，以及大跨度空间结构、超高层建筑、学校、医院、车站、机场、工业厂房等房屋建筑工程。特别是在建筑领域，钢结构建筑已成为现代城市发展的重要标志。

（3）技术进步和标准化：随着科技的进步，新型材料、先进工艺和智能化制造技术的应用不断推动钢结构行业的技术创新和产业升级。钢结构标准化工作也在不断推进，提高了钢结构建筑的设计水平和施工质量。

钢结构设计的未来前景：

（1）政策支持：国家政策和市场需求对钢结构建筑给予了高度重视和支持。在国家"双碳"目标政策推动下，钢结构行业将迎来更好的发展机遇，其在建筑领域低碳环保、升级转型的过程中起着关键作用。

（2）市场预测：据预测，到 2025 年，全国钢结构用量将达到 1.4 亿 t，占全国粗钢产量比重达到 15%以上。到 2035 年，全国钢结构产量将达 2 亿 t，占全国粗钢产量比重达 25%。这表明钢结构在未来十年将继续保持高速发展。

1.3　如何设计一套正确的钢框架施工图

正确设计钢框架施工图示意如图 1-1 所示。

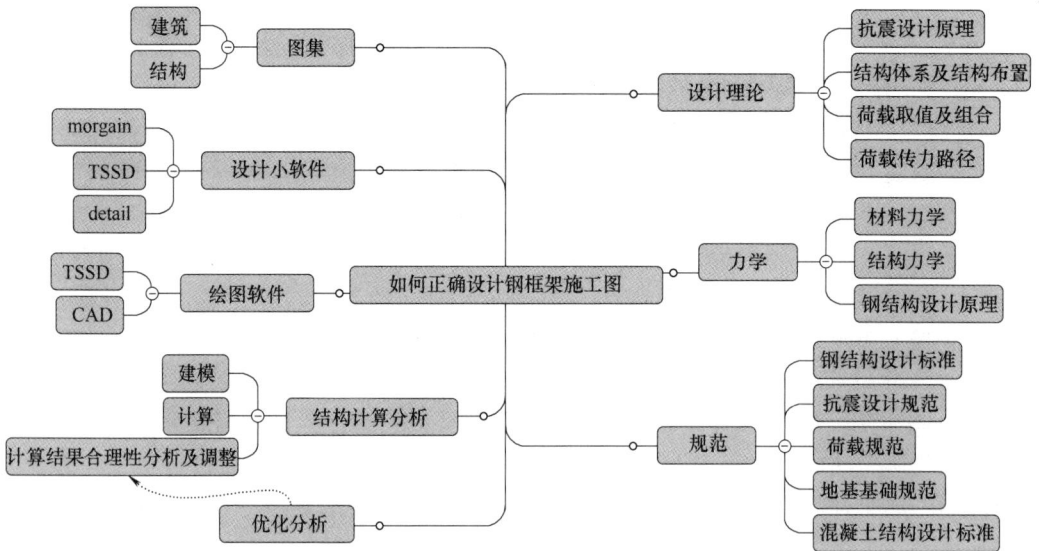

图 1-1　正确设计钢框架施工图示意图

2 建筑识图

随着社会经济水平的发展，人们对现代建筑物的功能提出了越来越高的要求，为了满足这些错综复杂的要求，任何一个项目，单单是在设计过程中，就需要多专业的协调。对于一般的项目，就至少集合着方案、建筑、结构、水、电等专业，有时还需要暖通专业，结构设计只不过是整个设计项目中的一环而已，当然也是非常重要的一环。对于结构工程师而言，重点需要完成的就是结构设计这一环。为了完成结构设计这一环，有必要了解设计过程中的其他环节，其中最重要的莫过于了解建筑设计这一环节。建筑师在图纸上展示了他们的构想，而这个构想的实现有赖于其他专业的工程师的帮助，因此其他各个专业都需要具备读懂建筑图的能力，不过各个专业在理解建筑图时，各有其侧重点。建筑师在意的是功能布局的合理性，而结构工程师则更侧重于主体结构的安全性，在实际项目中，这两个方面的要求往往存在着一些矛盾，这就有赖于建筑师与结构师的沟通和协调，相互磋商，共同探讨出一个最合理的方案。

在本章中，我们将从一个简单的项目出发，让大家培养出从结构专业的角度读懂建筑图的能力，在拿到建筑方案时，虽然眼前看到的是一个建筑方案，但脑海里要想象出一个结构的框架。

一套完整的建筑施工图包括以下几个组成部分：建筑设计总说明、各层平面图、立面图、剖面图以及楼梯和其他细部详图。从建筑设计总说明中可以看到本项目的工程概况：本项目是一栋两层钢框架开放式办公区域，建设地点位于陕西省西安市。

2.1 建筑平面图

识读建筑平面图流程如图 2-1 所示。

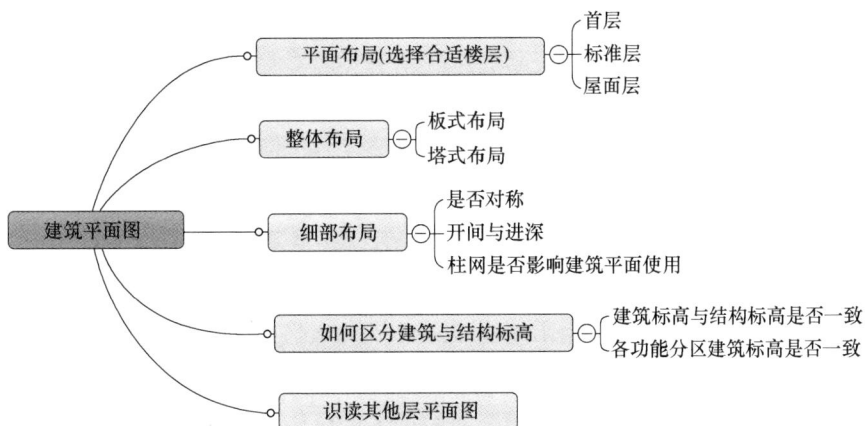

图 2-1 识读建筑平面图流程

从工程概况中得知建筑功能是办公楼，联想一下生活中常见的办公楼平面布局，大多数都比较方正，建筑平面图也印证了这个想法。

2.1.1 平面布局

识读建筑平面图，需要重点关注平面布局，为了方便后面的讨论，我们截取标准层的平面，如图 2-2 所示。

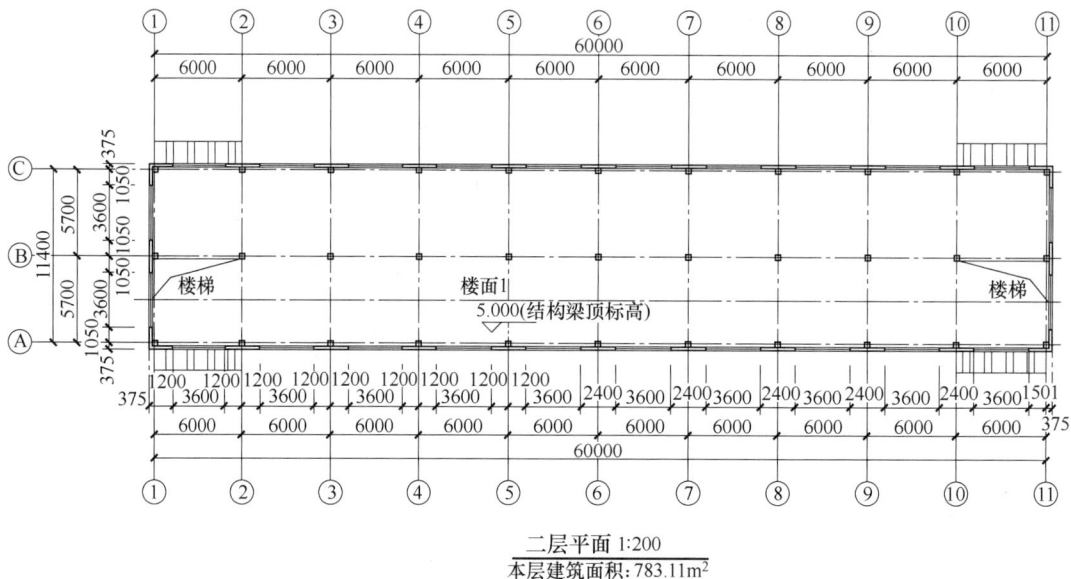

二层平面 1:200
本层建筑面积：783.11m²

图 2-2 标准层平面图

首先，看标准层而不是看首层或者屋面层，这一点对于多层或高层建筑结构尤为重要，因为多层或高层建筑结构中，标准层的数量在楼层总数中要占绝大多数，而首层或者屋面层可能与标准层还存在着比较大的差异，最初的结构布置应该依据标准层的格局进行，一个结构布置只有很好地实现了绝大多数楼层的功能才有可能是实用的。

2.1.2 识读首层平面图

对于这个项目，标准层与其他楼层其实并无太大区别，但对于首层平面图，有必要单独拿出来进行讨论。首层平面图如图 2-3 所示。

首层平面图相对于标准层平面图，虽然布局大致是一样的，但多了一些细节。首先建筑物周边多了一圈散水，这个细节与结构专业倒是没有太大关系。

另一个细节，首层一般都是布置出入口的楼层，生活经验提醒了我们在这些出入口所在位置的上面可能会有雨篷，这个细节大家可以去二层平面图上找到。通常有出入口的位置，都需要留意是否存在雨篷，而雨篷往往需要结构专业去处理，尤其是一些次要出入口处的小雨篷，很容易被初学者遗漏。

在首层平面图上一般还标注着剖面图的剖视符号，在后面看到剖面图时，如果想要知道剖面图所剖切的位置和视线方向，可以到首层平面图上来找剖视符号，剖视符号所在的位置即为剖切位置，剖视符号文字所在的方向即为视线方向。

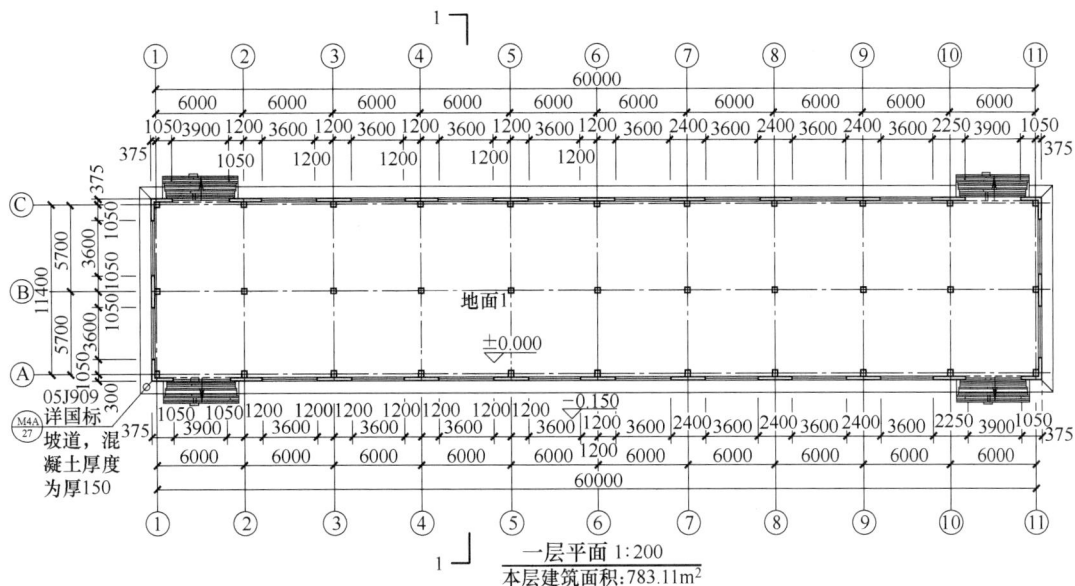

图 2-3 首层平面图

2.1.3 识读屋面层平面图

屋面层平面图也有一些与其他楼层不同的细节需要注意,屋面层平面图如图 2-4 所示。

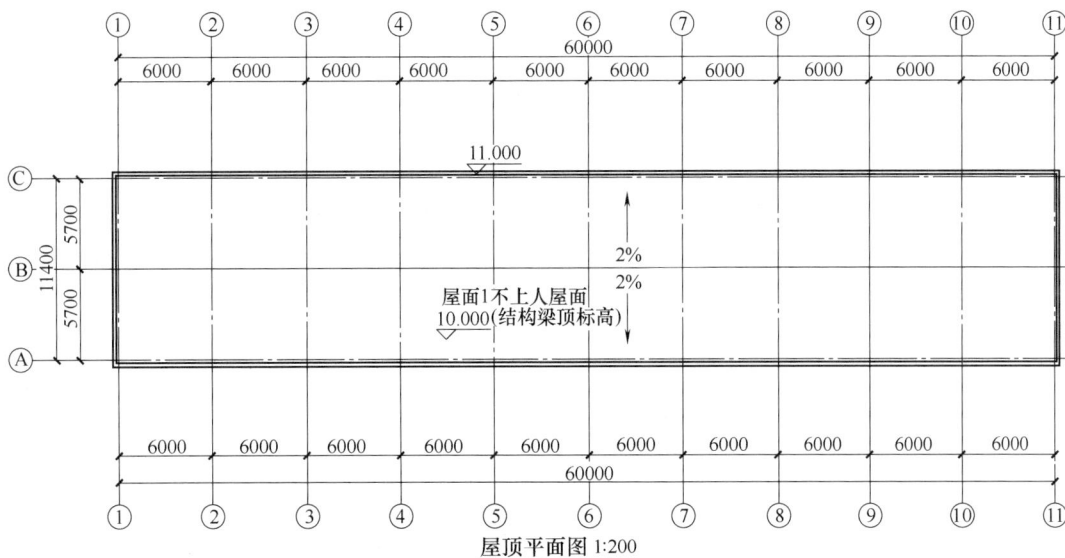

图 2-4 屋面层平面图

虽然屋面层平面图相对其他楼层,少了很多细节,但还有那么一些细节需要提醒初学者们注意。

首先,屋面分为上人屋面与非上人屋面,有楼梯直接走上去的,即为上人屋面。如果

5

没有楼梯直接走上去的，即为非上人屋面，如图 2-4 所示屋面。需要注意非上人屋面并不意味着任何时候人都不能上去，只是通常不考虑人上去而已，如有需要可以通过其他方式上屋面。对于上人屋面和非上人屋面，建筑图上通常都会有明确的标示，即使没有，也可以根据前述原则自行判断。区分上人屋面与非上人屋面，对于结构专业的影响体现在屋面活荷载的不同，这一点后面讨论荷载时再详细叙述。

再者，需要注意到屋面标高的标注，不像其他楼面标高标注的是建筑标高，屋面标高通常会明确注明所标注的是结构标高，也就是说在屋面层，结构板面的标高即为建筑图上所示的标高，而在其他楼层，我们已经知道，结构板面标高通常比建筑图上所标示的标高低 30～50mm，标高上的这点差异，最终会体现在结构施工图上。为什么屋面标高不像其他楼面标高一样，也标注建筑标高呢？这是由屋面层建筑面层做法与一般楼层建筑面层做法的巨大差异造成的，对于一般的楼层，建筑面层做法相对较薄且厚度固定，找平层、结合层加面砖或木地板即可，一般为 50mm 左右。有了建筑标高，再减去这个固定厚度的面层，就可以得到结构标高。而屋面层的建筑面层做法相对较厚且厚度可变，屋面层建筑面层做法从下至上至少有找坡层、保温层、找平层、防水层、硬化面层等，由于屋面有保温的要求，因此往往会设置很厚的保温层，同时还有防水要求。为了方便排水，建筑面层还会设找坡，这样，其实屋面层建筑面层的标高并不是一个统一的标高，而是有坡度的，从屋面图中也可以看到排水坡脊线。因此，为了实际工程的方便，屋面层通常都是标注结构标高。本书为了简化，全书所有建筑标高均为结构标高，后面不再重复提醒，读者实际项目设计时应注意此点！

屋面层上另一个需要注意的细节即是女儿墙，上人屋面都会有女儿墙，有时不上人屋面为了美观也做女儿墙，只是具体做法各有差异，女儿墙往往是要结构专业画详图，这一点在后面绘制详图时再讨论。

至于更多其他楼层平面图的识图，这里不再一一论述，大家可以按照上述思路识图。在这里，可以总结一下识读建筑平面图的一般流程和注意要点。一般流程：读图顺序优先从标准层平面图再到其他楼层平面图，识读内容时从整体布局到细部布局。注意要点：平面图上主要看布局，包括整体的布局，房间的布局、尺寸、标高，建筑的柱定位意向等。最后也要注意一些细节，比如楼面降标高、出入口雨篷以及其他一些建筑详图做法等。

2.2　建筑立面图、剖面图

识读建筑立面图、剖面图流程如图 2-5 所示。

2.2.1　识读正立面图

从平面图上，已经看清楚了建筑的平面布局，那么接下来，将结合立面图，构建出整个建筑物的三维整体布局。首先从正立面图开始，为了方便后面的讨论，将正立面图截取如图 2-6 所示。

从正立面图上，可以很清楚地看到建筑物的整体立面效果、各层的层高与标高，大屋面上也有一圈女儿墙，入口处的大雨篷醒目地显示在立面图上。一般情况下，看立面图的时候，除了看各层的层高与标高、立面效果，最注重的就是立面所容许的梁高了，也就是

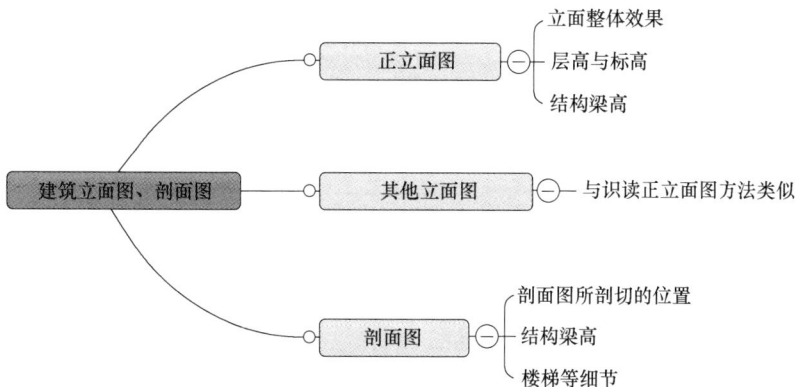

图 2-5　识读建筑立面图、剖面图流程

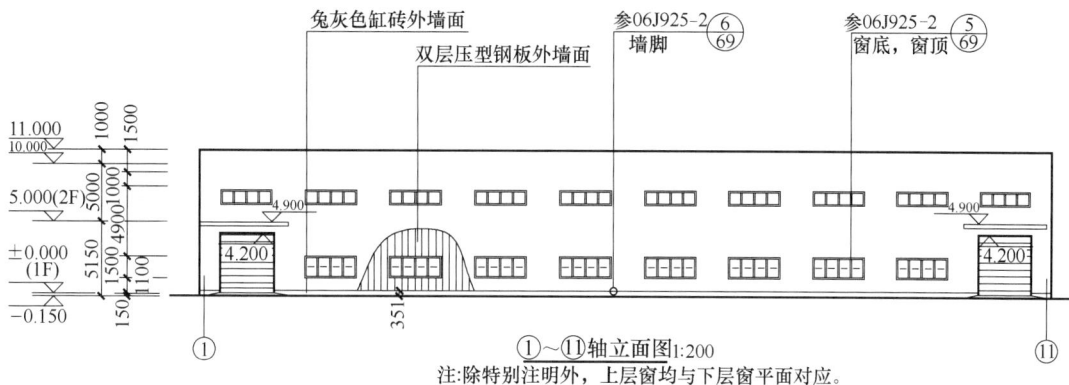

注：除特别注明外，上层窗均与下层窗平面对应。

图 2-6　正立面图

从窗户顶计算到楼面标高的这段高度，一般情况下，结构梁高不应该超过建筑预留的这段高度。从图 2-6 中可以看到，建筑专业从门顶到楼面预留了 800mm 的高度，从窗顶到楼面预留了 2500mm 的高度，这个高度相对于结构专业所需要的梁高显得太高了，可分两层分别考虑。

2.2.2　识读侧立面图

由于本项目的侧立面图（图 2-7）比较简单，至于背立面所需看的细节以及所需要注意的问题，与正立面并没有什么差别，在这里便不再进一步讨论，同样的原因，另一个侧立面也不作进一步讨论，读者自行识图即可。

2.2.3　识读剖面图

有时候，建筑物内部有一些立面图上所看不到的东西，因此需要增加剖面图（图 2-8）来显示内部细节。比如，内部门窗洞口是否受梁高影响。

首先要知道剖面图的剖切位置在哪里，这一点可以在首层平面图上找到相应的剖切符号，一般情况下，建筑师选择的剖切位置是相对比较复杂同时也需要重点表达的位置，一般而言，剖面图剖的是楼梯所在的位置，楼梯间是需要重点表达的位置。但本项目楼梯采

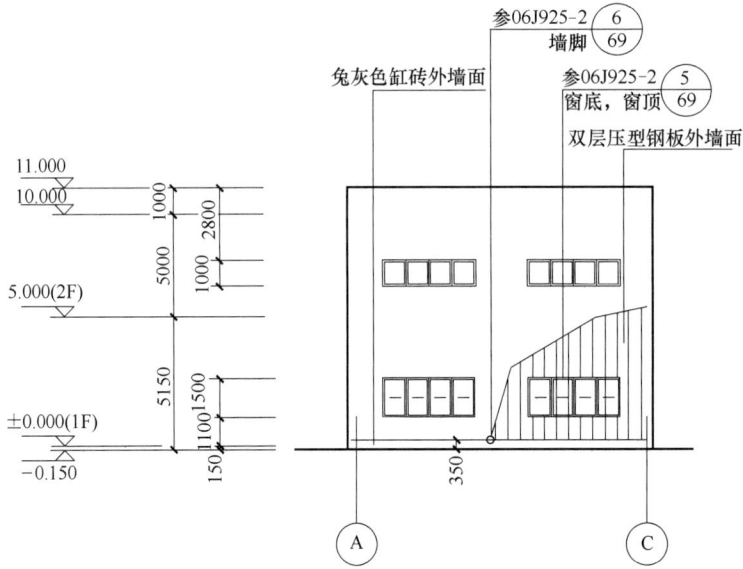

参06J925-2 ⑥/69 墙脚

参06J925-2 ⑤/69 窗底，窗顶

兔灰色缸砖外墙面

双层压型钢板外墙面

Ⓐ~Ⓒ轴立面图 1:200

注：除特别注明外，上层窗均与下层窗平面对应。

图 2-7　侧立面图

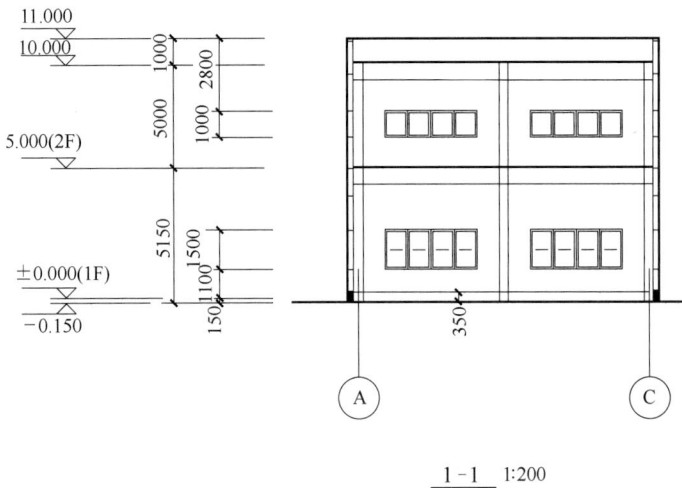

1—1　1:200

图 2-8　剖面图

用的是钢结构楼梯图集的选用型号，故无须剖切此位置进行示意，所以选择其他位置进行剖切。如图 2-8 所示。

　　由于内墙上通常没有窗户，而门洞口往往并不限制梁高，所以在内墙顶上设梁时，往往只用考虑结构专业自身的需求去确定梁高，但有一种情况需要重点注意：在一些教学楼或者是类似功能的建筑物中，走廊两侧的墙体上会设置窗台非常高的条形窗，这类窗户本身并不高，但窗台很高，有的甚至高达 1800mm，这么高的窗台是为了避免走廊的行人影响到房间内部人员的工作与学习，这种情况下窗顶标高到楼面标高所预留的高度往往成为限制结构梁高的一个重要因素，这一点只能从剖面图上看出来。

从上述讨论中，可以总结出，在立面图和剖面图上，重点关注的是建筑与结构的竖向关系、各层的层高与标高、建筑对结构梁高的限制等。

2.3　建筑识图要点总结

在识读建筑图时，一般的顺序是先平面图再立面图、剖面图，如有必要时可能涉及详图。识读平面图时，重点是看布局，包括整体布局和细部布局，还需留意一些房间的标高差异；识读立面图、剖面图时，重点是看清建筑与结构的竖向关系、各层的层高与标高、建筑对结构梁高的限制；识读详图时，重点是看清细节以及这些细节对主体结构的影响。

3 整体结构布置图的确定

在读懂建筑图之后，接下来要做的事情便是从结构工程师的角度出发去实现它。那么接下来将重点讨论在给定建筑方案的情况下，怎样寻找一个最合适的"结构骨架"实现建筑师的意图。

3.1 结构方案的选择

对于任何一个建筑方案，都有多种"结构骨架"或者用更为专业的术语"结构形式"实现它，在众多的结构形式中，需要工程师选择出一个最为合适的，这便是结构选型的工作内容。

为了能够做好结构选型这项工作，我们需要考虑以下几个因素。

3.1.1 钢结构房屋适用的最大高度限制

对于钢结构，《建筑抗震设计标准》GB/T 50011—2010（2024 年版）（以下简称《抗震标准》）8.1.1 条列出了常用的钢结构体系及其对应的适用的最大高度。

8.1.1 本章适用的钢结构民用房屋的结构类型和最大高度应符合表 8.1.1 的规定。平面和竖向均不规则的钢结构，适用的最大高度宜适当降低。

表 8.1.1 钢结构房屋适用的最大高度（m）

结构类型	6、7 度 (0.10g)	7 度 (0.15g)	8 度		9 度 (0.40g)
			(0.20g)	(0.30g)	
框架	110	90	90	70	50
框架-中心支撑	220	200	180	150	120
框架-偏心支撑(延性墙板)	240	220	200	180	160
简体(框筒,筒中筒, 桁架筒,束筒)和巨型框架	300	280	260	240	180

注：1 房屋高度指室外地面到主要屋面板板顶的高度（不包括局部突出屋顶部分）；
    2 超过表内高度的房屋，应进行专门研究和论证，采取有效的加强措施；
    3 表内的简体不包括混凝土筒。

从《抗震标准》表 8.1.1 可以看出，不同的结构形式在不同的烈度下，有着不同的适用的最大高度。

一般情况下，建筑高度不能超过所选择的结构形式对应的适用的最大高度。（1）超过《抗震标准》表 8.1.1 中所对应的最大高度后，会被定义为超限高层，超限高层不仅需要增加一系列特殊的加强措施，而且还需要进行专门的超限审查，这些要求都会大大提高项目的造价以及整个设计周期；（2）超过《抗震规范》表 8.1.1 中所对应的最大高度后，结构的抗侧力能力会显得尤为不足，也就是刚度不足，为了满足规范中关于刚度的要求，将会采取很多的加强措施，同样地，这也会大大提高项目的造价。

本项目的建筑高度（从室外地面到主要屋面板板面的高度）为 10.15m，建设地点位于西安市，设防烈度为 8 度（0.20g）（这一点可以从《抗震标准》附录 A 中查到），那么从满足适用的最大高度的角度出发，表中所有的结构形式都是可以选择的。

3.1.2 看建筑的使用功能

本项目的建筑功能为开放式办公楼，中间没有任何分隔墙，所以中间区域不适合做支撑，竖向承重构件完全可以由框架柱承担。

3.1.3 建筑房屋是否设缝

1. 是否设置温度缝

《钢结构设计手册》（第四版 下册）12.1.3：一般情况下，多高层钢结构可不设温度伸缩缝。当建筑平面尺寸大于 90m 时，可考虑设温度伸缩缝。

2. 是否设置防震缝以及防震缝宽度

《钢结构设计手册》（第四版 下册）12.1.3：一般情况下，多高层钢结构不宜设防震缝。当结构特别不规则（符合至少两个不规则类型）需设防震缝时，防震缝的最小宽度应符合下列要求：①框架结构的防震缝宽度，当高度不超过 15m 时可采用 105mm；超过 15m 时，6 度、7 度、8 度、9 度相应每增加高度 5m、4m、3m、2m，宜加宽 30mm；②框架—支撑体系结构的防震缝宽度可采用①项规定数值的 70%，筒体体系和巨型结构体系结构的防震缝宽度可采用①项规定数值的 50%，但均不宜小于 70mm。

3. 结构平面不规则

不规则结构凸角及凹角示意如图 3-1 所示。

《钢结构设计手册》（第四版 下册）12.1.3：超过表 3-1 的限值时为平面不规则。

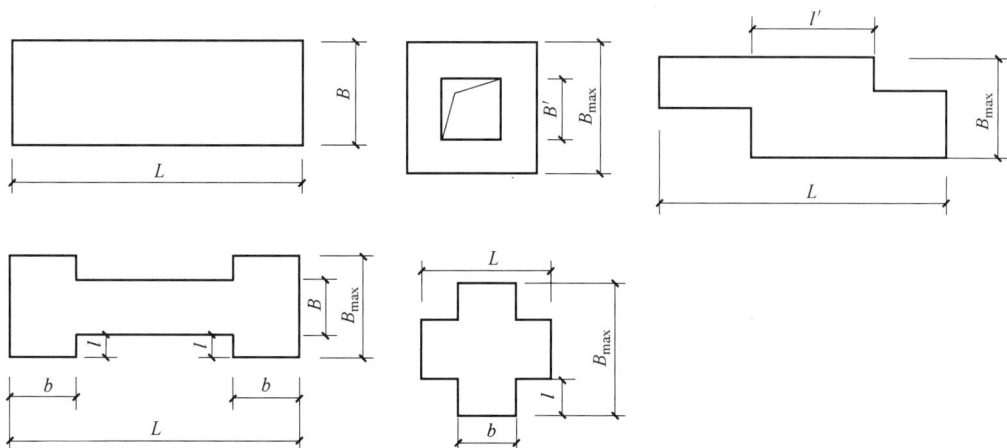

图 3-1 不规则结构凸角及凹角示意图

L，l，l'，B' 的限值 表 3-1

L/B	L/B_{max}	l/b	l'/B_{max}	B'/B_{max}
≤5	≤4	≤1.5	≥1	≤0.5

3.1.4 看经济性指标

结构选型另一个需要考虑的因素为经济性因素，这一点往往是新手们不好把握的，不同的结构形式有着不同的经济指标（如每平方米的用钢量），如何在所有可选择的结构形式中选择最经济的结构形式，需要积累大量的经验。对于多层钢框架，无论何种地震烈度，选用钢框架都是经济的。因为只有顶点位移和屋面高度的四次方成正比，当高度不是很高时，梁柱都有最小截面尺寸要求，因此，纯框架的刚度足够，反而增加支撑后从节点连接制作和安装的复杂性，以及增加的时间成本和人力成本，并不合算。

结论：多层钢框架无论是从适用的最大高度角度出发，还是从经济性来看，结构形式选择钢框架结构是没有问题的。

3.2 结构布置

在确定结构形式为钢框架结构后，接下来的工作便是进行结构布置。结构布置的工作内容简单来说就是确定竖向构件的位置，确定框架梁、次梁的位置，即确定各种结构构件的位置。

3.2.1 结构竖向构件及柱网布置

框架结构的竖向构件为钢柱，其布置方式一般为柱网，柱网布置的原则：
（1）平面方向：均匀、对称、规则、周边；
（2）竖直方向：连续。

平面方向上均匀布置的柱网可以使各个中柱的受荷面面积大致相等，各个梁的跨度也接近，这样可以使各个构件的受力比较均匀。对称、规则的柱网可以让结构的质量中心与刚度中心尽可能地重合，减小结构的扭转效应，而在周边设柱也能最大限度地增加结构的抗扭刚度，扭转对结构是很不利的，一方面应尽可能地减小结构的扭转效应，另一方面也应尽可能地增大结构的抗扭能力，从而提高结构的安全储备。

竖直方向上要求柱子连续，我们希望柱子能够从基础一直延伸到屋面，如果存在不能落地的柱子，则意味着需要作转换，用转换梁或其他转换构件将不能落地的柱子抬开，同时柱子不能落地也会造成下部楼层刚度偏小，这一点对结构是不利的。对于过早中断而不能延伸至屋面的柱子，对结构也存在着不利影响，柱子不能延伸上去，可能会造成上部楼层的刚度突然变小，在地震作用下可能会引起强烈的"鞭梢效应"，造成上部楼层的显著破坏（图3-2）。

在建筑资料图中，建筑师已经根据房间的布局要求，初步拟定了柱子的位置，结构师需要做的工作是从技术、经济的角度校核其合适性。为了满足建筑功能要求、实现建筑设计效果，对于建筑专业提供的主柱网一般很少作大规模的调整，但是对于局部柱网，常常会根据结构专业的需要、在满足建筑功能要求的前提下作适当调整。以下部位通常是调整的重点：
（1）在建筑物周边的主轴线上，尽可能设柱，避免有较大跨度的悬挑结构；
（2）在结构缝的两侧，尽可能设柱，使相邻部分建筑物分开；

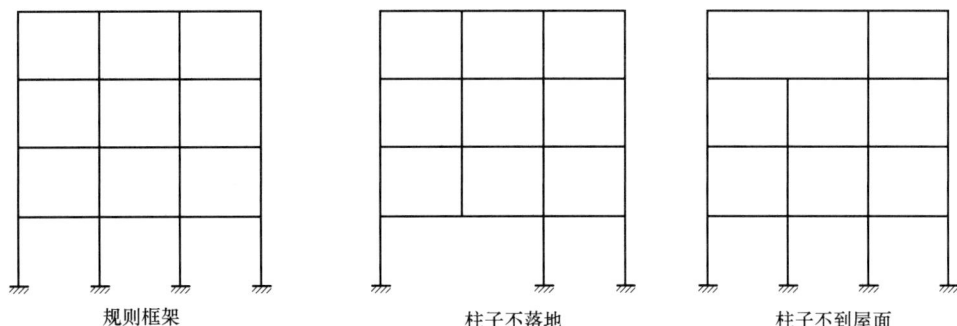

規則框架   柱子不落地   柱子不到屋面

图 3-2　结构布置

（3）在主轴线纵横两个方向的交点处，尽可能对应设柱，满足双向支承要求，增加结构的抗侧能力；

（4）在楼梯间、电梯间附近，尽可能设柱，一方面可以加强楼层平面位置由于楼梯间、电梯间的开洞引起的较大的刚度削弱，另一方面设柱以后楼梯间、电梯间的周边梁可以直接支承在框架柱上，从而简化周边梁的设计。

根据以上原则，可以作出标准层柱网布置图，如图 3-3 所示（其中柱子的大小仅为示意）。

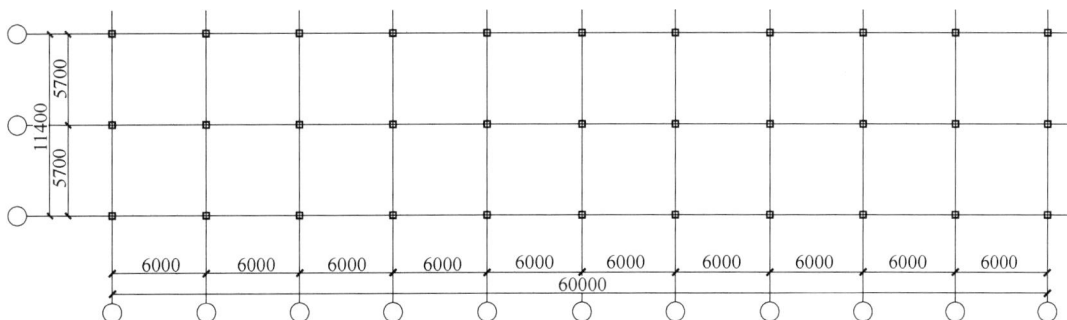

图 3-3　柱网布置图

一般情况下，比较经济的柱距是 6～8m，图 3-3 的柱网布置基本符合经济柱距的要求。

在按标准层初步确定了柱网以后，将整个柱网做成一个块，再粘贴到其他楼层的平面图上一一核对，看是否影响到其他楼层的使用功能，如果存在个别柱子影响到其他楼层，还需要进一步调整柱位，如不存在影响，则此柱网可以作为初步确定的柱网。

3.2.2 框架梁布置

在初步确定了柱网的布置之后，接下来需要确定的便是框架梁的布置。通常要求柱子在两个方向都有框架梁与之相连，最好是两个方向正交相连。两个方向都有框架梁与柱子相连，使得柱子在两个方向都有梁约束，对柱子的稳定性更好。柱子两个方向有梁相交与单向有梁相交情况，如图 3-4 所示。

根据以上原则可知，在柱网确定以后，框架梁的布置也就随之确定。布置框架梁时，将柱子在纵横方向拉通，框架梁的布置如图 3-5 所示（其中梁宽仅为示意）。

13

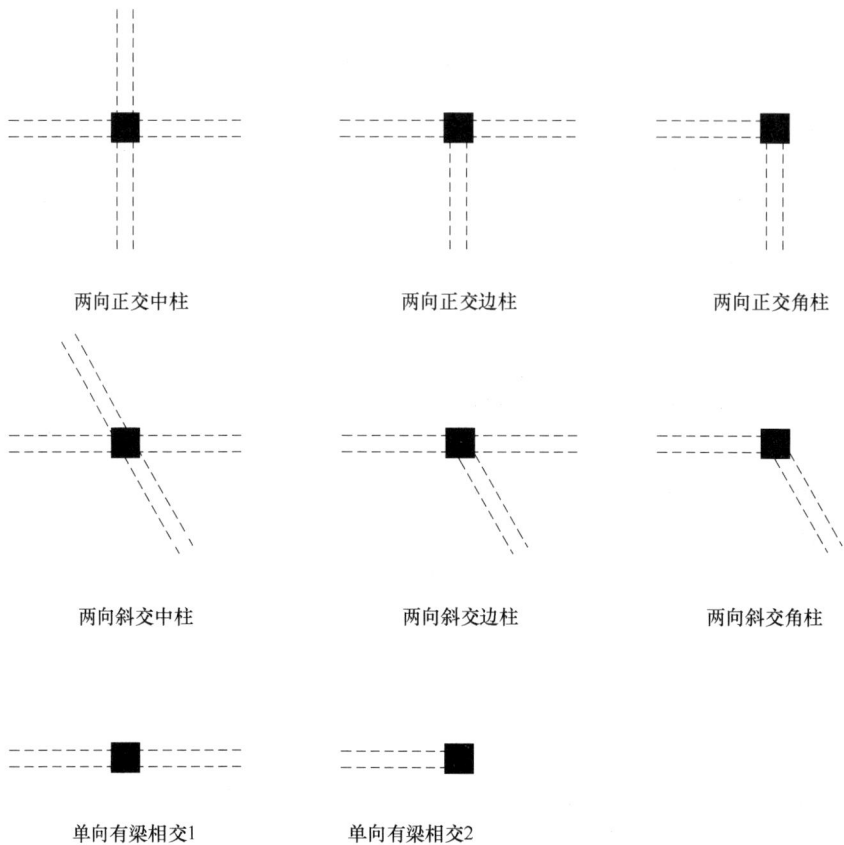

两向正交中柱　　　　　　　两向正交边柱　　　　　　　两向正交角柱

两向斜交中柱　　　　　　　两向斜交边柱　　　　　　　两向斜交角柱

单向有梁相交1　　　　　　单向有梁相交2

图 3-4　柱子与梁相交情况示意

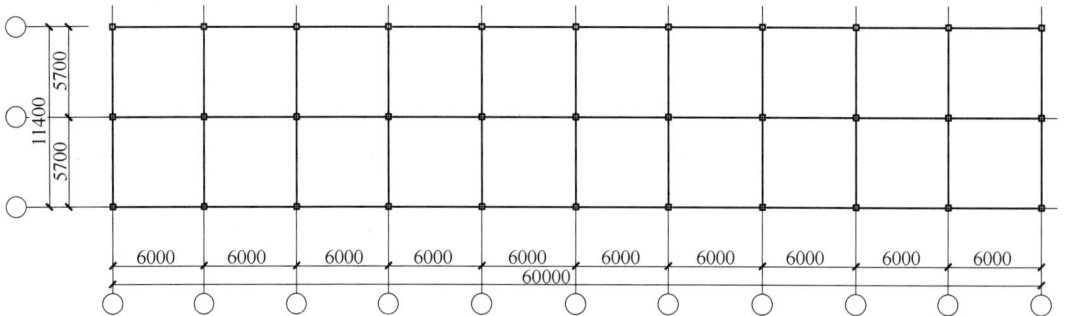

图 3-5　框架梁的布置

3.2.3　次梁布置

在确定柱网和主梁的布置以后,接下来需要确定的便是次梁的布置。布置次梁的原则为:一般在需要传递墙体荷载、板面荷载或其他设备荷载的地方,布置楼面或屋面次梁。以下位置是布置次梁时要重点考虑的位置:

(1) 在建筑物的周边,尽可能布置次梁,避免出现较大跨度的悬臂板;

(2) 在建筑设置隔墙处,尽可能布置次梁,实现墙体荷载的直接传递;

14

（3）在设备荷载支承处，尽可能布置次梁，实现设备荷载的直接传递；

（4）在板面有高差处，尽可能布置次梁，方便楼板设计；

（5）在开洞较大的洞口周边，尽可能布置次梁，减少悬臂结构、增加楼板刚度；

（6）将较大的楼板划分为较小的板块方便楼板设计。

本项目房间尺寸为 5.7m×6m，由于采用带压型钢板的非组合楼盖，考虑楼盖的经济性要求，是需要布置次梁的，故次梁间距不超过 3m。

1. 为何采用非组合楼盖？

《多、高层民用建筑钢结构节点构造详图》16G519 第 59 页之压型钢板大样注解 1：当压型钢板仅作模板用时，可不做防火保护层，比当作组合楼板使用经济，但其钢板厚度不得小于 0.5mm，并应采用镀锌钢板。因此，本项目采用非组合楼盖。

2. 非组合楼盖如何确定板厚？

《多、高层民用建筑钢结构节点构造详图》16G519 第 59 页之压型钢板大样注解 2：用压型钢板作模板的混凝土楼板，仅考虑单向受力，其肋板方向即为板跨方向。本项目次梁等分 5.7m 框架梁，因此板肋方向跨度为 5.7/2＝2.85m。而单向板板厚为板跨的 1/30，故本项目板厚为 2850/30＝95mm。

3. 如何选择开口型压型钢板型号？

选用现行国家标准《建筑用压型钢板》GB/T 12755 之 YX-75-230-690（Ⅰ），在板厚为 95mm 时其最大无支撑简支跨度为 2913mm＞2850mm，如图 3-6 所示。

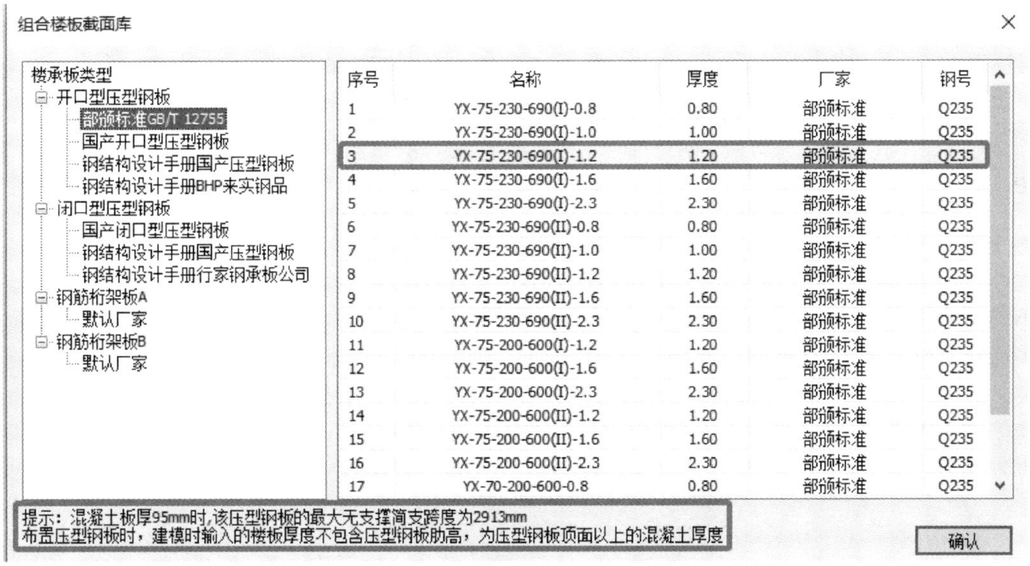

序号	名称	厚度	厂家	钢号
1	YX-75-230-690(I)-0.8	0.80	部颁标准	Q235
2	YX-75-230-690(I)-1.0	1.00	部颁标准	Q235
3	YX-75-230-690(I)-1.2	1.20	部颁标准	Q235
4	YX-75-230-690(I)-1.6	1.60	部颁标准	Q235
5	YX-75-230-690(I)-2.3	2.30	部颁标准	Q235
6	YX-75-230-690(II)-0.8	0.80	部颁标准	Q235
7	YX-75-230-690(II)-1.0	1.00	部颁标准	Q235
8	YX-75-230-690(II)-1.2	1.20	部颁标准	Q235
9	YX-75-230-690(II)-1.6	1.60	部颁标准	Q235
10	YX-75-230-690(II)-2.3	2.30	部颁标准	Q235
11	YX-75-200-600(I)-1.2	1.20	部颁标准	Q235
12	YX-75-200-600(I)-1.6	1.60	部颁标准	Q235
13	YX-75-200-600(I)-2.3	2.30	部颁标准	Q235
14	YX-75-200-600(II)-1.2	1.20	部颁标准	Q235
15	YX-75-200-600(II)-1.6	1.60	部颁标准	Q235
16	YX-75-200-600(II)-2.3	2.30	部颁标准	Q235
17	YX-70-200-600-0.8	0.80	部颁标准	Q235

图 3-6　压型钢板最大无支撑跨度

4. 次梁为什么为纵向布置而非横向布置？

考虑本项目建筑平面形状，纵向框架柱数量远远大于横向框架柱数量，故框架横向刚度天然就比纵向刚度小太多，如图 3-7 所示。为了尽量让两方向刚度接近，因此需要增加横向框架梁高才能增加横向刚度。而次梁分割 5.7m 方向横向框架梁，此时次梁荷载作为集中荷载传递给横向框架梁，因此加大横向框架梁高理所当然，反之只能导致两方向刚度

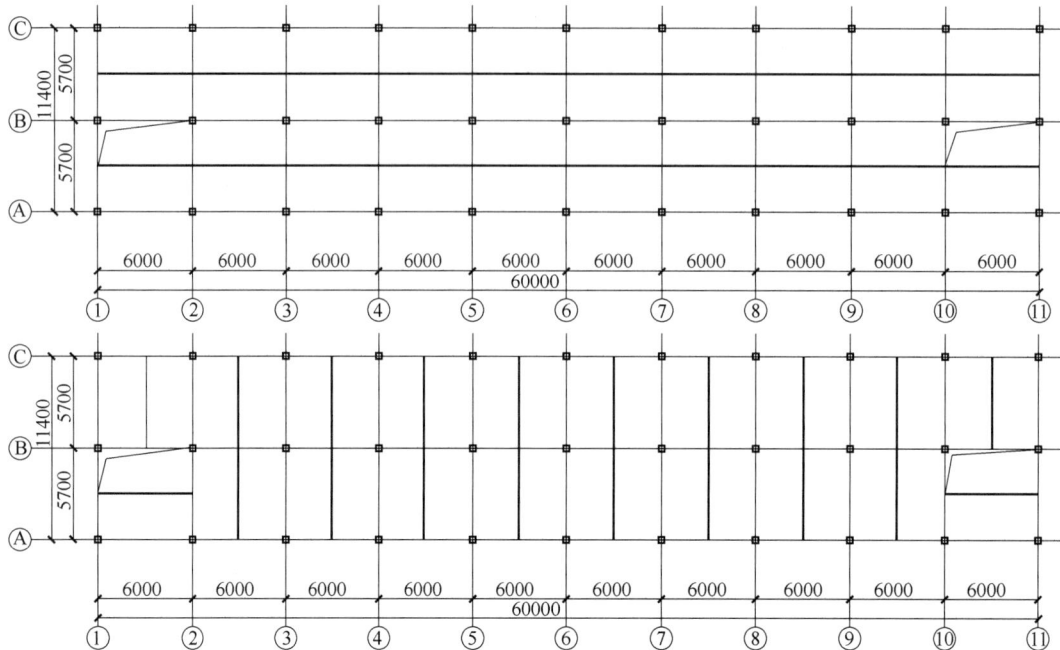

图 3-7　次梁横向和纵向布置示意图

差异更大。

这里引出了一个结构布置过程中常见的问题，即到底是选择横向框架承重还是选择纵向框架承重？又或者是选择纵横向框架混合承重？不同的承重方案有不同的优缺点，具体到实际项目中如何选择，是一个仁者见仁、智者见智的问题。

对于纵向框架承重体系，楼面荷载主要传至纵向框架梁，此时纵向布置的框架梁为主要承重梁，而横向框架梁为次要承重梁，此时横向框架梁高度可以做得较小，因而可获得较高的室内净高，利于管线穿行，这是该方案的优点。该方案的缺点是横向抗侧刚度较差，同时由于纵向框架梁为主要承重梁，纵向框架梁高度可能会比较高，因而影响立面上开设大的窗洞口。

对于横向框架承重体系，楼面荷载主要传至横向框架梁，此时横向布置的框架梁为主要承重梁，而纵向框架梁为次要承重梁，此时纵向框架梁高度可以做得较小，也有利于立面开洞，同时较高的横向框架梁也有利于提高结构的横向刚度，这是该方案的优点。该方案的缺点是较高的横向框架梁下面如果没有隔墙，将会影响室内净高。

至于纵横向框架混合承重体系，则兼有上述二者的优缺点，实际工程中是否选择，还需看实际的次梁布置情况。

本项目由于层高 5m，立面并没有限制横向和纵向的框架梁高，同时考虑到两个方向刚度尽量均匀的情况，将选择横向框架承重体系。布置好次梁后，最终的标准层的初步结构布置图如图 3-8 所示。最后由梁围合而成的一个个区格便是一块块的楼板或者洞口。

至于其他楼层的初步结构布置图确定方法，与上述过程一致，这里就不再做进一步的讨论，读者可以自行练习。

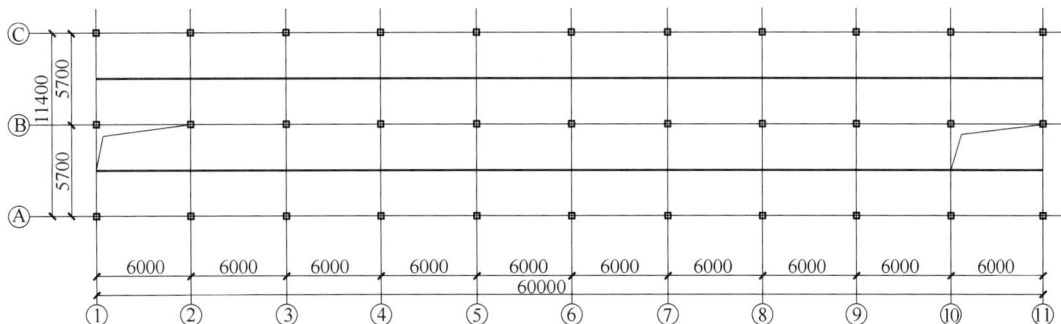

图 3-8　标准层的初步结构布置图

3.3　构件截面尺寸估算

在初步确定各种结构构件的位置之后，接下来便要估算各种结构构件的尺寸了，毕竟软件中的建模模型除了需要有构件的位置信息，还需要构件的截面信息。

柱子作为框架结构中的竖向构件，是最为重要的构件。因为其为钢结构构件，与混凝土柱不同，钢柱存在稳定性问题。因此，钢柱也是钢结构构件估算截面尺寸时最为繁琐的构件。

框架柱和框架梁截面估算时均和钢材强度等级以及抗震等级有关系，因此，要预先确定好钢材强度等级和抗震等级。

3.3.1　确定钢材强度等级

钢框架由于上人而采用楼承板，因此楼层质量很大，地震作用往往占主导地位，采用高强度钢材更经济，故钢框架采用 Q345（传统取值）或 Q355（与国际标准接轨取值），本书采用 Q345。

3.3.2　确定钢柱和框架钢梁抗震等级

《建筑与市政工程抗震通用规范》GB 55002—2021（以下简称《市政通规》）：

5.3.1　钢结构房屋应根据设防类别、设防烈度和房屋高度采用不同的抗震等级，并应符合相应的内力调整和抗震构造要求。抗震等级确定应符合下列规定：

1　丙类建筑的抗震等级应按表 5.3.1 确定。

表 5.3.1　丙类钢结构房屋的抗震等级

房屋高度	烈度			
	6 度	7 度	8 度	9 度
≤50m	一	四	三	二
>50m	四	三	二	一

2　甲、乙类建筑的抗震措施应符合本规范第 2.4.2 条的规定。

3　当房屋高度接近或等于表 5.3.1 的高度分界时，应结合房屋不规则程度及场地、地基条件确定抗震等级。

本项目地处西安市，查看《抗震标准》附录 A 可知，设防烈度为 8 度且房屋高度

10.15m，由于本项目为开放式办公楼，查《建筑工程抗震设防分类标准》GB 50223—2008 之 6.0.12 可知本项目为标准设防类，即丙类建筑，故房屋抗震等级从《抗震规范》表 8.1.3 可以看出为三级。

注脚 1 释义：结构高度 50m 和 50.1m 本不至于出现抗震等级的突变，但规范必须给出一个量化的指标才有实用的价值。但对于临界点 50m 上下的结构高度，规范结合了房屋的不规则程度、场地及地基条件等不利条件出现时允许设计师做出适当的调整，比如场地土类别为Ⅲ类，房屋高度 50m，7 度区，钢框架抗震等级可以调整为三级。

注脚 2 释义：框架结构钢梁和钢柱的宽厚比对结构的含钢量影响至关重要，而宽厚比又和抗震等级息息相关。如何在不影响地震作用下的安全情况下又能做到经济节约，规范给出了一定的措施。比如把地震作用增大一倍，如果抗震构件依然能满足规范的要求，那么这些构件就可以降低设防烈度一度去查抗震等级。比如建筑物高度 55m，设防烈度为 7 度，查表可知构件抗震等级是三级，若经过计算调整依然能满足，可以把它降为设防烈度 6 度去查表，构件抗震等级为四级。

3.3.3　估算钢柱截面

1. 参考《抗震标准》6.3.5 条

依据《抗震标准》6.3.5-1 条估算箱形钢柱截面：截面的宽度和高度，四级或不超过 2 层时不宜小于 300mm，一、二、三级且超过 2 层时不宜小于 400mm。本项目选用 350mm×350mm×16mm 箱形柱。

2. 轴压比控制估算钢柱截面

《高层民用建筑钢结构技术规程》JGJ 99—2015（以下简称《高钢规》）规定：

7.3.4　框筒结构柱应满足下式要求：

$$\frac{N_c}{A_c f} \leqslant \beta \tag{7.3.4}$$

式中：N_c——框筒结构柱在地震作用组合下的最大轴向压力设计值（N）；

A_c——框筒结构柱截面面积（mm²）；

f——框筒结构柱钢材的强度设计值（N/mm²）；

β——系数，一、二、三级时取 0.75，四级时取 0.80。

正常使用工况下：从《高钢规》第 7.3.4 条条文说明可以看出，正常使用工况不含地震作用的情况下，其轴压比限值为 0.6。

下面以一个 15 层的高层钢框架举例说明：根据轴压比的定义 $\mu = \dfrac{N_c}{f A_c}$，为了确定柱子的截面面积 A_c，我们还需要先估算出柱子的轴力 N_c。

在这里我们来估算底层中柱的轴力 N_c，N_c 与楼层总数 n 有关，与单层的受荷面积 A_e 有关，与单位面积的折算重量 G_e 也有关，可以总结为：

$$N_c = n A_e G_e$$

其中取 $n = 15$。

A_e 按柱网中到中的原则确定为 6m×7.5m，如图 3-9 所示。

G_e 是一个与结构类型有关的数值，不同的结构类型将整栋楼的重量按总建筑面积分

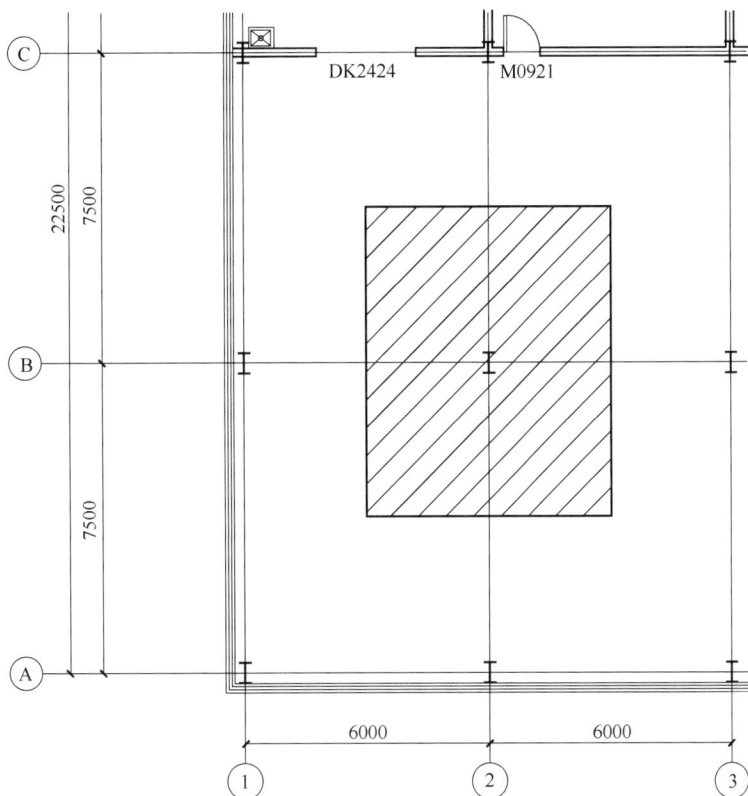

图 3-9 柱子受荷面积示意图

摊之后的单位面积的重量有一个范围，《高层建筑混凝土结构技术规程》JGJ 3—2010 第 5.1.8 条条文说明：目前国内钢筋混凝土结构高层建筑由恒载和活载引起的单位面积重力，框架与框架-剪力墙结构为 12～14kN/m²，条文说明中的这个数值与实际的工程经验是相符的。

本项目为钢框架结构，若为办公楼，分隔墙不是很多时，$G_e < 10kN/m^2$，取 $G_e = 10kN/m^2$ 估算；若为住宅类，分隔墙很多时，G_e 为 12～14kN/m²，取 $G_e = 1.3kN/m^2$ 估算。注意这个值是标准值，考虑到计算轴压比时用到的是轴力设计值，可以在此值的基础上乘以 1.3 的放大系数。此处估算取 $G_e = 10kN/m^2$。因此

$$N_c = nA_eG_e = 1.3 \times 15 \times 6 \times 7.5 \times 10 = 8775kN$$

根据轴压比的定义 $\mu = \dfrac{N_c}{fA_c}$，可以推出

$$A_c \geqslant \frac{N_c}{\mu f} = \frac{8775 \times 10^3}{0.6 \times 305} = 47950mm^2 = 479cm^2$$

根据图 3-10 所示截面物理特性估选 H 型钢柱 600mm×600mm×25mm×28mm 作为初始钢柱截面。

3. 层高控制估算钢柱截面

按长细比 $\lambda_{限值1} < \lambda < \lambda_{限值2}$ 估算：柱高 6000mm = 600cm，抗震等级：三级，钢材等级 Q345，$f_{ay} = 345MPa$，以下 λ 限值依据《抗震标准》8.3.1 条取得。

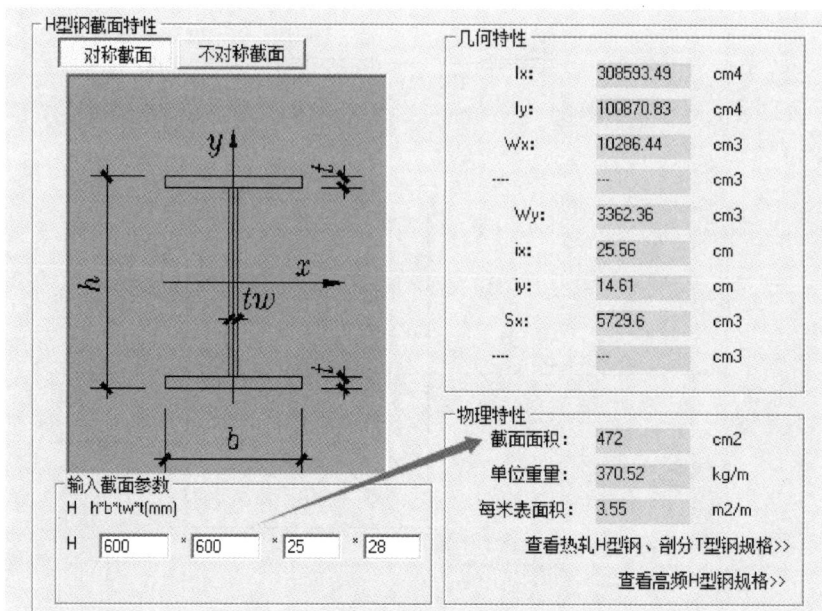

图 3-10　H 型钢截面特性

　　其中，框架柱长细比 λ 的下限值 $\lambda_{限值1}$ 不能小于抗震等级为一级时的长细比 $60\sqrt{235/f_{ay}}$，所以 $60\sqrt{235/f_{ay}} = 60\sqrt{235/345} = 49.5$（《抗震规范》8.3.1 条），故 $\lambda_{限值1} \approx 50$，抗震等级三级时，λ 的上限值 $\lambda_{限值2} = 100\sqrt{235/345} = 82.5$（《抗震规范》8.3.1 条）。

　　所以，$\overline{\lambda} = (50+82.5)/2 = 66.3$。

　　$i = 600/66.3 = 9.05$cm，根据图 3-11 所示截面几何特性估选 H 型钢柱为 600mm×

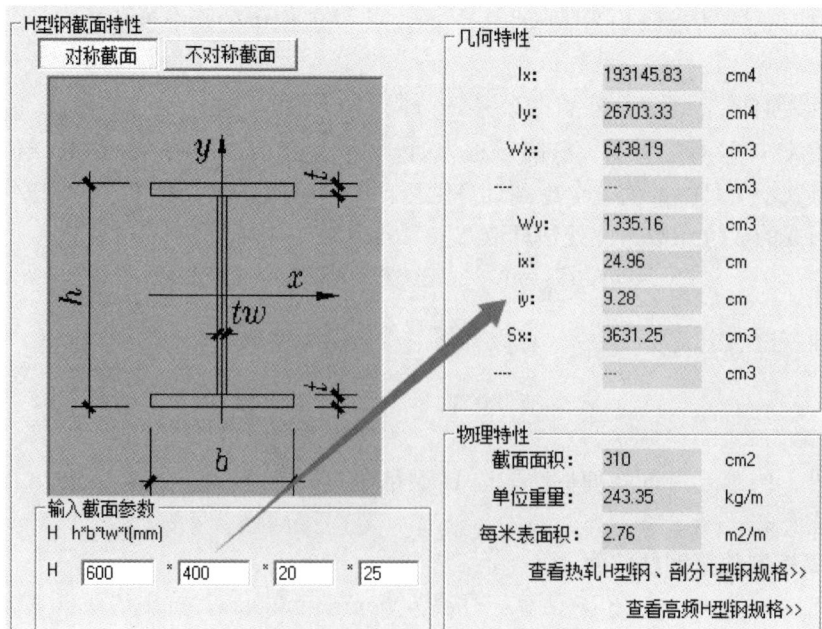

图 3-11　H 型钢截面特性

20

$400mm \times 20mm \times 25mm$。

本项目共两层，层高 5m，考虑双向地震宜采用箱形柱，又因为采用柱贯通型，最小壁厚不宜小于 16mm（见《抗震标准》8.3.4 条），故暂采用 $350m \times 350m \times 16m$ 箱形柱。

3.3.4 钢梁截面尺寸估算

钢梁截面和荷载大小、受荷面积和跨度等情况有关，钢梁的截面高度通常在跨度的 $1/50 \sim 1/20$ 选择。但由于此范围太大，读者无法合理使用，因此本书给出一个初始的量化指标作为参考（表 3-2）。

初始的量化指标 表 3-2

参数类型	柱距(m)	梁高范围(mm)	梁宽范围(mm)	腹板厚度范围(mm)
框架梁高	$\leqslant 6$	$350 \sim 400$	$180 \sim 220$	$8 \sim 12$
	$6 \sim 7$	$400 \sim 450$	$180 \sim 220$	$8 \sim 12$
	$7 \sim 8$	$450 \sim 500$	$180 \sim 220$	$8 \sim 12$
次梁高	—	$250 \sim 400$	$150 \sim 200$	$5 \sim 10$

注意：框架梁翼缘厚度：要根据相应抗震等级满足《抗震标准》表 8.3.2 之翼缘宽厚比限值要求；

次梁翼缘厚度：由于不考虑抗震要求，其翼缘厚度只需满足《钢结构设计标准》GB 50017—2017（以下简称《钢标》）表 3.5.1 中受弯构件（梁）的宽厚比限值要求 $15\varepsilon_k$，故 $15\varepsilon_k = 15\sqrt{235/345} = 12.38$。

4 荷载及荷载组合

在第 3 章中，讨论了如何根据建筑图初步做出需要的结构平面布置图，这样就初步确定了输入模型中的几何信息，但这还只是组成模型信息中的一个部分，另一个部分是荷载信息。在结构设计软件中，只有搭出结构的骨架，同时给这个骨架施加上荷载，软件才能进行正确的分析。在本章中，将重点讨论荷载这个问题。

4.1 荷载的分类

通常将直接作用在结构上的力称之为荷载，比如楼面的恒、活荷载、屋面积灰荷载、雪荷载、风荷载等；而将间接作用在结构上的力称之为作用，比如地震作用，作用在结构上的"地震力"是由于地面运动加速度产生的一种惯性力，可以看作间接作用在结构上。现在先来讨论直接作用在结构上的荷载。

作用在结构上的荷载多种多样，不同种类的荷载有着不同的属性，为了能够更好地把握这些不同种类荷载的共性和特性，有必要将荷载进行分类。

《建筑结构荷载规范》GB 50009—2012（以下简称《荷载规范》）3.1.1 条规定：建筑结构的荷载可分为下列三类：

1　永久荷载，包括结构自重、土压力、预应力等。

2　可变荷载，包括楼面活荷载、屋面活荷载和积灰荷载、吊车荷载、风荷载、雪荷载、温度作用等。

3　偶然荷载，包括爆炸力、撞击力等。

在《荷载规范》术语这一章中，对上述三类荷载还作了如下定义：

2.1.1　永久荷载　permanent load

在结构使用期间，其值不随时间变化，或其变化与平均值相比可以忽略不计，或其变化是单调的并能趋于限值的荷载。

2.1.2　可变荷载　variable load

在结构使用期间，其值随时间变化，且其变化与平均值相比不可以忽略不计的荷载。

2.1.3　偶然荷载　accidental load

在结构设计使用年限内不一定出现，而一旦出现其量值很大，且持续时间很短的荷载。

从上述分类及定义可以看出，对于大多数不带地下室的钢框架而言，永久荷载可以认为只有一种，即自重，包括结构构件和非结构构件的自重，因此有时也不加区分地将永久荷载称之为恒载，通常恒载就是指的自重。而可变荷载则不止一种，对于本项目而言，作用在结构上的可变荷载有楼面活荷载、屋面活荷载、雪荷载、风荷载等。在这里提醒大家在日常用语中要注意区分可变荷载与活载。由于本项目并非有积灰的工业厂房，且不考虑邻近有积灰的工业厂房，因此不必考虑积灰荷载；又由于本项目纵向长度小于 90m，远达不到考虑温度作用的条件，因此也不必考虑温度作用。

4.2 竖向荷载

在建模过程中，输入荷载工作量最大的就是输入竖向恒、活荷载，对于风荷载和地震作用通常只需要设置好相应的参数由软件自动计算即可，这里先来详细讨论竖向荷载的问题。

4.2.1 恒荷载

如前所述，作用在结构上的永久荷载对于大部分钢框架结构而言就是自重，即恒载。其中结构构件，比如柱、梁、板的自重通常由软件自动计算，只需在建模过程中定义好构件的截面尺寸、材料重度即可。最开始建模时，只需按初步估算的构件截面尺寸建立相应的模型即可，构件截面尺寸的估算在第 3 章中已作了详细讨论，此处不再赘述。钢材的容重通常为 $78kN/m^3$，钢筋混凝土的容重通常为 $25kN/m^3$。对于楼板板面装修、梁上隔墙的重量等恒荷载，则根据不同的装修做法手动计算，人为输入软件中。

在软件中输入的恒荷载有两种量纲，一种为面荷载，量纲为 kN/m^2，比如输入在楼面板、屋面板上的恒载，另一种为线荷载，量纲为 kN/m，比如输入在梁上的隔墙重量。下面先来介绍输在楼面板、屋面板上的面荷载。

1. 楼面板附加恒载

楼面板附加恒载主要由板底抹灰、板面装修面层构成，一般应该根据建筑设计总说明中的建筑装修做法来计算，但在实际工作中，由于建筑专业的建筑设计总说明是最后才完善的，因此在最初的建模过程中，只能根据以往的经验来确定板面附加恒载值，一般情况下，最初估计的值不能与最终建施总说明中所计算的实际值有太大的差异，否则需要修改结构模型中的荷载。常见的楼面装修做法重量见表 4-1。注：由于钢筋混凝土楼板的自重可以由软件自动计算，因此对于简易楼面做法（水泥砂浆面层楼面）或者铺木地板的楼面，板面附加恒载可近似取为 $1.0 \sim 1.5kN/m^2$。

楼面荷载标准值 表 4-1

楼面板	荷载标准值统计，板自重由程序计算（kN/m^2）				
	内容	项次	项目	重度（kN/m^3）	厚度（mm）	荷载标准值（kN/m^2）
楼面标准值	恒载	1	8mm 厚地砖	17.8	8	$17.8 \times 0.008 = 0.14$
		2	20mm 厚 1:3 干硬性水泥砂浆	20	20	$20 \times 0.02 = 0.40$
		3	压型钢板内折算板厚	25	37.5	$25 \times 0.0375 = 0.94$
			合计			1.48
	活载		2.00			

由于实际项目的复杂性，对于任何一个具体项目，当最终的建筑装修做法确定以后，都有必要重新核实最初的估算值是否准确，如果存在较大偏差，需要修改模型中的荷载输入信息，本项目取 $1.5kN/m^2$。

2. 屋面板附加恒载

最顶层的屋面板，由于直接暴露在外，有防水、保温的要求，因此做法更为复杂，常见的屋面做法重量见表 4-2。

屋面荷载标准值 表 4-2

楼面板	荷载标准值统计，板自重由程序计算(kN/m²)				
	内容	项次	重度(kN/m³)	厚度(mm)	荷载标准值(kN/m²)
屋面标准值	屋面恒载	1	10mm 厚地砖	17.8	10	17.8×0.01≈0.18
		2	0.4mm 厚塑料膜	1.25	0.4	1.25×0.0004≈0.00
		3	两层(3+3)mm 厚 SBS 改性沥青防水卷材	10.5	6	10.5×0.006=0.06
		4	20mm 厚 1:3 水泥砂浆找平层	19.8	20	19.8×0.02=0.40
		5	1:3 水泥砂浆找平层，最薄处20mm 厚	20	67	20×0.067=1.34
		6	120mm 厚憎水膨胀珍珠岩板	1	120	1×0.12=0.12
		7	压型钢板内折算板厚	25	37.5	25×0.0375=0.94
		合计				3.04
	活载		0.50			

注：由于钢筋混凝土屋面板的自重可以由软件自动计算，因此对于非上人屋面做法，板面附加恒载可近似取为 3.0～3.5kN/m²，本项目取 3.0kN/m²。

3. 梁上线荷载

在讨论完输在楼面板、屋面板上的面荷载后，接下来就需要讨论输在梁上的线荷载。输在梁上的线荷载通常就是隔墙的重量，对于隔墙的重量，则需要根据墙厚、墙高、墙表面抹灰做法、墙上是否开有门窗洞口等情况来计算梁上隔墙的线荷载值，每个具体项目都需要根据实际情况计算。

由于本项目采用的是钢外墙，外墙采用双层彩钢板，彩钢板荷载通过檩条及檩托板传递给柱，因此作用于梁上的线荷载为 0。

考虑到有些实际项目室内有分隔墙，现在举例来计算梁上的隔墙线荷载值。

假定标准层层高为 3.9m，减去预估的高 700mm 的梁，则隔墙高度为 3.2m，外墙 250mm 厚，内墙 200mm 厚，均采用加气混凝土砌块砌筑，根据《荷载规范》附录 A 第 6 项查得加气混凝土的重度为 5.5～7.5kN/m³，一般各个设计院都有自己的取值，此处我们按 7.0kN/m³ 计算，同时考虑墙两侧各有 20mm 厚的抹灰，抹灰容重取为 20kN/m³，不开洞外墙的线荷载标准值为：

$$(0.25×7.0+0.02×20×2)×3.2=8.2kN/m$$

不开洞内墙的线荷载标准值为：

$$(0.20×7.0+0.02×20×2)×3.2=7.0kN/m$$

对于开洞墙体的线荷载，简单估算时可以将不开洞墙体的线荷载乘以 0.7～0.8 进行折减，开洞比较大时，可以折减多一点，开洞比较小时，可以少折减或者不折减。

对于其他墙体线荷载，也可按上述原理计算，此处不再赘述。

4.2.2 活荷载

作用在结构上的活荷载主要包括人员活动、家具设备的活荷载等，通常需要输入软件中的活荷载是楼面活荷载或者屋面活荷载，各类房间的活荷载取值在《工程结构通用规范》GB 55001—2021（以下简称《结构通规》）中均有详细的规定。

1. 楼面活荷载

对于楼面活荷载，《结构通规》4.2 条有相关规定：

4.2.2 一般使用条件下的民用建筑楼面均布活荷载标准值及其组合值系数、频遇值系数和准永久值系数的取值，不应小于表 4.2.2 的规定。当使用荷载较大、情况特殊或有专门要求时，应按实际情况采用。

表 4.2.2 民用建筑楼面均布活荷载标准值及其组合值系数、频遇值系数和准永久值系数

项次	类 别		标准值 (kN/m²)	组合值系数 ψ_c	频遇值系数 ψ_f	准永久值系数 ψ_q
1	(1)住宅、宿舍、旅馆、医院病房、托儿所、幼儿园		2.0	0.7	0.5	0.4
	(2)办公楼、教室、医院门诊室		2.5	0.7	0.6	0.5
2	食堂、餐厅、试验室、阅览室、会议室、一般资料档案室		3.0	0.7	0.6	0.5
3	礼堂、剧场、影院、有固定座位的看台、公共洗衣房		3.5	0.7	0.5	0.3
4	(1)商店、展览厅、车站、港口、机场大厅及其旅客等候室		4.0	0.7	0.6	0.5
	(2)无固定座的看台		4.0	0.7	0.5	0.3
5	(1)健身房、演出舞台		4.5	0.7	0.6	0.5
	(2)运动场、舞厅		4.5	0.7	0.6	0.3
6	(1)书库、档案库、储藏室（书架高度不超过2.5m）		6.0	0.9	0.9	0.8
	(2)密集柜书库（书架高度不超过2.5m）		12.0	0.9	0.9	0.8
7	通风机房、电梯机房		8.0	0.9	0.9	0.8
8	厨房	(1)餐厅	4.0	0.7	0.7	0.7
		(2)其他	2.0	0.7	0.6	0.5
9	浴室、卫生间、盥洗室		2.5	0.7	0.6	0.5
10	走廊、门厅	(1)宿舍、旅馆、医院病房、托儿所、幼儿园、住宅	2.0	0.7	0.5	0.4
		(2)办公楼、餐厅、医院门诊部	3.0	0.7	0.6	0.5
		(3)教学楼及其他可能出现人员密集的情况	3.5	0.7	0.5	0.3
11	楼梯	(1)多层住宅	2.0	0.7	0.5	0.4
		(2)其他	3.5	0.7	0.5	0.3
12	阳台	(1)可能出现人员密集的情况	3.5	0.7	0.6	0.5
		(2)其他	2.5	0.7	0.6	0.5

根据《结构通规》的规定，办公楼的楼面活荷载标准值为 $2.5kN/m^2$（本项目当时考虑人员及办公设备稀少，取值为 $2.0kN/m^2$，本书暂不做修改。读者在实际项目应严格按照《结构通规》取值），楼梯间活荷载标准值为 $3.5kN/m^2$。

2. 屋面活荷载

对于屋面活荷载，《结构通规》4.2.8 条规定：房屋建筑的屋面，其水平投影面上的屋面均布活荷载的标准值及其组合值系数、频遇值系数和准永久值系数的取值，不应小于表 4.2.8 的规定。

表 4.2.8　屋面均布活荷载标准值及其组合值系数、频遇值系数和准永久值系数

项次	类别	标准值 (kN/m^2)	组合值系数 ψ_c	频遇值系数 ψ_f	准永久值系数 ψ_q
1	不上人的屋面	0.5	0.7	0.5	0.0
2	上人的屋面	2.0	0.7	0.5	0.4
3	屋顶花园	3.0	0.7	0.6	0.5
4	屋顶运动场地	4.5	0.7	0.6	0.4

因此，对于上人屋面，屋面活荷载标准值取 $2.0kN/m^2$；对于非上人屋面，按规范规定取 $0.50kN/m^2$，但还需要与雪荷载相比较，取较不利值。

《荷载规范》5.3.3 条规定：不上人的屋面均布活荷载，可不与雪荷载和风荷载同时组合。

4.2.3　雪荷载

根据前述规定：不上人的屋面均布活荷载，可不与雪荷载和风荷载同时组合。对于不上人屋面，如果雪荷载没有超过非上人屋面的活荷载，则不需要考虑雪荷载。而对于上人屋面，活荷载标准值为 $2.0kN/m^2$，通常是超过雪荷载的，因此上人屋面活荷载通常都按 $2.0kN/m^2$ 考虑，且不考虑下雪天有很多人上屋面，也就不必考虑上人屋面的活荷载与雪荷载的组合。

《结构通规》4.5 条规定：

4.5.1　屋面水平投影面上的雪荷载标准值应为屋面积雪分布系数和基本雪压的乘积。

4.5.2　基本雪压应根据空旷平坦地形条件下的降雪观测资料，采用适当的概率分布模型，按 50 年重现期进行计算。对雪荷载敏感的结构，应按照 100 年重现期雪压和基本雪压的比值，提高其雪荷载取值。对于平屋面，屋面积雪分布系数为 1.0，查《荷载规范》附录 E，西安地区 50 年一遇的基本雪压为 $0.25kN/m^2$，并没有超过非上人屋面的活荷载值，因此最终非上人屋面的活荷载值可取为 $0.50kN/m^2$。

4.3　风荷载

风荷载在建模过程中，通常并不需要人为输入，只需要在软件中填写好相应的参数就可以让软件自己计算风荷载。

风荷载有以下特点：

（1）风力作用与建筑物外形有直接关系：体现在风荷载体型系数上。

（2）风力作用与高度影响较大：体现在风压高度变化系数上。

（3）风力受到建筑物周围环境影响较大：体现在地面粗糙度类别上。

（4）风力作用具有静力、动力两重性质：体现在风振系数上。

（5）风力在建筑物表面的分布很不均匀，在角区和建筑物内收的局部区域，会产生较大的风力。

《荷载规范》8.1.1 条规定：垂直于建筑物表面上的风荷载标准值，应按下列规定确定：

1　计算主要受力结构时，应按下式计算：

$$w_k = \beta_z \mu_s \mu_z w_0 \qquad (8.1.1-1)$$

式中：w_k——风荷载标准值（kN/m^2）；

　　　β_z——高度 z 处的风振系数；

　　　μ_s——风荷载体型系数；

　　　μ_z——风压高度变化系数；

　　　w_0——基本风压（kN/m^2）。

其中 β_z 由软件自动计算，μ_s 需要由用户填写，对于矩形平面的建筑物而言，查《荷载规范》表 8.3.1 第 30 项（图 4-1），可知风荷载体型系数由迎风面压力＋背风面吸力确定，总的体型系数为 1.3。

| 30 | 封闭式房屋和构筑物 | (a) 正多边形(包括矩形)平面 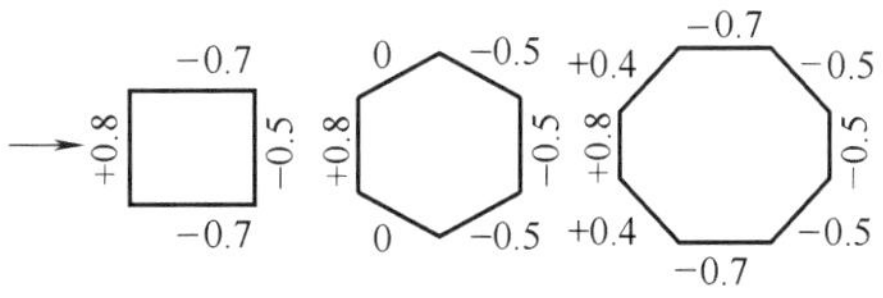 | — |

图 4-1　矩形平面建筑物风荷载

μ_z 由地面粗糙度类别和高度决定，《荷载规范》8.2.1 条规定：对于平坦或稍有起伏的地形，风压高度变化系数应根据地面粗糙度类别按表 8.2.1 确定。地面粗糙度可分为 A、B、C、D 四类：A 类指近海海面和海岛、海岸、湖岸及沙漠地区；B 类指田野、乡村、丛林、丘陵以及房屋比较稀疏的乡镇；C 类指有密集建筑群的城市市区；D 类指有密集建筑群且房屋较高的城市市区。

表 8.2.1　风压高度变化系数 μ_z

离地面或海平面高度 (m)	地面粗糙度类别			
	A	B	C	D
5	1.09	1.00	0.65	0.51
10	1.28	1.00	0.65	0.51
15	1.42	1.13	0.65	0.51
20	1.52	1.23	0.74	0.51
30	1.67	1.39	0.88	0.51

离地面或海平面高度 (m)	地面粗糙度类别			
	A	B	C	D
40	1.79	1.52	1.00	0.60
50	1.89	1.62	1.10	0.69
60	1.97	1.71	1.20	0.77
70	2.05	1.79	1.28	0.84
80	2.12	1.87	1.36	0.91
90	2.18	1.93	1.43	0.98
100	2.23	2.00	1.50	1.04

本项目位于郊区，地面粗糙度类别可以选为 B 类，在软件中填写好场地类别后，软件便可自动计算出风压高度变化系数。

《荷载规范》8.1.2 条规定：基本风压应采用按本规范规定的方法确定的 50 年重现期的风压，但不得小于 0.3kN/m^2。对于高层建筑、高耸结构以及对风荷载比较敏感的其他结构，基本风压的取值应适当提高，并应符合有关结构设计规范的规定。

查《荷载规范》附录 E，西安 50 年一遇的基本风压为 0.35kN/m^2。

在后面的建模过程中，会将上面查到的参数填入软件中。

4.4　地震作用

地震作用与风荷载类似，也是在软件中填写相关的参数，由软件自动计算。查《抗震标准》附录 A（图 4-2）得，西安市抗震设防烈度均为 8 度（0.20g），分组为第二组。在后面的建模过程中，将按照设防烈度均为 8 度（0.20g），分组为第二组来填写相应的参数。

A.0.27　陕西省

	烈度	加速度	分组	县级及县级以上城镇
西安市	8 度	0.20g	第二组	新城区、碑林区、莲湖区、灞桥区、未央区、雁塔区、阎良区、临潼区、长安区、高陵区、蓝田县、周至县、户县

图 4-2　西安市抗震设防烈度

4.5　荷载组合

同时作用在结构上的荷载可能不止一种，这些不同种类的荷载同时出现最大值的可能性也比较小，因此这些有可能同时作用在结构上的不同种类的荷载需要按一定的规则组合在一起，这便是荷载组合的内容。软件可以自动生成所有的组合，通常并不需要人为干涉，但作为软件的使用者还是应当了解荷载组合的规则。

4.5.1 无震组合

《建筑结构可靠性设计统一标准》GB 50068—2018（以下简称《可靠性标准》）对无震组合作了专门的规定。《可靠性标准》8.2.4条规定：对持久设计状况和短暂设计状况，应采用作用的基本组合，并应符合下列规定：

2 当作用与作用效应按线性关系考虑时，基本组合的效应设计值按下式中最不利值计算：

$$S_d = \sum_{i \geqslant 1} \gamma_{G_i} S_{G_{ik}} + \gamma_P S_P + \gamma_{Q_1} \gamma_{L1} S_{Q_{1k}} + \sum_{j>1} \gamma_{Q_j} \psi_{cj} \gamma_{Lj} S_{Q_{jk}} \qquad (8.2.4\text{-}2)$$

式中：$S_{G_{ik}}$——第 i 个永久作用标准值的效应；

S_P——预应力作用有关代表值的效应；

$S_{Q_{1k}}$——第 1 个可变作用标准值的效应；

$S_{Q_{jk}}$——第 j 个可变作用标准值的效应。

按本标准第 8.2.4 条第 1 项的规定采用以下系数：

γ_{G_i}——第 i 个永久作用的分项系数，应按本标准第 8.2.9 条的有关规定采用；

γ_P——预应力作用的分项系数，应按本标准第 8.2.9 条的有关规定采用；

γ_{Q_1}——第 1 个可变作用的分项系数，应按本标准第 8.2.9 条的有关规定采用；

γ_{Q_j}——第 j 个可变作用的分项系数，应按本标准第 8.2.9 条的有关规定采用；

γ_{L_1}、γ_{L_j}——第 1 个和第 j 个考虑结构设计使用年限的荷载调整系数，应按本标准第 8.2.10 条的有关规定采用；

ψ_{cj}——第 j 个可变作用的组合值系数，应按现行有关标准的规定采用。

《可靠性标准》8.2.9 条规定：建筑结构的作用分项系数，应按表 8.2.9 采用。

表 8.2.9　建筑结构的作用分项系数

作用分项系数　＼　适用情况	当作用效应对承载力不利时	当作用效应对承载力有利时
γ_G	1.3	$\leqslant 1.0$
γ_P	1.3	$\leqslant 1.0$
γ_Q	1.5	0

8.2.10 条规定：建筑结构考虑结构设计使用年限的荷载调整系数，应按表 8.2.10 采用。

表 8.2.10　建筑结构考虑结构设计使用年限的荷载调整系数 γ_L

结构的设计使用年限（年）	γ_L
5	0.9
50	1.0
100	1.1

注：对设计使用年限为 25 年的结构构件，γ_L 应按各种材料结构设计标准的规定采用。

根据上述规定，本项目结构设计使用年限 50 年，则设计使用年限的荷载调整系数取

29

为 1.0。作用在结构上的永久荷载有恒载（用 D 表示），可变荷载有活荷载（用 L 表示）和风荷载（用 W 表示），不考虑雪荷载。地震作用（用 E 表示）作为一类特殊的荷载，仅在有震组合中参与组合。那么对于无震组合，根据上述的组合规则：

（1）当仅考虑 D 和 L 时，组合的表达式为：$1.3D+1.5L$

（2）考虑恒载有利时，组合的表达式为：$1.0D+1.5L$

（3）当考虑 D、L、W 的组合时，组合的表达式有：

$1.3D+1.5L+1.5\times0.6W$（其中，0.6 的风荷载的组合值系数，可由《荷载规范》查得）

$1.3D+1.5\times0.7L+1.5W$（其中，0.7 的活荷载的组合值系数，可由《荷载规范》查得）

（4）考虑恒载有利时，组合的表达式为：

$$1.0D+1.5L+1.5\times0.6W$$
$$1.0D+1.5\times0.7L+1.5W$$

对于任意一个有 W 参与的组合，软件会分别考虑 X 向风和 Y 向风两种情况。

4.5.2 有震组合

对于有地震作用参与的组合，《建筑与市政工程抗震通用规范》GB 55002—2021（以下简称《市政通用规范》）作了明确规定。《市政通用规范》4.3.2 条规定：结构构件抗震验算的组合内力设计值应采用地震作用效应和其他作用效应的基本组合值，并应符合下式规定：

$$S=\gamma_{G}S_{GE}+\gamma_{Eh}S_{Ehk}+\gamma_{Ev}S_{Evk}+\sum\gamma_{Di}S_{Dik}+\sum\psi_{i}\gamma_{i}S_{ik} \qquad (4.3.2)$$

式中：S——结构构件地震组合内力设计值，包括组合的弯矩、轴向力和剪力设计值等；

γ_{G}——重力荷载分项系数，按表 4.3.2-1 采用；

γ_{Eh}、γ_{Ev}——分别为水平、竖向地震作用分项系数，其取值不应低于表 4.3.2-2 的规定；

γ_{Di}——不包括在重力荷载内的第 i 个永久荷载的分项系数，应按表 4.3.2-1 采用；

γ_{i}——不包括在重力荷载内的第 i 个可变荷载的分项系数，不应小于 1.5；

S_{GE}——重力荷载代表值的效应，有吊车时，尚应包括悬吊物重力标准值的效应；

S_{Ehk}——水平地震作用标准值的效应；

S_{Evk}——竖向地震作用标准值的效应；

S_{Dik}——不包括在重力荷载内的第 i 个永久荷载标准值的效应；

S_{ik}——不包括在重力荷载内的第 i 个可变荷载标准值的效应；

ψ_{i}——不包括在重力荷载内的第 i 个可变荷载的组合值系数，应按表 4.3.2-1 采用。

表 4.3.2-1　各荷载分项系数及组合系数

荷载类别、分项系数、组合系数			对承载力不利	对承载力有利	适用对象
永久荷载	重力荷载	γ_{G}	≥1.3	≤1.0	所有工程
	预应力	γ_{Dy}			
	土压力	γ_{Ds}	≥1.3	≤1.0	市政工程、地下结构
	水压力	γ_{Dw}			

荷载类别、分项系数、组合系数			对承载力不利	对承载力有利	适用对象
可变荷载	风荷载	ψ_{w}	0.0		一般的建筑结构
			0.2		风荷载起控制作用的建筑结构
	温度作用	ψ_{t}	0.65		市政工程

表 4.3.2-2 地震作用分项系数

地震作用	γ_{Eh}	γ_{Ev}
仅计算水平地震作用	1.4	0.0
仅计算竖向地震作用	0.0	1.4
同时计算水平与竖向地震作用(水平地震为主)	1.4	0.5
同时计算水平与竖向地震作用(竖向地震为主)	0.5	1.4

注意：和原先的抗震规范相比，《市政通用规范》将地震作用的分项系数由原先的 1.3 改为 1.4，请读者在软件计算时要特别小心。

由于本项目结构高度不超过 60m，因此不属于风荷载起控制作用的建筑，有震组合中不考虑风荷载。

根据《抗震标准》5.1.1-4 的规定：8、9 度时的大跨度和长悬臂结构及 9 度时的高层建筑，应计算竖向地震作用。

本项目属于 8 度区，不属于大跨度，因此不需要考虑竖向地震作用。

对于结构的重力荷载代表值，《抗震标准》5.1.3 条规定：计算地震作用时，建筑的重力荷载代表值应取结构和构配件自重标准值和各可变荷载组合值之和。各可变荷载的组合值系数，应按表 5.1.3 采用。

表 5.1.3 组合值系数

可变荷载种类		组合值系数
雪荷载		0.5
屋面积灰荷载		0.5
屋面活荷载		不计入
按实际情况计算的楼面活荷载		1.0
按等效均布荷载计算的楼面活荷载	藏书库、档案库	0.8
	其他民用建筑	0.5
起重机悬吊物重力	硬钩吊车	0.3
	软钩吊车	不计入

注：硬钩吊车的吊重较大时，组合值系数应按实际情况采用。

本项目的可变荷载种类属于按等效均布荷载计算的楼面活荷载，且不属于藏书库、档案库一项，属于其他民用建筑一项，因此活荷载的组合值系数取 0.5，重力荷载代表值为 $1.0D+0.5L$，有震组合的表达式为：$1.2\times(1.0D+0.5L)+1.4E$；在软件中常常表达为：$1.2D+0.6L+1.4E$。当重力荷载有利时，组合的表达式为：$1.0D+0.5L+1.4E$。

对于任意一个有 E 参与的组合，软件会分别考虑 X 向地震和 Y 向地震两种情况，同时由于还需要考虑偶然偏心的影响，有震组合数会大大增加，这里暂不细述，在后面参数的设置中，从软件自动生成的荷载组合会看出这一点。

4.6　荷载及荷载组合要点总结

本章主要讲述了各种荷载的取值及荷载组合。楼面附加恒载、屋面附加恒载的取值已经总结出了相应的经验值，梁上隔墙线荷载的取值则需要根据实际项目隔墙的情况具体计算，楼面活载、屋面活载的取值根据《荷载规范》的表格查表确定，风荷载和地震作用则是在软件中输入相应的参数，由软件自动计算。软件可以自动根据规范的要求生成各种荷载组合。

5 建立模型

在准备好初步的结构布置图，同时也考虑清楚各种荷载之后，便可以进入软件中建立模型。建模工作的一般顺序是先建立一个标准层的几何信息，然后输入该标准层的荷载信息，第一个标准层建好之后，再复制添加其他的标准层，在此基础上进行修改得到新的标准层，以此类推，建立出所有标准层，最后进行组装形成全楼模型。在这里，采用 PKPM 软件作为示例，如果读者想采用 YJK 软件建模，其流程也是一样的，只是个别操作步骤有些细微的差别。

5.1 建模前准备

5.1.1 确定组装楼层数

在初步确定各种结构构件的位置同时也估算出了各种结构构件的截面尺寸以后，便可以做出初步的结构平面布置图，这是为后面的建模工作所做的前期准备之一。在这里推荐大家使用探索者结构 CAD 软件绘制结构平面布置图。

这里再来思考一个问题：如果要建立全楼模型，至少需要几个结构标准层？这个问题也就是如果要做出全楼的结构布置图，需要画几张平面结构布置图的问题。

对照本项目建筑平面图和剖面图来回答这个问题。首先，一般情况下，±0.000 第一层如果有隔墙，一般在±0.000 处需要设置一层梁来托墙体，但没有楼面板，设置这层梁是为了支撑砌体墙，地面采用素混凝土地坪的做法即可。但是本层采用开放式办公，完全没有隔墙，因此此层无须设置结构标准层；二层需要一个结构标准层，屋面需要一个结构标准层。因此，建立完整的模型一共需要 2 个结构标准层。

5.1.2 确定组装楼层层高

1. 确定基础底标高

由于本项目采用独立基础，而独立基础属于天然基础，影响天然基础标高有两个主要因素，一个是基础埋深，基础埋深根据《建筑地基基础设计规范》GB 50007—2011（以下简称《地基规范》）5.1.4 条规定，天然基础埋深至少取建筑物高度的 1/15；另一个是独立基础的基底要进入持力层一定的深度，一般取进入深度 500mm。本项目选择第二层粉质黏土层作为独立基础的持力层，可参考本书 11.3 地勘资料说明，基底标高可初步确定为 −2.000m，能够满足基础埋深的要求。

对于其他不同高度的建筑物和地质条件的项目，读者可以根据类似原则自行确定基础底标高。

2. 确定基础高度

由于本项目采用独立基础，根据《混凝土结构施工图平面整体表示方法制图规则和构造详图（独立基础、条形基础、筏形基础、桩基础）》22G101-3（以下简称 22G101-3 图集）2-10 之柱纵向钢筋在基础中构造的详图可以看出，当柱纵筋直径为 22mm 时，基础高度至少取 600mm 才能满足图集要求。

为什么此处柱纵筋直径至少取 22mm？根据《钢结构连接节点设计手册》（第四版）（以下简称《钢节点手册》）8-127 规定可知，外包式柱脚柱纵筋直径至少取 22mm。

3. 确定钢柱脚类型

《抗震规范》8.3.8 条规定：钢结构的刚接柱脚宜采用埋入式，也可采用外包式；6、7 度且高度不超过 50m 时也可采用外露式。从规范中可以看出，最优先推荐的是埋入式，其次是外包式，最后，当地震烈度不大且高度不高时可以考虑采用抗震性能最差的外露式。

注意：当 6、7 度且高度不超过 50m 时也可采用外露式但必须同时满足《抗震规范》8.2.8 条第 5 款规定，满足强节点弱构件的要求，即《抗震规范》公式（8.2.8-6），请读者自行查阅。笔者在实际项目审图时发现，在高烈度地区，比如 8 度区的项目很多设计师使用外露式柱脚在软件验算公式（8.2.8-6）时故意不勾选，因为高烈度地区此条很难满足。但是万丈高楼平地起，柱脚不稳，罕遇地震下上部结构设计得再完美也会顷刻倒塌，灰飞烟灭。

结论：本项目采用外包式柱脚，可以兼顾《抗震规范》8.3.8 条、8.2.8 条。

4. 确定柱底标高

从上述可知，基底标高－2.000m，独立基础高 0.6m，因此，柱底标高为－1.400m。

5. 确定各楼层层高

从图 5-1 可以看出，第一层层高为 6400mm，第二层层高为 5000mm。

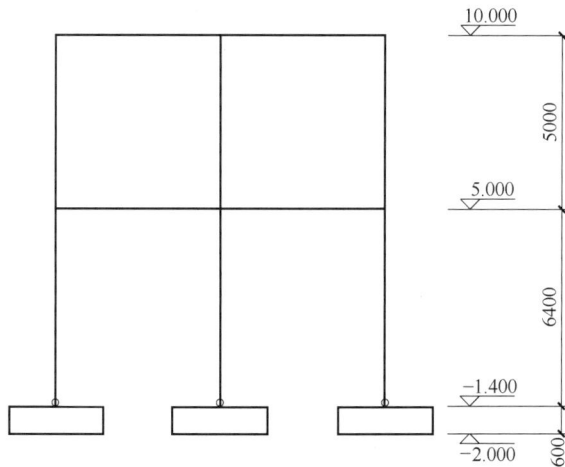

图 5-1　楼层组装示意图

5.2　建立模型几何信息

5.2.1　建立标准层轴网

双击打开 PKPM 软件，选择"钢结构"选项卡下的"钢框架三维设计"，单击"新建/打开"按钮，在目标文件夹中新建一个工程目录（图 5-2）。

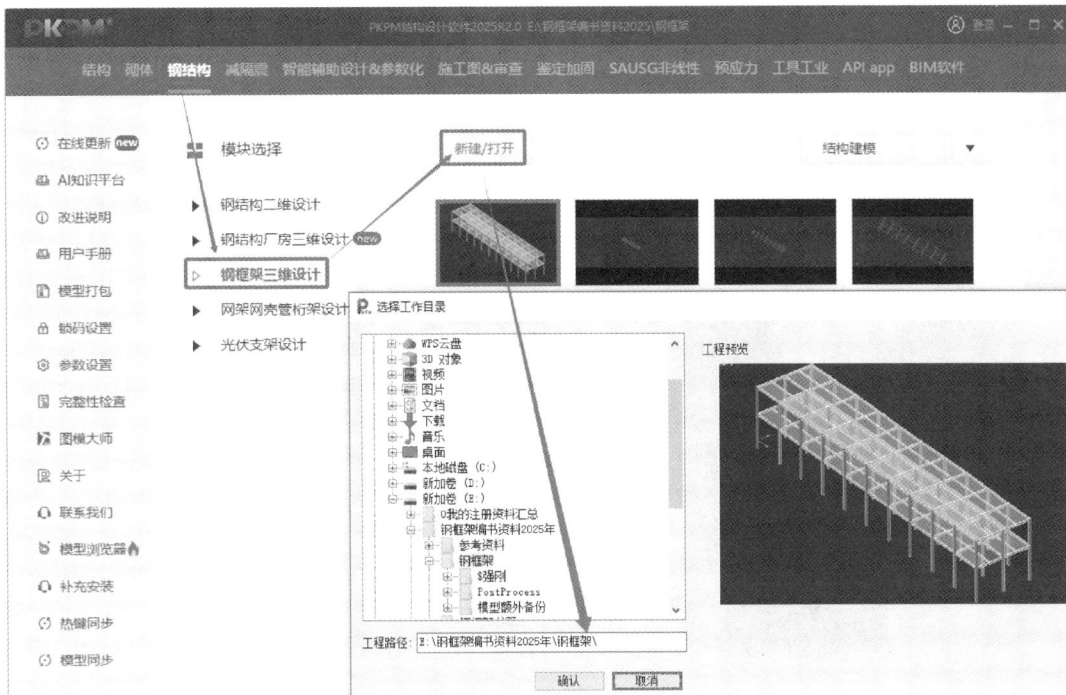

图 5-2　新建一个工程目录

　　由于本项目的轴网规则，建模时可以选择直接在软件中绘制轴网，通过"轴网"选项卡下的"正交轴网""两点直线""平行直线"等按钮，根据建筑图的轴网数据，建立好的轴网如图 5-3 所示。

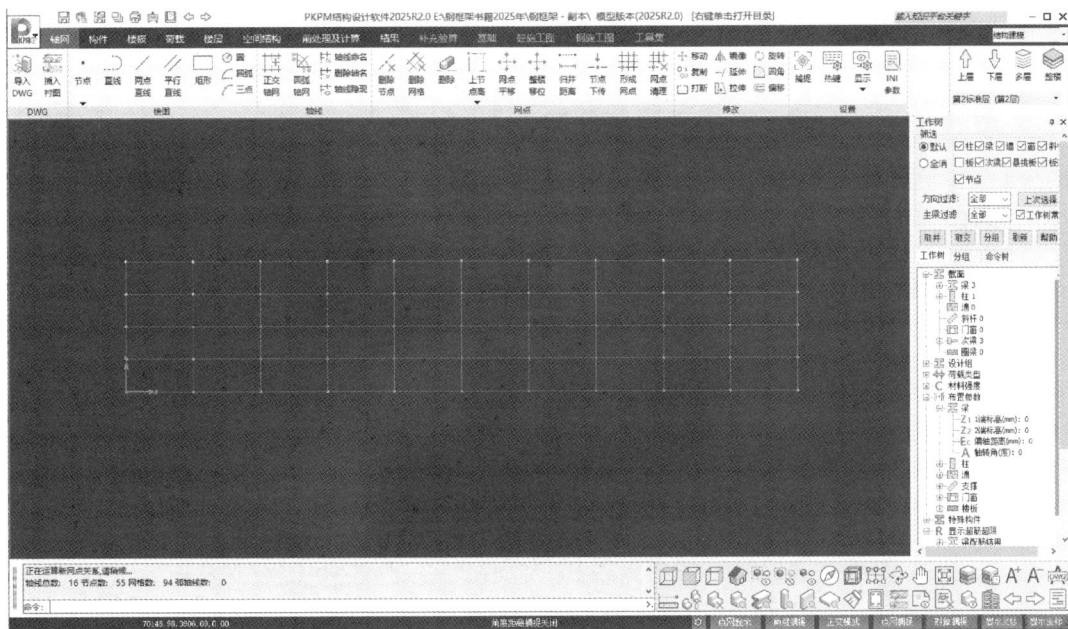

图 5-3　建立轴网

5.2.2 布置主次钢梁

在建立好轴网后，接下来切换到"构件"选项卡，单击"梁"按钮，在弹出的"梁布置"对话框中单击"增加"新增梁截面，并按前面步骤初步确定的结构平面布置图布置好梁（图5-4）。

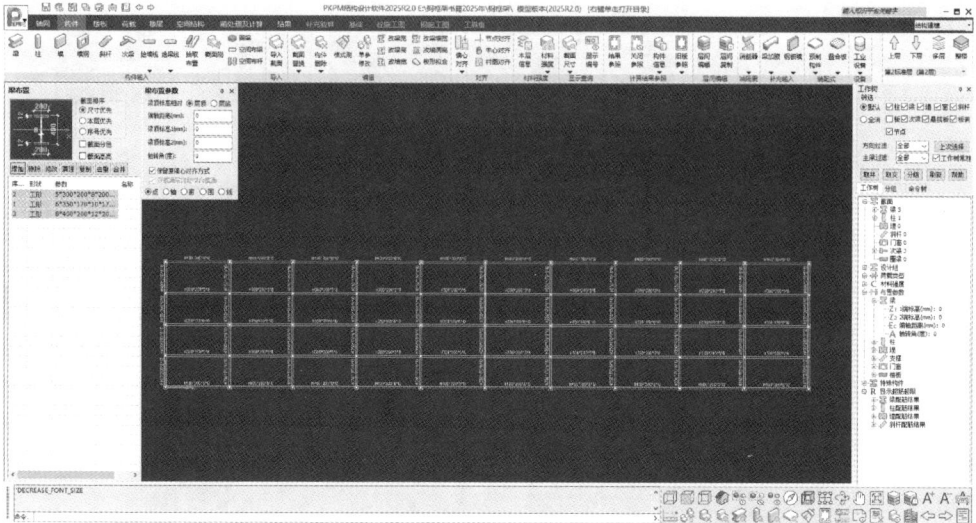

图 5-4　钢梁布置

5.2.3 布置钢柱

布置好梁之后，接下来就是布置柱子，单击"构件"选项卡下的"柱"按钮，在弹出的"柱布置"对话框中单击"增加"新增箱形柱截面，并按前面步骤初步确定的结构平面布置图布置好柱子（图5-5）。

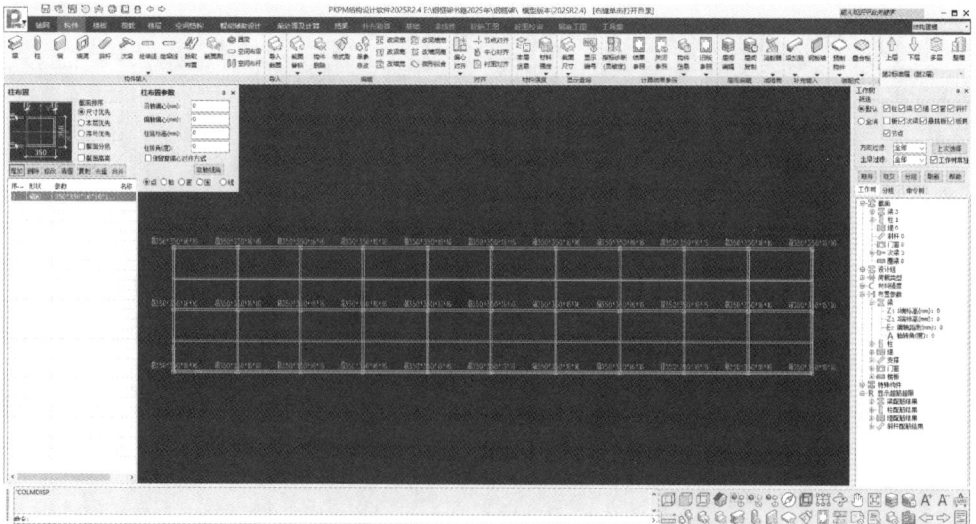

图 5-5　布置柱子

5.2.4 完善标准层信息

经过前面三步，已经布置好梁和柱，在进入"楼板"选项卡之前，先设置好本层信息，单击"构件"选项卡下的"本层信息"按钮，在弹出的本标准层信息对话框中，填写好本标准层信息，如图5-6所示。

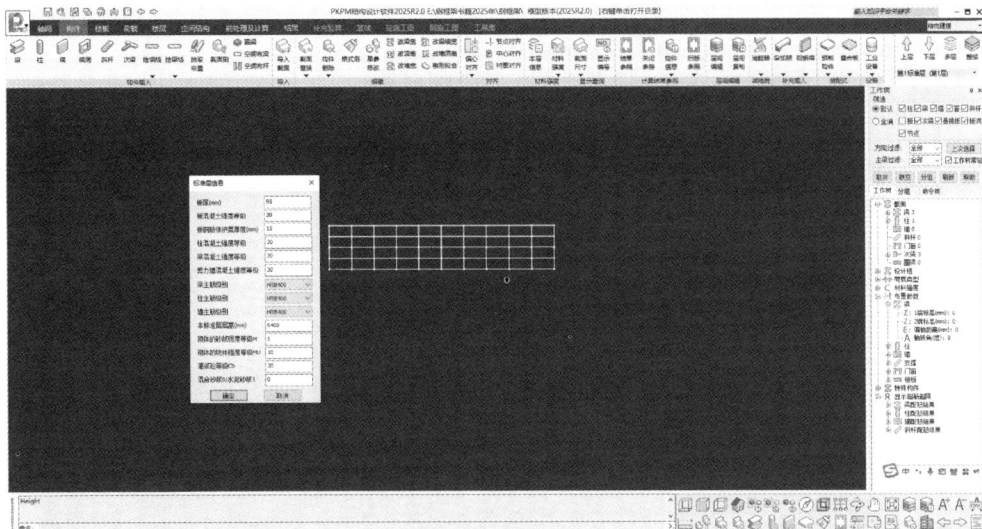

图 5-6 填写本层信息

5.2.5 修改板厚

接下来切换到"楼板"选项卡，单击"生成楼板"按钮，生成全楼楼板，再单击"修改板厚"按钮，板厚修改为95mm，再将两个楼梯间处的板厚修改为0，如图5-7所示。

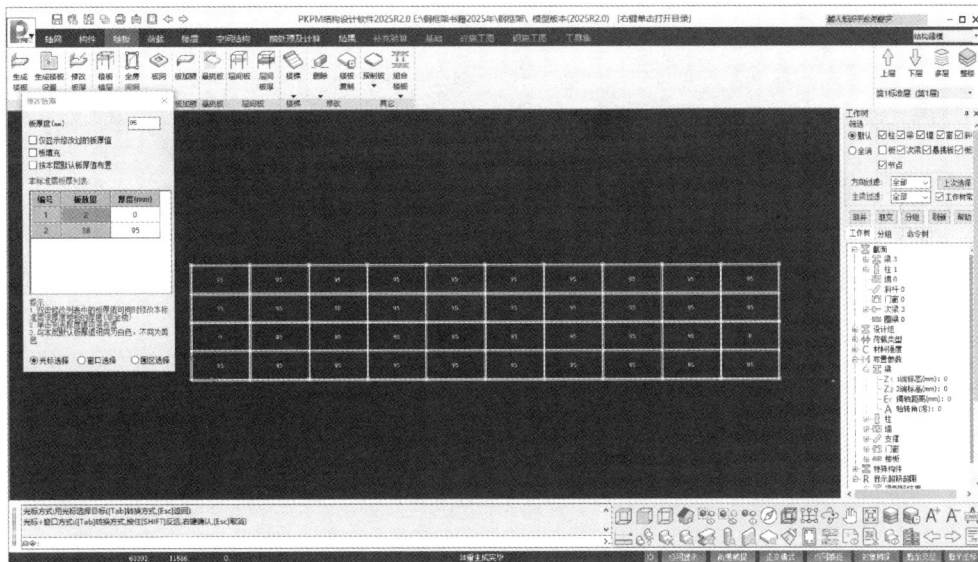

图 5-7 修改板厚

在这里简单说明一下为什么楼梯间是修改板厚为 0 而不是将楼梯间处全房间开洞，在 PKPM 和 YJK 软件中，修改板厚为 0 与全房间开洞最大的区别在于板厚为 0 的房间可以输入荷载，而全房间开洞则不能，这里将楼梯间修改板厚为 0 是因为后面还需要在这两个房间输入楼梯间的恒、活荷载。

本项目为钢框架结构，理论上钢楼梯应当建入模型中，但我们并没有这么做，因为钢楼梯与主体钢结构之间采用螺栓连接，通过此种构造措施已经尽可能减小了楼梯构件对主体结构的影响，楼梯构件便可不用参与整体抗震计算。

到这一步，已经建立好了一个标准层的几何信息，接下来便是输入该标准层的荷载信息。

5.3　输入模型荷载信息

5.3.1　输入恒载信息

1. 自动生成楼层荷载信息

在这一小节中，将在上一节的基础上，完善一个标准层的荷载信息。

单击"荷载"选项卡下的"恒活设置"按钮，在弹出的"楼面荷载定义"对话框中填写好各个参数，如图 5-8 所示。

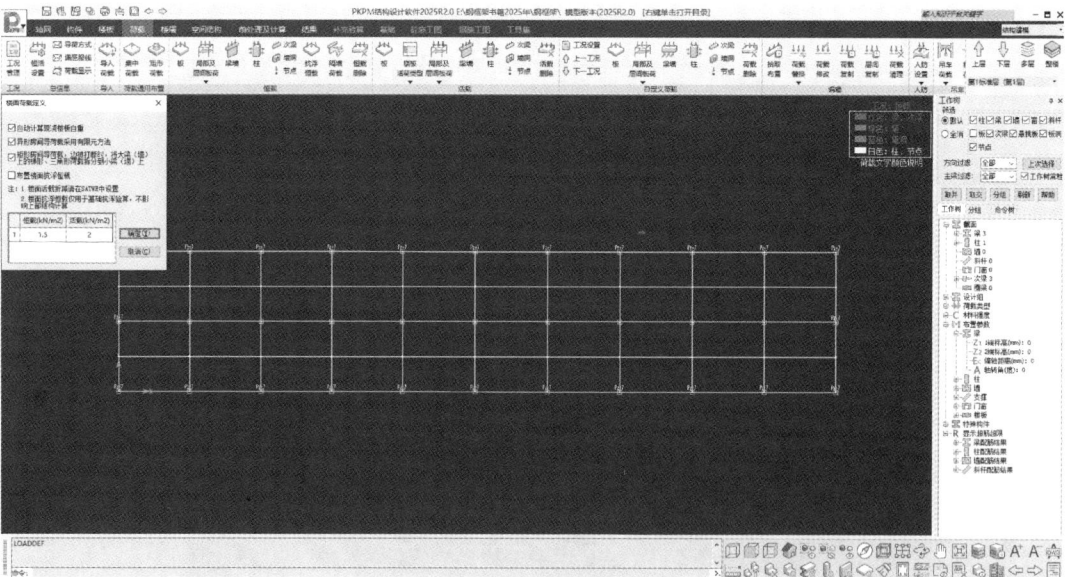

图 5-8　楼面荷载定义

在这里，勾选"自动计算现浇楼板自重"，那么在后面输入板上的恒载即为附加恒载，这也是为什么在"楼面荷载定义"对话框中恒载值填的是 1.5，而活载值填 $2.0 \mathrm{kN/m}^2$，这是因为大部分房间的活载都为 $2.0 \mathrm{kN/m}^2$，对于那些与这里设置不同的房间，可以在后面作进一步的修改。

2. 修改导荷方式

单击"荷载"选项卡下的"导荷方式"按钮，在弹出的界面中单击"对边传导"，如

图 5-9 所示。

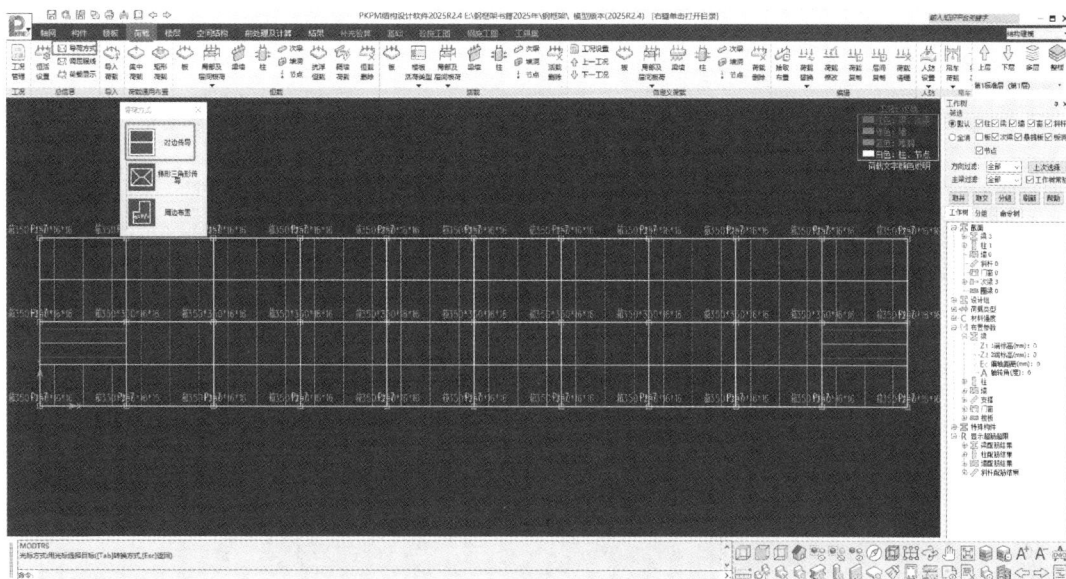

图 5-9　单向传力示意图

3. 修改钢楼梯附加恒载

单击"荷载"选项卡恒载下的"板"按钮，修改两个楼梯间的恒载值为 $3.0kN/m^2$，如图 5-10 所示。

注意：为什么楼梯间的附加恒载取 $3.0kN/m^2$？

本项目钢楼梯选自国家建筑设计标准图集《钢梯》15J401 的固定式钢斜梯，由《钢梯》C2 页（固定式钢斜梯详图）和 C7 页（钢梯踏步及平台板详图）的建筑面层荷载、栏杆荷载及楼梯组成材料重量叠加而成，读者可以根据本项目楼梯实际尺寸自行验算。

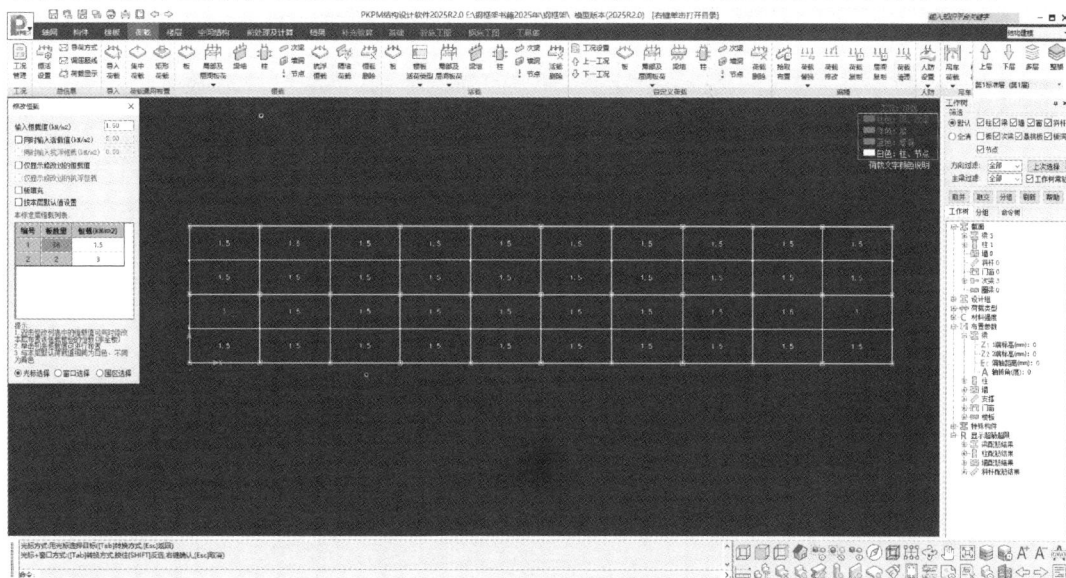

图 5-10　楼面恒载布置示意图

4. 输入钢外墙产生的节点荷载

接下来单击"荷载"选项卡恒载下的"节点"按钮，输入节点恒载，也就是钢外墙檩条檩托板传给柱的集中力，如图 5-11 所示。

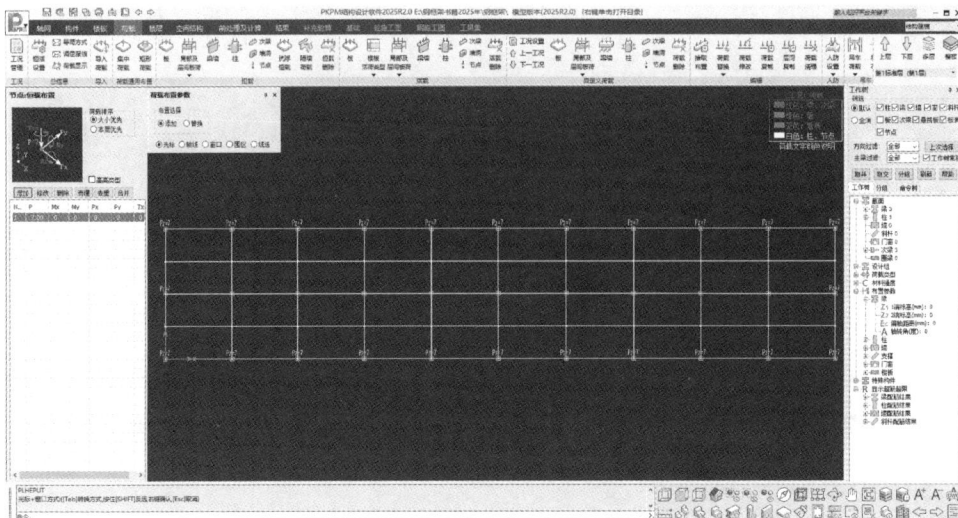

图 5-11　柱节点恒载示意图

此处节点荷载取值为 7kN。钢外墙面荷载为 $0.21kN/m^2$ ［参考《门式刚架实战设计》（第三版）］，檩托板受荷面积为 $6m\times5.5m=33m^2$。所以，檩托板传给钢柱的集中力为 $0.21\times33=6.93kN$，实取 7kN。由于出屋面有 1m 高女儿墙，所以 $5.5m=(5+6)\div2$。

5.3.2　输入活载信息

由于前面自动生成楼层荷载信息时已经自动生成了楼层活荷载信息，接下来单击"荷载"选项卡活载下的"板"按钮，修改两个楼梯间的活载值为 $3.5kN/m^2$，如图 5-12 所示。

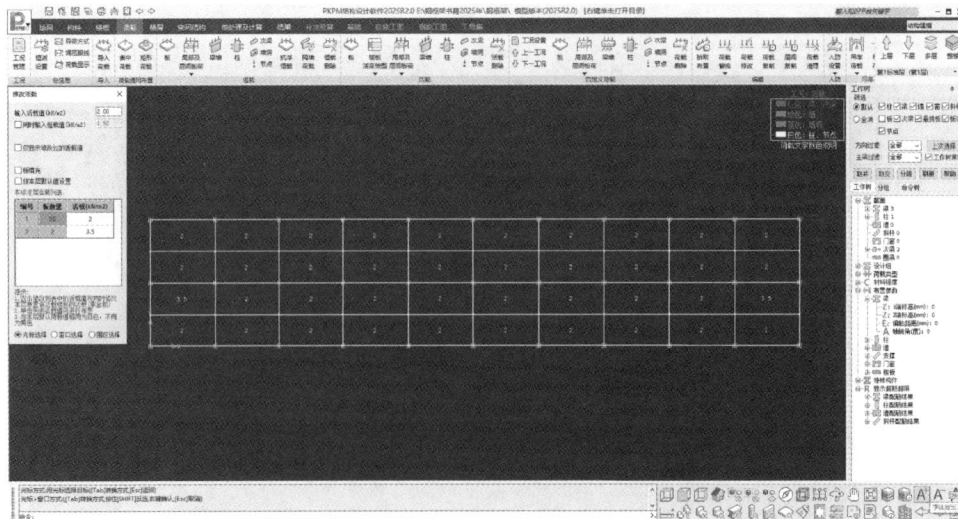

图 5-12　楼面活荷载修改

到这一步，已经建立好了一个标准层。

5.4 组装成全楼模型

5.4.1 增加其他结构标准层并修改相应荷载

由于前面只建立好一个标准层，在此基础上，单击右边的下拉按钮，根据之前确定的组装楼层数来添加新的标准层，选择"添加标准层"及"全部复制"，然后在此基础上得到新的目标标准层，再根据不同项目，根据建筑图将对应新的目标标准层修改为需要的目标标准层。本项目根据之前确定的组装楼层数可知还需新增一个屋面结构标准层，新的屋面结构标准层如图 5-13 所示。

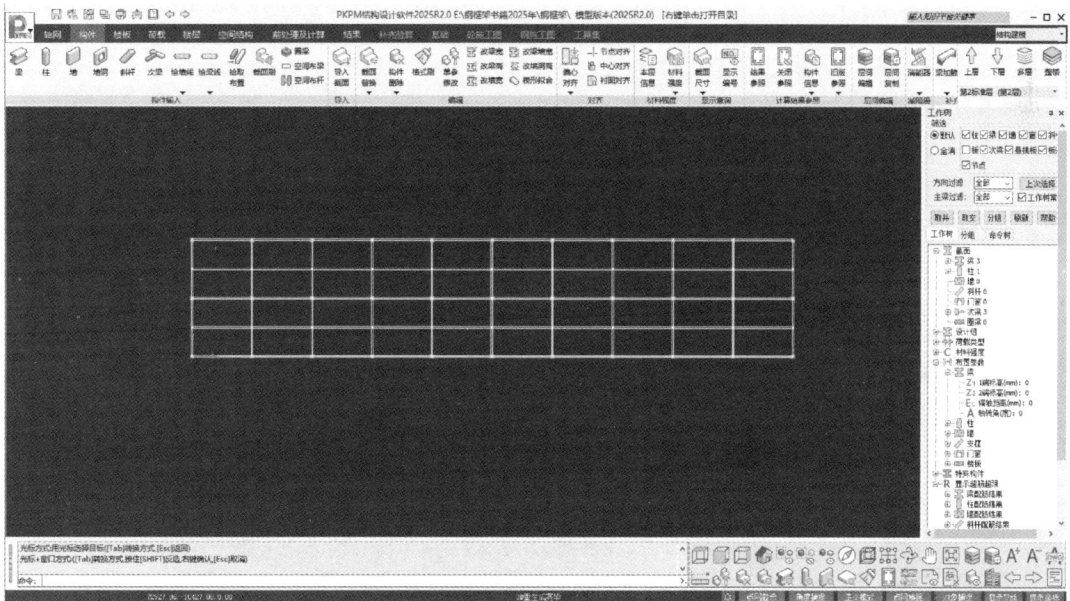

图 5-13 屋面标准层

根据之前荷载章节可知屋面层的附加恒载为 3.0kN/m^2，活载为 0.5kN/m^2，并做出相应修改，如图 5-14 所示。

在准备好所有的标准层后，便可以组装为全楼模型。

5.4.2 完善建模中的设计参数信息

单击"楼层"选项卡下的"设计参数"按钮，如图 5-15 所示。

填写好弹出对话框中的各个选项卡下的信息，如图 5-16 所示。

与后面 SATWE 参数中重复的部分此处不做展开，详见后面具体阐述。

"与基础相连构件的最大底标高（m）"：即底层柱底标高，也就是基础顶标高，多层框架结构一般做独立基础，之前已经确定了柱底标高，所以这里填写-1.4m。

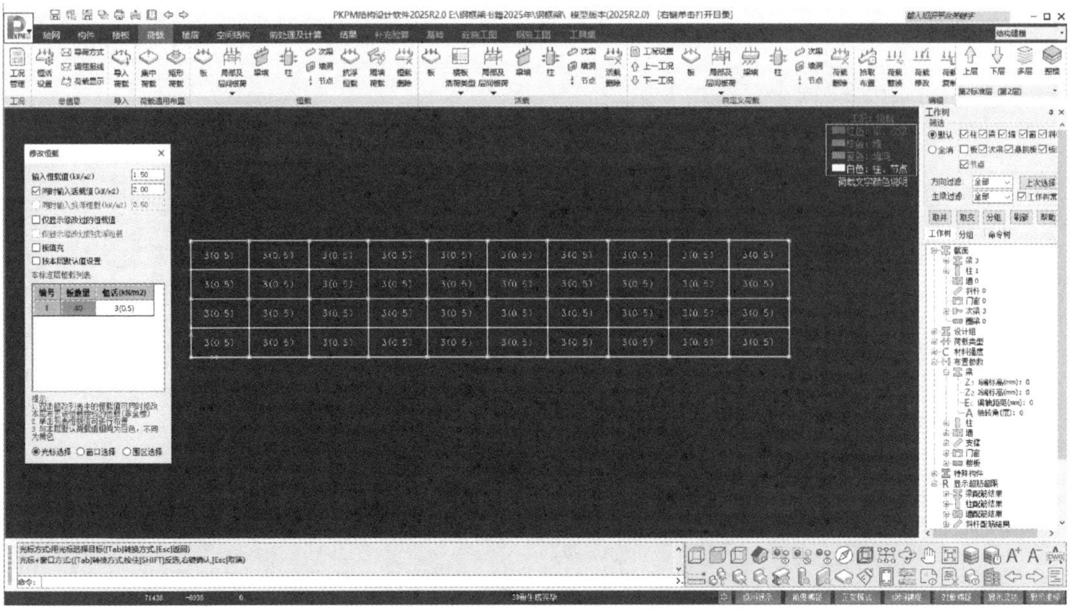

图 5-14　屋面层的附加恒载与活载

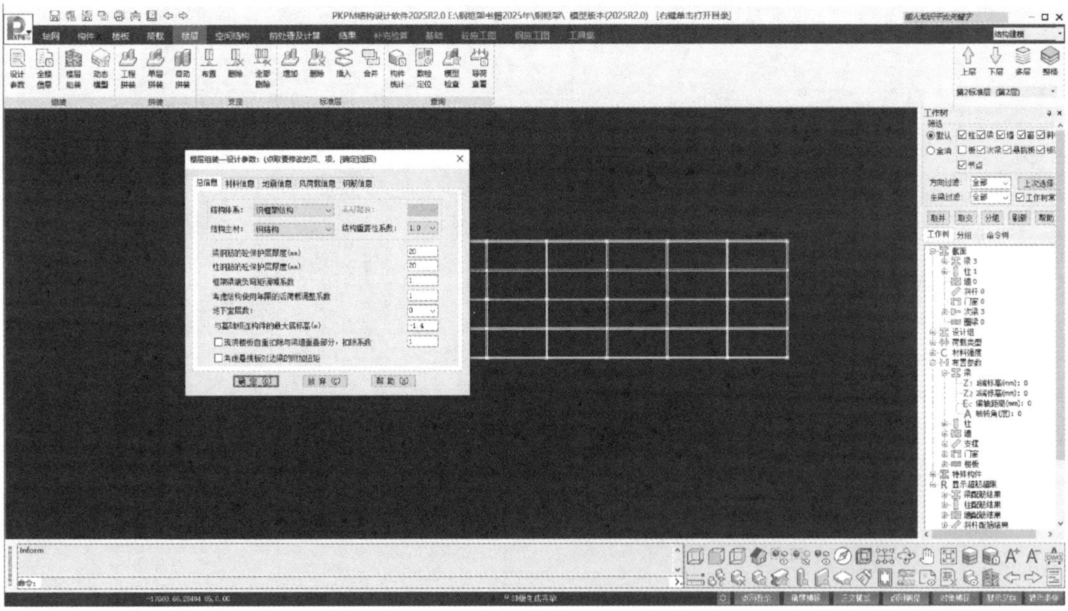

图 5-15　"设计参数"对话框

　　材料强度必须在此处修改，前面已经确定钢材强度等级，采用低合金高强钢 Q345；从构件的连接节点可以看出，只要不是暖通等其他专业在构件上开大洞，一般的构件连接钢截面净毛截面积比值由默认的 0.85 改为 0.9 不仅有经济性的优点，也有足够的富余量，如图 5-17 所示。

　　"地震信息"页参数（图 5-18）放到后面 SATWE 参数设置中再讨论，在后面这些参数还会再出现一次，与这里填写的参数是联动的。

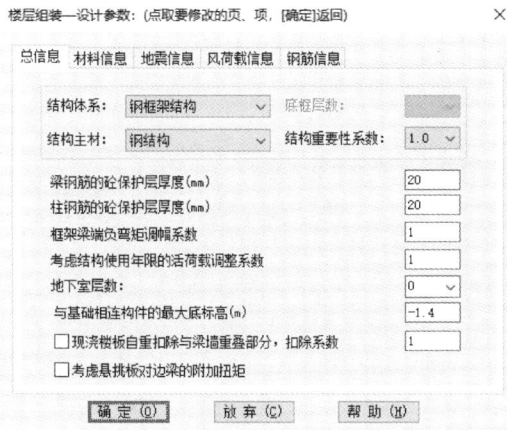

图 5-16 "总信息"页参数的填写

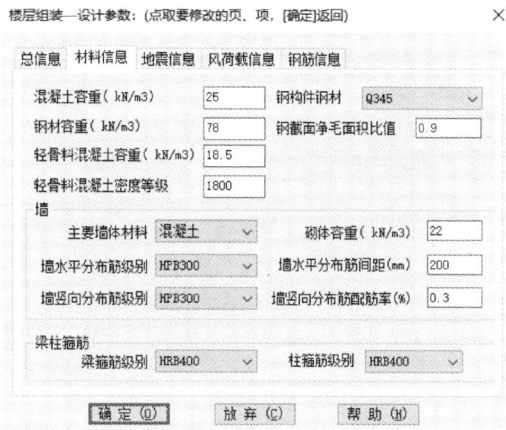

图 5-17 "材料信息"页参数

"风荷载信息"页参数（图 5-19）也放到后面 SATWE 参数置中再讨论。

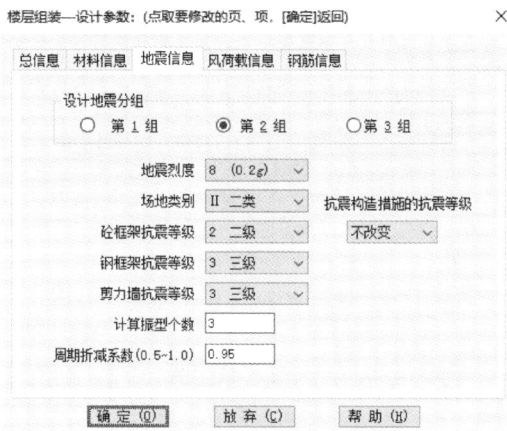

图 5-18 "地震信息"页参数

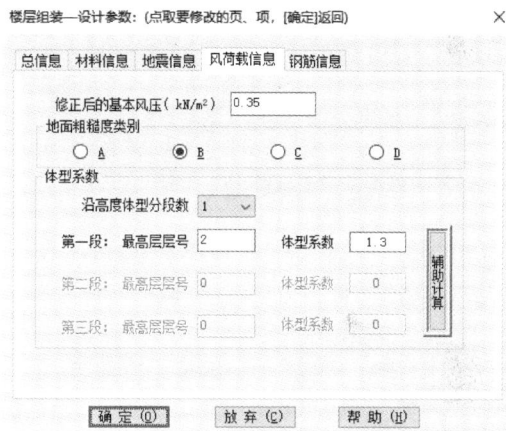

图 5-19 "风荷载信息"页参数

"钢筋信息"页参数不需要作任何修改，软件默认即可，如图 5-20 所示。

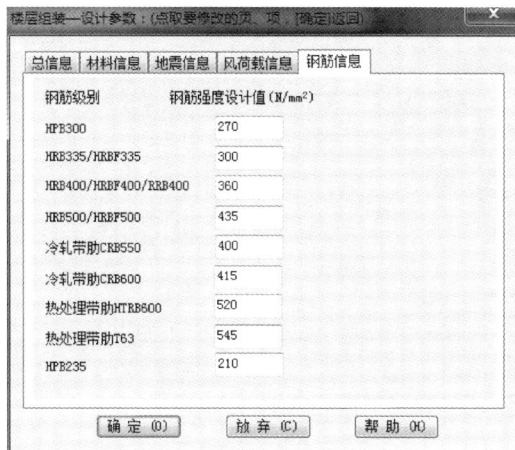

图 5-20 "钢筋信息"页参数

检查"全楼信息",此处只需关注混凝土等级和保护层厚度,本案例采用混凝土等级 C30,板保护层 15mm。如图 5-21 所示。

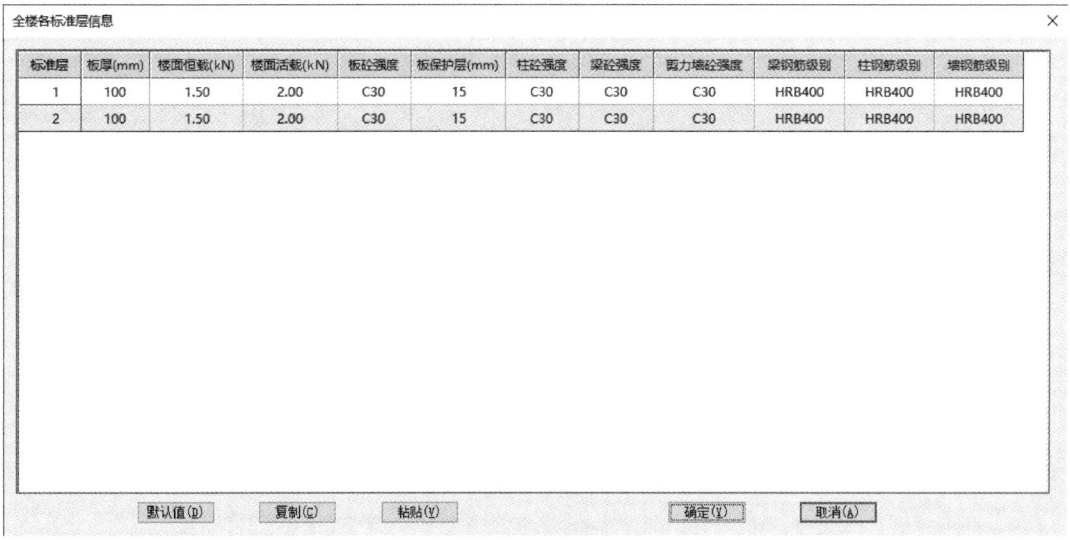

标准层	板厚(mm)	楼面恒载(kN)	楼面活载(kN)	板砼强度	板保护层(mm)	柱砼强度	梁砼强度	剪力墙砼强度	梁钢筋级别	柱钢筋级别	墙钢筋级别
1	100	1.50	2.00	C30	15	C30	C30	C30	HRB400	HRB400	HRB400
2	100	1.50	2.00	C30	15	C30	C30	C30	HRB400	HRB400	HRB400

默认值(D) 复制(C) 粘贴(Y) 确定(Y) 取消(A)

图 5-21 全楼各标准层信息

5.4.3 组装全楼模型

单击"楼层组装",按图 5-22 所示进行楼层组装。

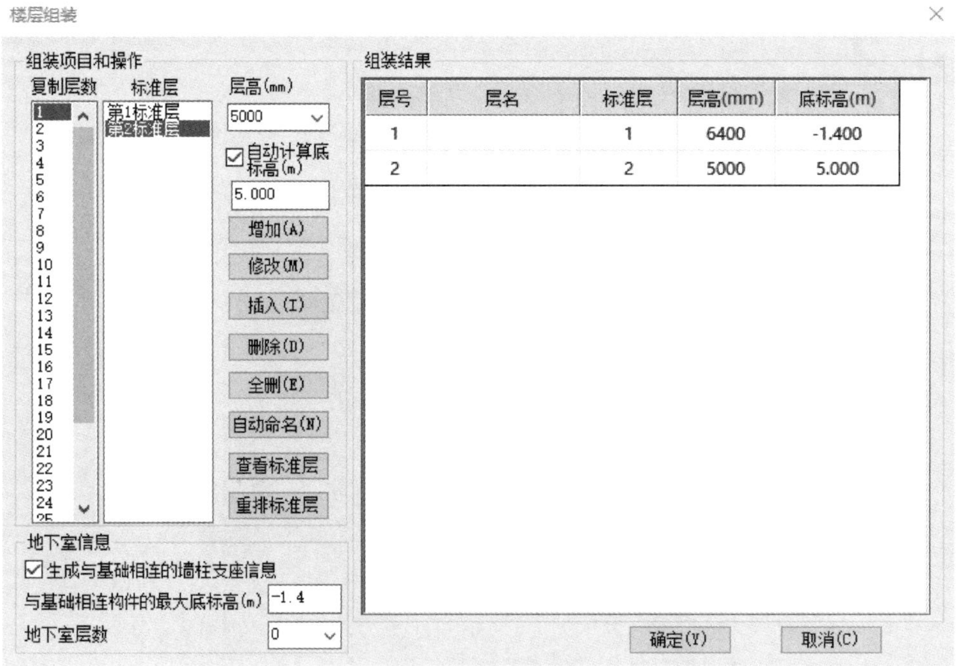

组装项目和操作
复制层数 标准层 层高(mm)
5000
☑自动计算底标高(m)
5.000
增加(A)
修改(M)
插入(I)
删除(D)
全删(E)
自动命名(N)
查看标准层
重排标准层

组装结果

层号	层名	标准层	层高(mm)	底标高(m)
1		1	6400	-1.400
2		2	5000	5.000

地下室信息
☑生成与基础相连的墙柱支座信息
与基础相连构件的最大底标高(m) -1.4
地下室层数 0

确定(Y) 取消(C)

图 5-22 楼层组装

最终形成的整楼模型如图 5-23 所示。

44

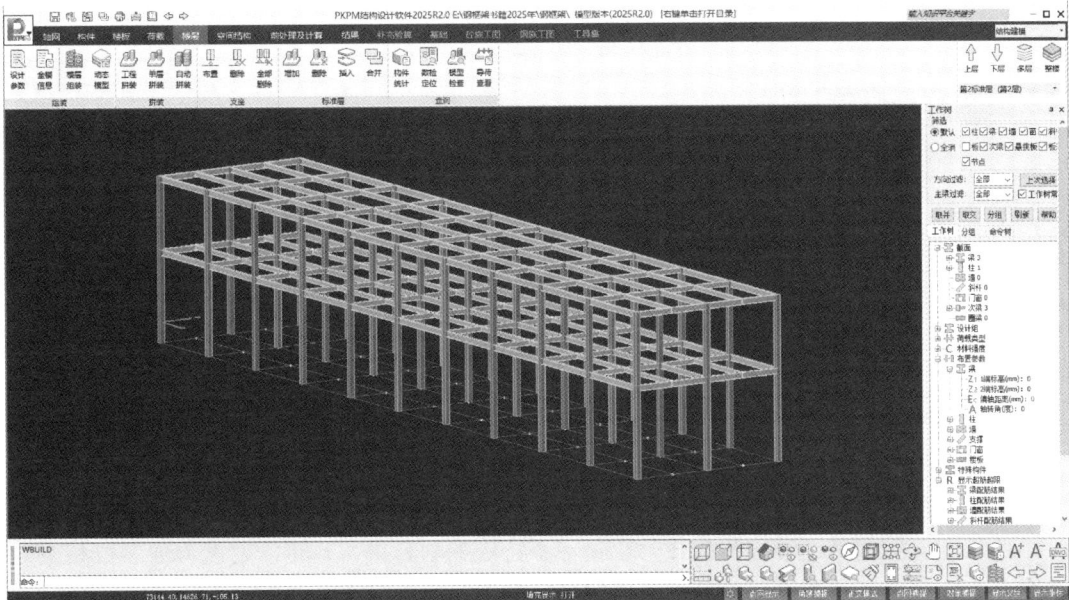

图 5-23　整楼模型

至此，已经建立好整楼的模型。

6 参数设置

建立好模型之后，接下来在进入计算之前，还需要设置好相应的参数。学习参数设置最好的工具书便是软件的用户手册了，无论是 PKPM 还是 YJK，在它们的用户手册中都详细介绍了每一个参数的含义，读者可以去查阅相关软件的用户手册，这将有助于本章的学习。

6.1 参数的分类

随着软件版本的更新，软件中需要设置的参数越来越多，这对软件使用者来说，增加了一些难度，但如果细看这些参数，在每一个特定的项目中，真正需要设置的参数其实并不多，绝大多数参数都可以直接按软件的默认值来。

面对这么多的参数，可以将其大致分为两类，为了方便表述，一类称之为"规范相关类参数"，另一类称之为"程序相关类参数"。对于"规范相关类参数"，一般从参数名称可以直接看出此类参数的相关规范条文，比如"嵌固端所在层号""规定水平力的确定方式""全楼强制刚性楼板假定"等，对于这一类参数，都是直接与设计规范相关的，如果用户对规范比较熟悉，可以直接根据规范的相关规定进行正确设置。对于"程序相关类参数"，往往从参数名称是不能看出此类参数的相关规范的，比如"考虑梁板顶面对齐""构件偏心方式""恒活荷载计算信息"等，对于这一类参数的设置，一般都需要查看软件的用户手册，通过用户手册的解释才能进一步知道该参数的内涵，正确设置该类参数。

6.2 参数设置

下面将重点介绍与钢框架相关的参数，至于那些目前还用不到的参数，比如混凝土设计部分涉及的参数，有兴趣的读者可参考《混凝土框架结构实战设计》（中国建筑工业出版社，2021）或者查看软件的用户手册作进一步的了解，这里暂且略过不表。

6.2.1 总信息

总信息如图 6-1 所示。

1. 水平力与整体坐标夹角

此参数单位为度（°）。地震作用和风荷载的方向默认是沿着结构建模的整体坐标系 X 轴和 Y 轴方向成对作用的。当用户认为该方向不能控制结构的最大受力状态时，则可改变水平力的作用方向。程序默认为 0°。此参数将同时影响地震作用和风荷载的方向，建议只有当需要同时改变风荷载和地震作用的方向时才填写该参数。如需考虑多个附加角度的地震作用，可在"地震信息"页增加附加地震作用方向角度，还可勾选"同时考虑相应角度的风荷载"以考虑相应角度的风荷载。

图 6-1 总信息

由于本项目平面形状比较规则，不需要计算特定角度的风荷载的地震作用，因此不需要填写该角度。

2. 混凝土容重和钢材容重（单位 kN/m³）

混凝土容重和钢材容重用于求梁、柱、墙和板自重，一般情况下混凝土容重为 $25kN/m^3$，钢材容重为 $78kN/m^3$，即程序的默认值。如要考虑梁、柱、墙和板上的抹灰、装修层等荷载时，可以采用加大容重的方法近似考虑，以避免繁琐的荷载导算。由于本项目为钢框架结构，楼板表面抹灰已经在板面附加恒载中考虑了，因此混凝土容重可填写为 $25kN/m^3$。该参数在 PMCAD 和 SATWE 中同时存在，其数值是联动的。

3. 嵌固端所在层号

此处嵌固端不同于结构的力学嵌固端，不影响结构的力学分析模型，而是与计算调整相关的一项参数。对于无地下室的结构，嵌固端一定位于首层底部，此时嵌固端所在层号为 1，即结构首层；对于带地下室的结构，当地下室顶板具有足够的刚度和承载力，并满足规范的相应要求时，可以作为上部结构的嵌固端，此时嵌固端所在楼层为地上一层，即地下室层数＋1，这也是程序默认的"嵌固端所在层号"。本项目嵌固端在基础顶面，因此该参数填写为 1。

4. 考虑梁板顶面对齐

用户在 PMCAD 建立的模型是梁和板的顶面与层顶对齐，这与真实的结构是一致的。计算时 SATWE 早期版本会强制将梁和板上移，使梁的形心线、板的中面位于层顶，这与实际情况有些出入。

SATWE 增加了"梁板顶面对齐"的勾选项，考虑梁板顶面对齐时，程序将梁、弹性膜、弹性板沿法向向下偏移，使其顶面置于原来的位置。有限元计算时用刚域变换的方式处理偏移。当勾选"考虑梁板顶面对齐"，同时将梁的刚度放大系数设置为 1.0，理论上此时的模型最为准确合理。

采用这种方式时应注意定义全楼弹性板，且楼板应采用有限元整体结果进行配筋设计，但目前 SATWE 尚未提供楼板的设计功能，因此用户在使用该选项时应慎重。

由于本项目并不会在后面进行全楼弹性板的定义，因此不勾选此项。

5. 构件偏心方式

用户在 PMCAD 中建立的模型，很多情形下会使得构件的实际位置与构件的节点位置不一致，即构件存在偏心，如梁、柱、墙等，一般而言，两者差别不大，只有当剪力墙存在时才考虑两者的区别。在本项目中，钢梁和钢柱均采用居中布置，默认即可。

6. 结构材料信息

程序提供钢筋混凝土结构、钢与混凝土混合结构、有填充墙钢结构、无填充墙钢结构、砌体结构共 5 个选项供用户选择。该选项会影响程序选择不同的规范进行分析和设计。例如：对于框剪结构，当"结构材料信息"为"钢结构"时，程序按照钢框架-支撑体系的要求执行 $0.25V_0$ 调整；当"结构材料信息"为"混凝土结构"时，则执行混凝土结构的 $0.2V_0$ 调整。因此按照真实的情况填写即可。

7. 结构体系

该参数涉及软件对设计规范的选取，比如，对钢框架-支撑结构体系，程序按照《高层民用建筑钢结构技术规程》JGJ 99—2015 进行刚重比的验算，并进行二道防线的调整。在这里按照真实的情况填写即可。

8. 恒活荷载计算信息

这是竖向荷载计算的控制参数，包括如下选项：不计算恒活荷载、一次性加载、模拟施工加载 1、模拟施工加载 2、模拟施工加载 3。对于实际工程，总是需要考虑恒活荷载的，因此不允许选择"不计算恒活荷载"项。在这里选择模拟施工加载 3，分层形成刚度，分层加载，这也是最真实的情形。

9. 风荷载计算信息

一般来说，大部分工程采用 SATWE 默认的"计算水平风荷载"即可。程序依据《荷载规范》风荷载的公式（8.1.1-1）在"分析模型及计算"→"生成数据"时自动计算的水平风荷载，作用在整体坐标系的 X 和 Y 向，可在"分析模型及计算"→"风荷载"菜单中查看，习惯称之为"水平风荷载"；如需考虑更细致的风荷载，则可通过"特殊风荷载"实现。在这里我们选择默认的"计算水平风荷载"。

10. 地震作用计算信息

根据《市政通规》4.1.2 条规定：

4.1.2 各类建筑与市政工程的地震作用，应采用符合结构实际工作状况的分析模型进行计算，并应符合下列规定：

1 一般情况下，应至少沿结构两个主轴方向分别计算水平地震作用；当结构中存在与主轴交角大于 15°的斜交抗侧力构件时，尚应计算斜交构件方向的水平地震作用。

本项目只需要计算水平地震即可，因此选择"计算水平地震作用"。

11. 执行规范

在"总信息"参数中，可以选择执行的规范，如果采用的是 2021 版规范系列的程序，软件会自动默认"通用规范（2021 版）"，程序将会按照通用规范内容执行。如果要选择按照 2010 版规范，可以通过切换"执行规范"实现。本项目执行规范采用"通用规范（2021 版）"。

当选择执行"通用规范（2021 版）"时，软件计算风荷载时，按照荷载规范计算得到风振系数小于 1.2 时，程序取 1.2；大于 1.2 时，采用计算值。

12. 结构所在地区

共分为全国、上海、广东三种，分别采用中国国家规范、上海地区规程和广东地区规程。不同地区对应的规范略有不同，当项目位于广东和上海时应根据项目地址选择相应的地区。本项目位于西安地区，因此选择全国即可。

13. "规定水平力"的确定方式

"规定水平力"的确定方式依据《抗震标准》3.4.3-2 条和《高规》3.4.5 条的规定，采用楼层地震剪力差的绝对值作为楼层的规定水平力，即选项"楼层剪力差方法（规范方法）"，一般情况下建议选择此项方法。"节点地震作用 CQC 组合方法"是程序提供的另一种方法，其结果仅供参考。

14. 梁墙扣除与柱重叠部分质量和重量

勾选此项时，梁、墙扣除与柱重叠部分的重量和质量。实际项目中，只要设计人员荷载输得够准确，是可以考虑扣除构件重叠部分的重量和质量的，或者不扣除，作为荷载的一项富余也是可以的。

从设计安全性角度而言，适当的安全储备是有益的，建议用户仅在确有经济性需要并对设计结果的安全裕度确有把握时才谨慎选用该选项。

15. 全楼强制刚性楼板假定

刚性楼板假定是指楼板平面内无限刚，平面外刚度为零的假定。每块刚性楼板有 3 个公共的自由度，从属于同一刚性板的每个节点只有 3 个独立的自由度。这样能大大减少结构的自由度，提高分析效率。

SATWE 自动搜索全楼楼板，对于符合条件的楼板，自动判断为刚性楼板，并采用刚性楼板假定，无须用户干预。某些工程中采用刚性楼板假定可能误差较大，为提高分析精度，可在"设计模型前处理"→"弹性板"菜单中将这部分楼板定义为适合的弹性板。这样同一楼层内可能既有多个刚性板块，也有弹性板，还可能存在独立的弹性节点。对于刚性楼板，程序将自动执行刚性楼板假定，弹性板或独立节点则采用相应的计算原则。

而"全楼强制刚性楼板假定"则不区分刚性板、弹性板，或独立的弹性节点，位于该层楼面标高处的所有节点，在计算时都将强制从属同一刚性板。"全楼强制刚性楼板假定"可能改变结构的真实模型，因此其适用范围是有限的，一般仅在计算位移比、周期比、刚度比等指标时建议选择。在进行结构内力分析和配筋计算时，仍要遵循结构的真实模型，才能获得正确的分析和设计结果。

当勾选"仅整体指标采用"即整体指标计算采用强刚模型计算，其他指标采用非强刚模型计算。设计过程中，对于楼层位移比、周期比、刚度比等整体指标通常需要采用强制刚性楼板假定进行计算，而内力、配筋等结果则必须采用非强制刚性楼板假定的模型结果，因此，用户往往需要对这两种模型分别进行计算，以提高设计效率，减少用户操作。

本项目选择"仅整体指标采用"即可。

16. 整体计算考虑楼梯刚度

由于本项目并没有将楼梯建入模型中，因此选择任何一项都不影响计算结果，在这里选择"不考虑"。

6.2.2 多模型及包络

多模型及包络如图 6-2 所示。

图 6-2 多模型及包络

带地下室与不带地下室模型自动进行包络设计：

对于带地下室模型，勾选此项可以快速实现整体模型与不带地下室的上部结构的包络设计。当模型考虑温度荷载或特殊风荷载，或存在跨越地下室上、下部位的斜杆时，该功能暂不适用。自动形成不带地下室的上部结构模型时，用户在"层塔属性"中修改的地下室楼层高度不起作用。本项目不需要特殊考虑。

其他参数本项目不需要特殊设置。

6.2.3 风荷载信息

风荷载信息如图 6-3 所示。

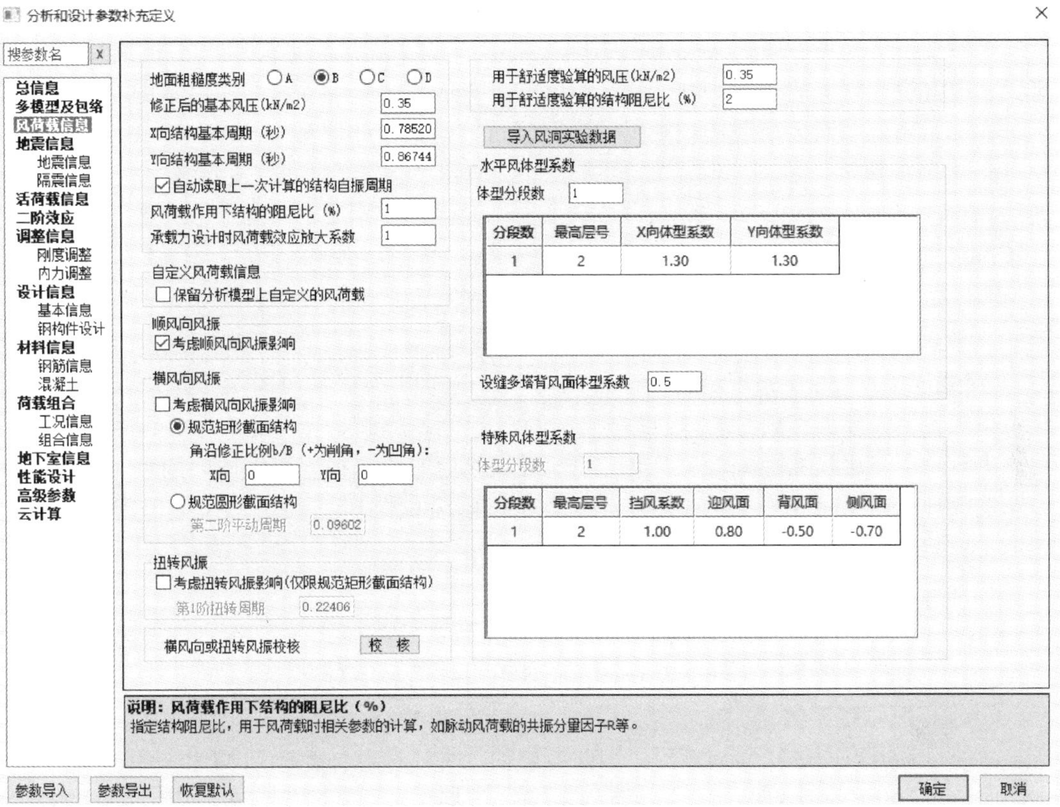

图 6-3 风荷载信息

1. 地面粗糙度类别

地面粗糙度共分 A、B、C、D 四类，用于计算风压高度变化系数等。根据之前风荷载章节可知，本项目选择 B 类。

2. 修正后的基本风压

修正后的基本风压用于计算《荷载规范》公式（8.1.1-1）的风压值 w_0，一般按照《荷载规范》给出的 50 年一遇的风压采用。西安地区 50 年一遇基本风压为 $0.35 kN/m^2$。

3. X、Y 向结构基本周期

"结构基本周期"用于脉动风荷载的共振分量因子 R 的计算，见《荷载规范》公式（8.4.4-1）。用户可以在 SATWE 计算完成后，在结果文件中找到准确的结构自振周期，再回到此处将新的周期值填入，然后重新计算，以得到更为准确的风荷载；也可以勾选"自动读取上一次计算的结构自振周期"，让软件自动实现上述操作。

4. 风荷载作用下结构的阻尼比（%）

与"结构基本周期"相同，该参数也用于脉动风荷载的共振分量因子 R 的计算。新建工程第一次进入 SATWE 时，会根据"结构材料信息"自动对"风荷载作用下结构的阻尼比"赋初值：混凝土结构及砌体结构 0.05，有填充墙钢结构 0.02，无填充墙钢结构 0.01。本项目为开放式办公，为无填充墙钢结构，此处填 1%。

5. 承载力设计时风荷载效应放大系数

《高钢规》5.2.4 条规定：对风荷载比较敏感的高层民用建筑，承载力设计时应按基本风压的 1.1 倍采用。而条文说明中明确规定：一般情况下高度大于 60m 的高层民用建筑，承载力设计时风荷载计算可按基本风压的 1.1 倍采用；本项目为多层结构，高度远远小于 60m，不属于对风荷载比较敏感的高层建筑结构，因此填写 1。

6. 顺风向风振

《荷载规范》8.4.1 条规定：对于高度大于 30m 且高宽比大于 1.5 的房屋，以及基本自振周期 T_1 大于 0.25s 的各种高耸结构，应考虑风压脉动对结构产生顺风向风振的影响。顺风向风振通常都勾选此项，程序自动按照规范要求进行计算。

7. 横风向风振和扭转风振

《荷载规范》8.5.1 条规定：对于横风向风振作用效应明显的高层建筑以及细长圆形截面构筑物，宜考虑横风向风振的影响。《荷载规范》8.5.4 条规定：对于扭转风振作用效应明显的高层建筑及高耸结构，宜考虑扭转风振的影响。根据以上两条的条文说明，一般建筑项目不会超过 150m，故本项目不需要考虑横风向风振和扭转风振，因此不勾选此项。

8. 用于舒适度验算的风压、结构阻尼比

《高规》3.7.6 规定：房屋高度不小于 150m 的高层混凝土建筑结构应满足风振舒适度要求。本项目不需要进行舒适度验算，此处不需要用户填写。

9. 水平风体型系数

本项目各层平面形状均为矩形，因此各层的水平风荷载体型系数均为 1.3，体型系数沿竖向不需要分段，体型分段数填写为 1，X 向体型系数、Y 向体型系数均填写 1.30。

6.2.4 地震信息

地震信息如图 6-4 所示。

本页是有关地震作用的信息。当抗震设防烈度为 6 度时，某些房屋虽然可不进行地震作用计算，但仍应采取抗震构造措施。因此，若在第 1 页参数中选择了不计算地震作用，本页中各项抗震等级仍应按实际情况填写，其他参数全部变灰。

1. 建筑抗震设防类别

该参数暂不起作用，仅为设计标识。

2. 设防地震分组

设防地震分组应由用户自行填写，根据《抗震标准》附录 A，西安属于第二组。

3. 设防烈度

设防烈度应由用户自行填写，根据《抗震标准》附录 A，西安属于 8 度（0.20g）。

4. 场地类别

依据《抗震标准》，提供 I_0、I_1、Ⅱ、Ⅲ、Ⅳ 共五类场地类别。其中 I_0 类为 2010 版《抗震标准》新增的类别。场地类别由地勘资料给出，用户应根据地勘资料如实填写，此处按Ⅱ类场地填写。没有地勘资料时可先按照Ⅱ类场地进行设计。

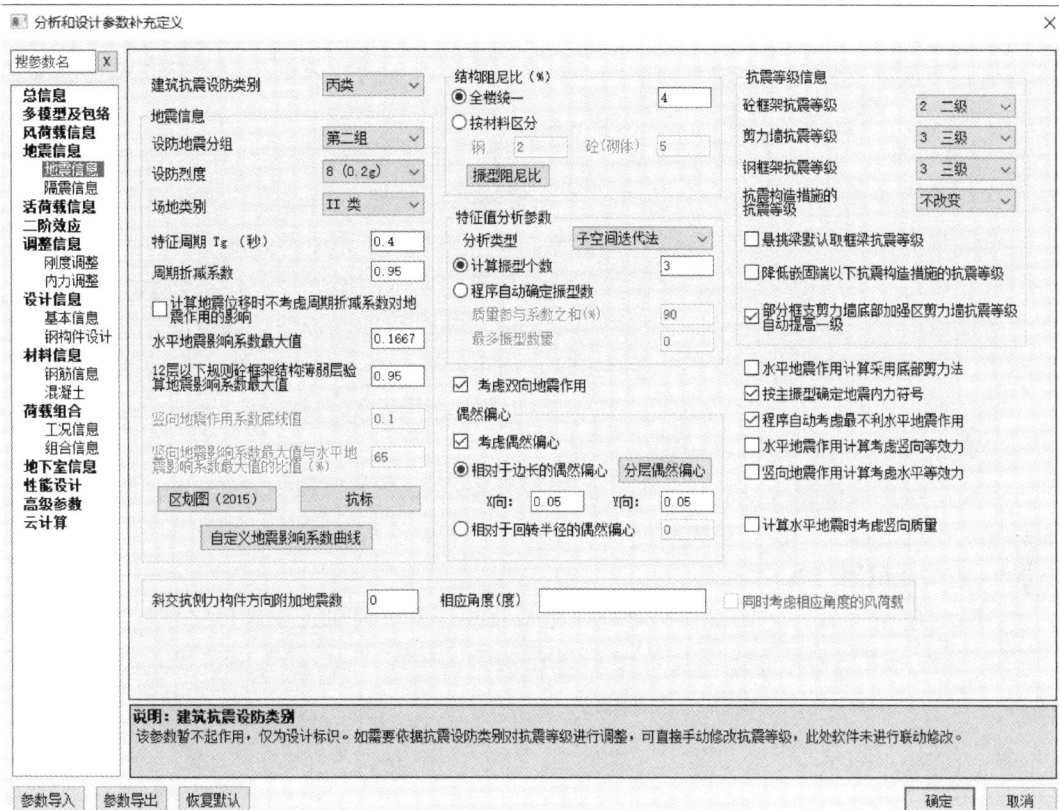

图 6-4　地震信息

用户修改场地类别时，界面上的特征周期 T_g 值会根据《抗震规范》5.1.4 条表 5.1.4-2 联动改变，因此，用户在修改场地类别时，应特别注意确认特征周期 T_g 值的正确性。

5. 特征周期、水平地震影响系数最大值、12 层以下规则砼框架结构薄弱层验算地震影响系数最大值

程序默认依据《抗震标准》，由"总信息"页"结构所在地区"，"地震信息"页"场地类别"和"设计地震分组"三个参数确定"特征周期"的缺省值；"水平地震影响系数最大值"和"12 层以下规则砼框架结构薄弱层验算地震影响系数最大值"则由"总信息"页"结构所在地区"和"地震信息"页"设防烈度"两个参数共同控制。当改变上述相关参数时，程序将自动按《抗震标准》重新判断特征周期或地震影响系数最大值。这里直接按照软件自动填写的值即可。

6. 周期折减系数

周期折减的目的是充分考虑框架结构的填充墙刚度对计算周期的影响。《高钢规》6.1.6 条规定，当非承重墙体为填充轻质砌块、填充轻质墙板或外挂墙板时，自振周期折减系数可取 0.9～1.0。

因此本项目周期折减系数可以填写平均值 0.95。

7. 竖向地震作用系数底线值

《高钢规》5.5.3条规定：高层民用建筑中，大跨度结构、悬挑结构、转换结构、连体结构的连接体的竖向地震作用标准值，不宜小于结构或构件承受的重力荷载代表值与表5.5.3所规定的竖向地震作用系数的乘积。

《抗震标准》5.3.2条规定：跨度、长度小于本规范5.1.2条第5款规定且规则的平板型网架屋盖和跨度大于24m的屋架、屋盖横梁及托架的竖向地震作用标准值，宜取其重力荷载代表值和竖向地震作用系数的乘积；竖向地震作用系数可按表5.3.2采用。

程序设置"竖向地震作用系数底线值"这项参数以确定竖向地震作用的最小值，当振型分解反应谱方法计算的竖向地震作用小于该值时，将自动取该参数确定的竖向地震作用底线值。需要注意的是当用该底线值调控时，相应的有效质量系数应该达到90%以上。

程序按不同的设防烈度确定默认的"竖向地震作用系数底线值"，设防烈度修改时，该参数联动改变，用户也可自行修改。

本项目抗震设防烈度虽然为8度，但属于常规结构，没有大跨度或大悬挑等对竖向地震敏感的情况，因此不需要考虑竖向地震作用，不需要填写此参数。

8. 结构阻尼比（%）

《高钢规》5.4.6条：高层民用建筑钢结构抗震计算时的阻尼比取值宜符合下列规定：

1 多遇地震下的计算：高度不大于50m可取0.04；高度大于50m且小于200m可取0.03；高度不小于200m时宜取0.02。

程序默认钢材为0.02，混凝土为0.05。本项目取值4%。

9. 计算振型个数

在计算地震作用时，振型个数的选取应遵循《抗震标准》5.2.2条条文说明的规定：振型个数一般可以取振型参与质量达到总质量90%所需的振型数。

当仅计算水平地震作用或者用规范方法计算竖向地震作用时，振型数应至少取3个。为了使每阶振型都尽可能地得到两个平动振型和一个扭转振型，振型数最好为3的倍数，同时不多于总层数的3倍。

振型数的多少与结构层数及结构形式有关，当结构层数较多或结构层刚度突变较大时，振型数也应相应增加，如顶部有小塔楼、转换层等结构形式。

本项目共有两个标准层，选择3即可。

10. 程序自动确定振型数

当选择子空间迭代法进行特征值分析时可使用此功能。"质量参与系数之和"与"最多振型数量"共同作为特征值计算是否结束的限制条件，即特征值计算中只要达到其中一个限制条件则结束计算。如果"最多振型数量"填写为0，则程序会根据结构规模以及特征值计算的可用内存自动确定一个振型数上限值。需要指出的是，程序还隐含了一个限制条件，即最多振型数不超过动力自由度数。特别提醒：程序自动确定的振型数不一定是3的倍数，假如通过程序自动确定振型数为4，再按照3的倍数且最靠近4的数，此时这个数值为6，手动在"计算振型个数"处填6。

11. 考虑双向地震作用

根据《市政通规》4.1.2条第2款的规定可知，计算各抗侧力构件的水平地震作用效应时，应计入扭转效应的影响。

本案例采用双向地震近似考虑扭转效应的影响。

12. 考虑偶然偏心

这里考虑的偶然偏心指的是质量的偏心。《高规》4.3.3 条规定：计算单向地震作用时应考虑偶然偏心的影响。每层质心沿垂直于地震作用方向的偏移值可按下式采用：

$$e_i = \pm 0.05 L_i \qquad (4.3.3)$$

式中：e_i——第 i 层质心偏移值（m），各楼层质心偏移方向相同；

L_i——第 i 层垂直于地震作用方向的建筑物总长度（m）。

由《高规》4.3.3 条条文说明可知，当楼层平面有局部突出时，可按回转半径相等的原则计算偶然偏心的边长 L_i。程序总是采取各楼层最大外边长计算偶然偏心，用户如需按此条规定细致考虑，可在此修改相对偶然偏心值。

此处勾选考虑偶然偏心，由于结构平面形状较规则，偶然偏心值采用相对于边长的偶然偏心。

《高钢规》5.3.1 条：高层民用建筑钢结构的地震作用计算除应符合现行国家标准《建筑抗震设计规范》GB 50011 的有关规定外，尚应符合下列规定：

1 扭转特别不规则的结构，应计入双向水平地震作用下的扭转影响；其他情况，应计算单向水平地震作用下的扭转影响。

此处就将双向地震和单向地震分开描述。

《高规》4.3.3 条条文说明：本条规定直接取各层质量偶然偏心为 0.05L，来计算单向水平地震作用，由此可知，单向地震作用时考虑偶然偏心；当计算双向地震作用时，可不考虑偶然偏心的影响。

单向地震作用：必须考虑偶然偏心（通过附加 5% 边长的偏心距模拟质量分布不确定性）；

双向地震作用：本质上是多向地震动输入与扭转耦联的综合效应，已通过振型组合间接反映扭转影响，因此不再叠加偶然偏心。

设计原则：两者取不利值进行包络设计，但不同时组合计算。

13. 抗震等级信息

程序提供 0、1、2、3、4、5 六种值。其中 0、1、2、3、4 分别代表抗震等级为特一级、一、二、三或四级，5 代表不考虑抗震构造要求。此处指定的抗震等级是全楼适用的。通过此处指定的抗震等级，SATWE 自动对全楼所有构件的抗震等级赋初值。

依据《抗震标准》《高规》等相关条文，某些部位或构件的抗震等级可能还需要在此基础上进行单独调整，SATWE 将自动对这部分构件的抗震等级进行调整。对于少数未能涵盖的特殊情况，用户可通过前处理第二项菜单"特殊构件补充定义"进行单构件的补充指定，以满足工程需求。

在前面估算柱子截面尺寸时，已经确定了钢框架的抗震等级为三级。

14. 抗震构造措施的抗震等级

在某些情况下，结构的抗震构造措施等级可能与抗震等级不同。用户应根据工程的设防类别查找相应的规范，以确定抗震构造措施等级。当抗震措施的抗震等级不一致时，在配筋文件中会输出此项信息。另外，在"设计模型前处理"的各类特殊构件中可以分别指定单根构件的抗震等级和抗震构造措施等级。本项目抗震构造措施的抗震等级与抗震措施一致，因此选择"不改变"。

15. 悬挑梁默认取框梁抗震等级

当不勾选此参数时，程序默认按次梁选取悬挑梁抗震等级，如果勾选该参数，悬挑梁的抗震等级默认同框架梁。程序默认不勾选该参数。本项目可以按程序默认值不勾选或者勾选均可。

16. 按主振型确定地震内力符号

按照《抗震标准》公式（5.2.3-5）确定地震作用效应时，公式本身并不含符号，因此地震作用效应的符号需要单独指定。SATWE 的传统规则为：在确定某一内力分量时，取各振型下该分量绝对值最大的符号作为 CQC 计算以后的内力符号；而当选用该参数时，程序根据主振型下地震效应的符号确定考虑扭转耦联后的效应符号，其优点是确保地震效应符号的一致性，但由于涉及主振型的选取，因此在多塔结构中的应用有待进一步研究。本项目为非多塔结构，主振型明确，可以选择勾选。

17. 程序自动考虑最不利水平地震作用

当用户勾选"程序自动考虑最不利水平地震作用"后，程序将自动完成最不利水平地震作用方向的地震效应计算，一次完成计算，无须手动回填。本项目勾选此参数。

18. 工业设备地震计算

该参数用来确定反应谱放大计算工业设备地震作用的最小值。此比例值是程序自动将设备的底部剪力放大至规范简化方法底部剪力的比例倍数。

19. 斜交抗侧力构件方向附加地震数

《抗震标准》5.1.1 条规定：有斜交抗侧力构件的结构，当相交角度大于 15°时，应分别计算各抗侧力构件方向的水平地震作用。

用户可在此处指定附加地震方向。附加地震数可在 0～5 之间取值，在"相应角度"输入框填入各角度值。该角度是与整体坐标系 X 轴正方向的夹角，单位为°，逆时针方向为正，各角度之间以逗号或空格隔开。

当用户在"总信息"页修改了"水平力与整体坐标夹角"时，应按新的结构布置角度确定附加地震的方向。如：假定结构主轴方向与整体坐标系 X、Y 方向一致时，水平力夹角填入 30°时，结构平面布置顺时针旋转 30°，此时主轴 X 方向在整体坐标系下为－30°，作为"斜交抗侧力构件附加地震力方向"输入时，应填入－30°。

每个角度代表一组地震，如填入附加地震数 1，角度 30°时，SATWE 将新增 EX1 和 EY1 两个方向的地震，分别沿 30°和 120°两个方向。当不需要考虑附加地震时，将附加地震方向数填 0 即可。

20. 同时考虑相应角度的风荷载

程序仅考虑多角度地震，不计算相应角度风荷载，各角度方向地震总是与 0°和 90°风荷载进行组合。勾选时，则"斜交抗侧力构件方向附加地震数"参数同时控制风和地震的角度，且地震和风同向组合。

承载力设计时风荷载效应放大系数对多方向风也起作用。当用户勾选横风向风振和扭转风振时，仅 X 风和 Y 风计算横风向风振和扭转风振，附加方向不计算。此外，当勾选自动确定最不利地震方向时，目前程序暂不支持"同时考虑相应角度的风荷载"，此时只能与 0°和 90°风荷载进行组合。

6.2.5 隔震信息

隔震信息如图 6-5 所示。

图 6-5 隔震信息

本项目不属于隔震工程，不需要设置该页信息。

6.2.6 活荷载信息

活荷载信息如图 6-6 所示。

1. 楼面活荷载折减方式

由于前面建模输入荷载过程并没有指定每一个房间的荷载属性，因此不能选择"按荷载属性确定构件折减系数"，而应该选择"传统方式"，考虑到本项目为开放式办公楼，层数不多，因此荷载选择不折减。

2. 梁活荷不利布置最高层号

《荷载规范》3.2.1 条明确要求结构设计应考虑各自的最不利的组合进行设计，这里的最不利组合就包括活荷载的最不利布置方式。这是所有建筑结构设计的通用原则，应考虑楼面活荷载不利布置引起的结构内力的增大；当整体计算中未考虑楼面活荷载不利布置时，应适当增大楼面梁的计算弯矩，也就是在后面的调整信息中将梁活荷载内力放大系数近似为 1.1～1.2 考虑，而此放大系数将梁负弯矩和正弯矩同时放大，太浪费了，最好用梁活荷不利布置最高层号直接考虑不利布置的内力放大更经济。本项目为办公楼，梁活荷不利布置最高层号填 2。

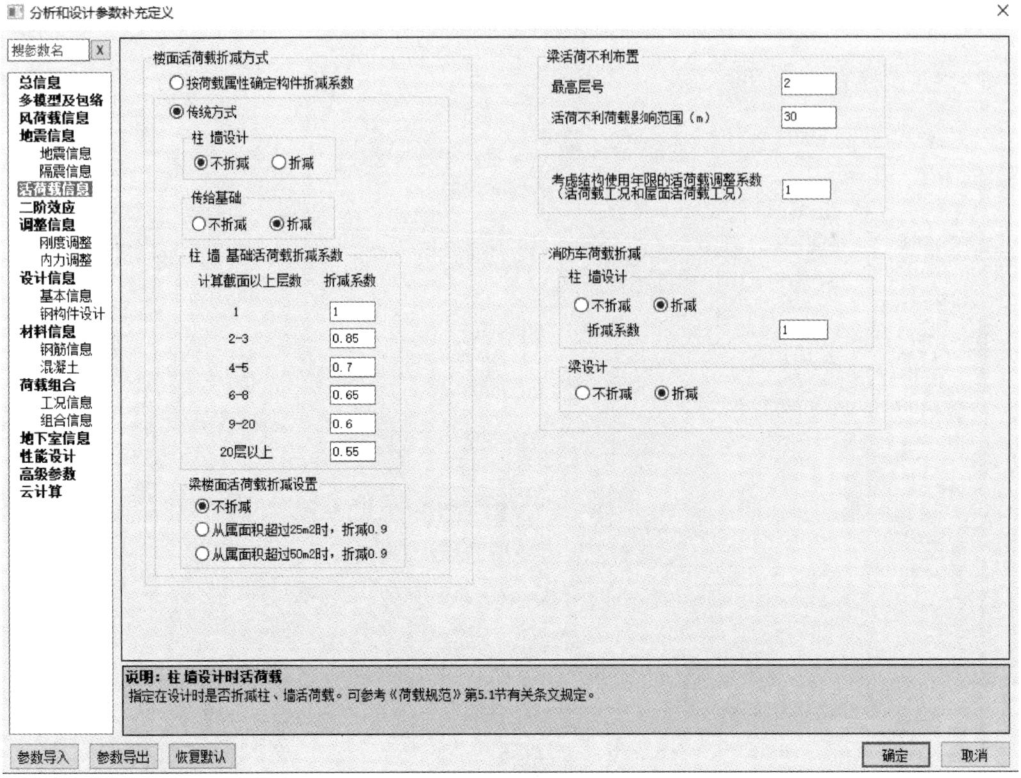

图 6-6　活荷载信息

3. 考虑结构使用年限的活荷载调整系数

本项目设计使用年限为 50 年，因此该参数填写为 1.0。

6.2.7　二阶效应

二阶效应如图 6-7 所示。

1. 钢构件设计方法

（1）一阶、二阶弹性设计方法

《高钢规》对框架柱的稳定计算进行了修改。《高钢规》7.3.2-1 条指出：结构内力分析可采用一阶线弹性分析或二阶线弹性分析。当二阶效应系数大于 0.1 时，宜采用二阶线弹性分析。二阶效应系数不应大于 0.2。

《钢标》5.1.6 条规定：结构内力分析可采用一阶弹性分析、二阶 $P\text{-}\Delta$ 弹性分析或直接分析，应根据下列公式计算的最大二阶效应系数 $\theta_{i,\max}^{\mathrm{II}}$ 选用适当的结构分析方法。当 $\theta_{i,\max}^{\mathrm{II}} \leqslant 0.1$ 时，可采用一阶弹性分析；当 $0.1 < \theta_{i,\max}^{\mathrm{II}} \leqslant 0.25$ 时，宜采用二阶 $P\text{-}\Delta$ 弹性分析或采用直接分析；当 $\theta_{i,\max}^{\mathrm{II}} > 0.25$ 时，应增大结构的侧移刚度或采用直接分析。

针对以上规范修改，对于框架结构程序输出了二阶效应系数，用以判断是否需要采用二阶弹性方法，用户需自行进行判断。

当采用二阶弹性设计方法时，需同时勾选"柱长度系数置 1.0"和"考虑结构整体缺

图 6-7　二阶效应

陷"选项，且二阶效应计算方法应该选择"直接几何刚度法"或"内力放大法"。

（2）弹性直接分析设计方法

根据《钢标》第 5 章规定，直接分析可以分为考虑材料进入塑性的弹塑性直接分析和不考虑材料进入塑性的弹性直接分析。

弹性直接分析除不考虑材料非线性的因素外，需要考虑几何非线性（P-Δ 效应和 P-δ 效应）、结构整体缺陷、构件缺陷（包括残余应力等）。

采用弹性直接分析的结构，不再需要按计算长度法进行构件受压稳定承载力验算理论上，几何非线性分析需要先对荷载进行组合再进行迭代计算。SATWE 中考虑 P-Δ 效应采用的是无须迭代的直接几何刚度法或内力放大法，这种做法的好处是很容易与结构动力反应分析结合，对一般建筑结构来讲可以不进行迭代计算。整体缺陷采用《钢标》第 5 章规定的等效假想荷载法。《钢标》5.2.1 条规定：结构整体初始几何缺陷模式可按最低阶整体屈曲模态采用。框架及支撑结构整体初始几何缺陷代表值的最大值 Δ_0（图 5.2.1-1）可取为 $H/250$，H 为结构总高度。

该页参数涉及计算结果中刚重比这个指标，多层结构刚重比通常都有比较多的富余，因此可以不用考虑结构二阶效应。

结论：通过查看计算结果最大的二阶效应系数是否大于 0.1，若是，必须考虑二阶效应的影响，考虑影响的计算方法采用二阶弹性设计方法或弹性直接分析设计方法。

59

2. 结构二阶效应计算方法

结构二阶效应计算方法提供了三个选项："不考虑""直接几何刚度法"和"内力放大法"。

其中"直接几何刚度法"即旧版考虑 P-Δ 效应，"内力放大法"可参考《高钢规》7.3.2-2条及《高规》5.4.3条，程序对框架和非框架结构分别采用相应公式计算内力放大系数。

当在钢构件设计方法选中"一阶弹性设计方法"时，允许在结构二阶效应计算方法选择"不考虑"和"直接几何刚度法"；当在钢构件设计方法选中"二阶弹性设计方法"时，允许在结构二阶效应计算方法选择"直接几何刚度法"和"内力放大法"；"弹性直接分析设计方法"同"二阶弹性设计方法"。

3. 柱长度系数置 1.0

采用一阶弹性设计方法时，应考虑柱长度系数，用户在进行研究或对比时也可勾选此项将长度系数置 1，但不能随意将此结果作为设计依据。当采用二阶弹性设计方法时，程序强制勾选此项，将柱长度系数置 1.0，可参考《高钢规》7.3.2-2 条。

4. 考虑柱、支撑侧向失稳

选择"弹性直接分析设计方法"时，在验算阶段不再考虑计算长度系数的柱、支撑的受压稳定承载力验算，但构造要求的验算和控制仍要进行。钢梁、钢柱除了按《钢标》式（5.5.7-1）进行无侧向失稳的强度验算，如果没有限制平面外失稳的措施，仍然需要进行考虑可能侧向失稳的应力验算［式（5.5.7-2）］。是否有限制平面外失稳的措施，按下述参数（图 6-8）控制，由用户确定。

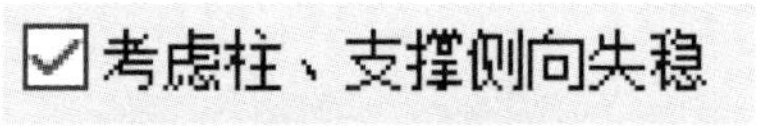

☑ 考虑柱、支撑侧向失稳

图 6-8 控制参数

如果模型中存在混凝土构件，截面内力不修正，构件设计仍然执行现行规范混凝土构件设计的要求。

5. 结构缺陷参数

采用二阶弹性设计方法时，应考虑结构缺陷，可参考新《高钢规》第 7.3.2 条式（7.3.2-2）。程序开放整体缺陷倾角参数，默认为 1/250，一般不用修改。局部缺陷暂不考虑。

《钢结构通用规范》GB 55006—2021 5.2.3 条要求，钢结构二阶分析时候应考虑假想水平荷载，框架柱的计算长度系数取 1.0，并且对假想水平荷载，如果是地震作用参与组合的工况，组合系数取 0.5。

程序对于二阶效应分析，重力荷载为设计值，即恒、活荷载分项系数分别修改为1.3、1.5；对于二阶分析时，假想水平荷载的分项系数取 1.0，与非地震组合的组合系数取 1.0，与地震作用组合的组合系数与现行钢结构标准不同，取值 0.5（现行《钢结构设计标准》取 1.0），组合方式如图 6-9 所示。

6.2.8 调整信息

1. 刚度调整

刚度调整如图 6-10 所示。

图 6-9 工况组合

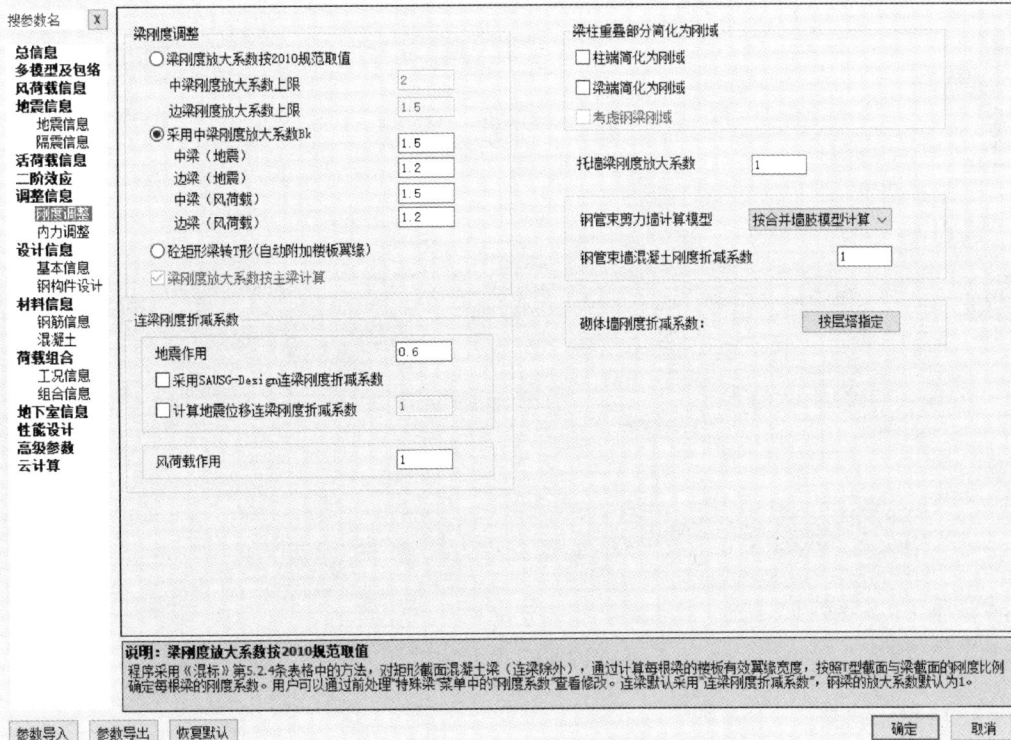

图 6-10 刚度调整

对于中梁（两侧与楼板相连）和边梁（仅一侧与楼板相连），楼板的刚度贡献不同。程序取中梁和边梁的刚度放大系数为 BK，中梁和边梁由程序自动搜索。

《高钢规》6.1.3 条规定：高层民用建筑钢结构弹性计算时，钢筋混凝土楼板与钢梁间有可靠连接，可计入钢筋混凝土楼板对钢梁刚度的增大作用，两侧有楼板的钢梁其惯性矩可取为 $1.5I_b$，仅一侧有楼板的钢梁其惯性矩可取为 $1.2I_b$，I_b 为钢梁截面惯性矩。弹塑性计算时，不应考虑楼板对钢梁惯性矩的增大作用。

解读：此条前提为结构弹性计算，但并没有具体区分是何工况，而框架横向作用一般就是风荷载和地震作用。风荷载工况下基本都能保证弹性，若地震作用下能保证弹性也可采用此刚度放大系数。一般情况下，PKPM 都是进行的小震计算，而小震一般都是弹性状态。

结论：本项目风荷载和地震工况下均能保证弹性状态，故钢梁刚度放大系数采用风荷载和地震工况下相同系数，即中梁刚度放大系数为 1.5，边梁刚度放大系数为 1.2。

本页中其他参数与混凝土梁、柱、剪力墙相关，本节不做赘述。

2. 内力调整

内力调整如图 6-11 所示。

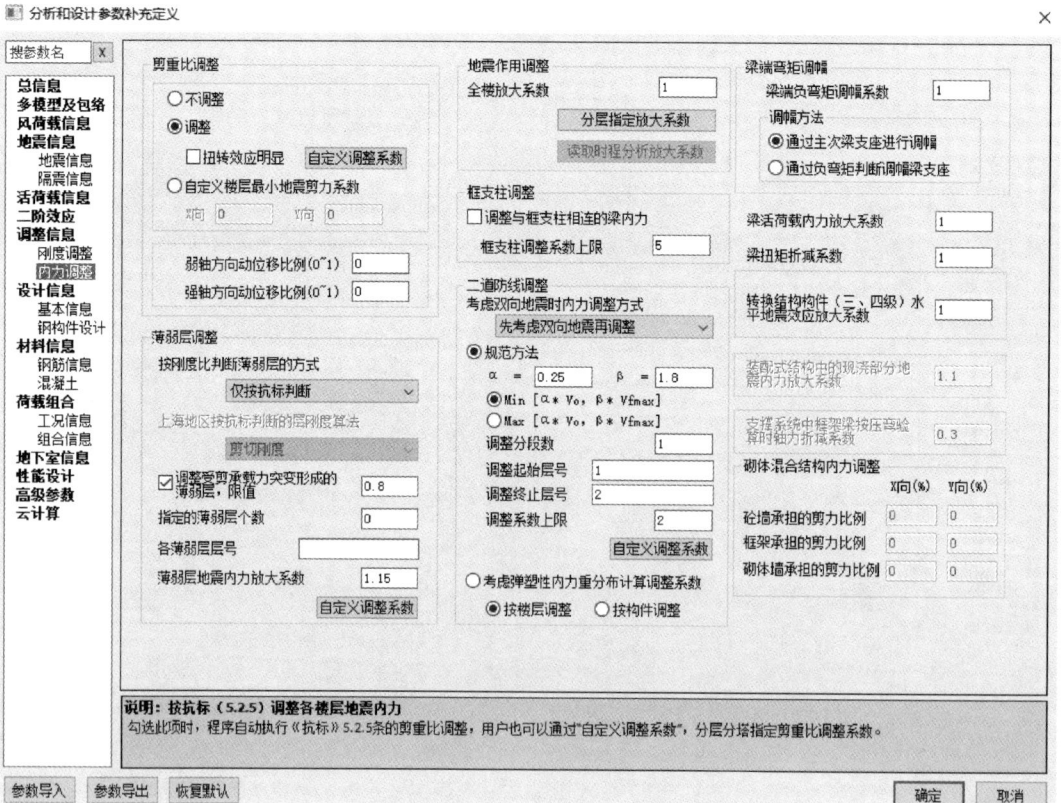

图 6-11 内力调整

3. 剪重比调整

《抗震标准》5.2.5 条规定：抗震验算时，根据公式（5.2.5）移项变换后可知，结构任一楼层的水平地震的剪重比不应小于表 5.2.5 给出的最小地震剪力系数 λ。

如果用户勾选该项，程序将自动进行调整，用户也可选择"自定义调整系数"，分层分塔指定剪重比调整系数。一般的多层结构，剪重比都会自动满足规范要求，无须软件作调整。

结论：本项目选择"调整"，让软件根据剪重比计算结果自动判断是否调整。

4. 扭转效应明显

如何判定结构的扭转效应是否明显？《抗震标准》5.2.5条条文说明：扭转效应明显与否一般可由考虑耦联的振型分解反应谱法分析结果判断，例如前三个振型中，二个水平方向的振型参与系数为同一个量级，即存在明显的扭转效应。

难点举例说明：假设某L形平面框架结构，层高3m，共3层。由于平面不规则，质心与刚心存在明显偏移。采用振型分解反应谱法分析其地震响应，得到前三个振型的振型参与系数如表6-1所示。

振型参与系数 表6-1

振型序号	X方向参与系数	Y方向参与系数	扭转角参与系数
1	0.75	0.65	0.20
2	0.60	0.70	0.25
3	0.15	0.10	0.85

振型参与系数反映某振型在各平动/扭转方向上的贡献程度。若某振型的X、Y方向参与系数量级相近（如0.75和0.65），说明该振型同时激发了X和Y方向的平动，且可能伴随扭转（因平动不共线）。

扭转效应的判断依据如下。

耦联现象：前两个振型的X、Y参与系数均接近（0.75和0.65，0.60和0.70），表明X和Y平动被耦联，无法独立振动。

扭转分量：第三个振型以扭转为主（扭转角参与系数0.85），但前两个振型也包含少量扭转（0.20、0.25），说明扭转效应贯穿多个振型。

结论：当多个振型的水平方向参与系数量级相近时，表明平动与扭转高度耦联，结构振动表现为"斜向平动＋扭转"的复杂形态。设计中需特别关注此类结构的抗扭刚度布置（如增设柱间支撑或调整柱网），避免因扭转效应导致局部破坏。

建筑体型规则此处一般不勾选。而且本项目从振型的参与系数计算结果来看，X向和Y向的振型参与系数不是同一个量级，不存在明显的扭转效应，故此处不勾选。

5. 自定义楼层最小地震剪力系数

此项提供了自定义楼层最小地震剪力系数的功能。当选择此项并填入恰当的X、Y向最小地震剪力系数时，程序不再按《抗震标准》表5.2.5确定楼层最小地震剪力系数，而是执行用户自定义值。本项目此处不勾选。

6. 弱/强轴方向动位移比例

《抗震标准》5.2.5条条文说明中明确了三种调整方式：加速度段（短周期）、速度段（中周期）和位移段（长周期）。当动位移比例填0时，程序采取加速度段方式进行调整；当动位移比例填1时，采用位移段方式进行调整；当动位移比例填0.5时，采用速度段方式进行调整。

另外，程序所说的弱轴对应结构长周期方向，强轴对应短周期方向。若前面已经按《抗震标准》表 5.2.5 确定楼层最小地震剪力系数，此处就无须干预了。

7. 按刚度比判断薄弱层的方式

程序修改了原有"按抗规和高规从严判断"的默认做法，改为提供"按抗规和高规从严判断""仅按抗规判断""仅按高规判断"和"不自动判断"四个选项供用户选择。程序默认值仍为从严判断。本项目属于多层结构，选择"仅按抗规判断"即可。

8. 受剪承载力突变形成的薄弱层自动进行调整

《抗震标准》表 3.4.3-2：抗侧力结构的层间受剪承载力小于相邻上一楼层的 80%，属于竖向不规则，《抗震规范》3.4.4-2 条第 3）款：楼层承载力突变时，薄弱层抗侧力结构的受剪承载力不应小于相邻上一楼层的 65%。《抗震规范》3.4.4-2 条：平面规则而竖向不规则的建筑，应采用空间结构计算模型，刚度小的楼层的地震剪力应乘以不小于 1.15 的增大系数。

当勾选该参数时，对于受剪承载力不满足《抗震规范》3.4.3 条要求的楼层，程序会自动将该层指定为薄弱层，执行薄弱层相关的内力调整，并重新进行设计。若该层已被用户指定为薄弱层，程序不会对该层重复进行内力调整。建议任何项目都勾选，让程序自动根据受剪承载力的计算结果来判定是否形成薄弱层。

9. 指定的薄弱层个数及相应的各薄弱层层号

SATWE 自动按楼层刚度比判断薄弱层并对薄弱层进行地震内力放大，但对于竖向抗侧力构件不连续或承载力变化不满足要求的楼层，不能自动判断为薄弱层，需要用户在此指定。填入薄弱层楼层号后，程序对薄弱层构件的地震作用内力按"薄弱层地震内力放大系数"进行放大。输入各层号时以逗号或空格隔开。本项目不存在需要人为指定的薄弱层，因此不需要人为填写薄弱层层号。

10. 薄弱层地震内力放大系数、自定义调整系数

《抗震标准》3.4.4-2 条规定：平面规则而竖向不规则的建筑，应采用空间结构计算模型，刚度小的楼层的地震剪力应乘以不小于 1.15 的增大系数。《高钢规》3.3.3-2 款：平面规则而竖向不规则的高层民用建筑，应采用空间结构计算模型，侧向刚度不规则、竖向抗侧力构件不连续、楼层承载力突变的楼层，其对应于地震作用标准值的剪力应乘以不小于 1.15 的增大系数。SATWE 对薄弱层地震剪力调整的做法是直接放大薄弱层构件的地震作用内力。"薄弱层地震内力放大系数"即由用户指定放大系数，以满足不同需求。

结论：本项目此系数取 1.15。

11. 地震作用调整

程序支持全楼地震作用放大系数，用户可通过此参数来放大全楼地震作用，提高结构的抗震安全度，其经验取值范围为 1.0～1.5。

本项目不需要放大全楼地震作用，因此可以填写为 1.0。

12. 梁端负弯矩调幅系数

对于钢结构而言，梁端一般不采用弯矩调幅。其理由如下：

（1）钢材的弹性与塑性行为有限

钢材虽具有塑性变形能力，但其内力重分布机制与混凝土不同。混凝土结构通过塑性铰实现内力重分布，而钢结构在规范设计中通常以弹性分析为主，塑性铰的形成需要严格

64

满足宽厚比、稳定性等条件。

钢材的屈强比高（通常≤0.85），且塑性变形范围有限，实际工程中难以像混凝土梁一样形成可控的塑性铰，导致弯矩调幅的可行性较低。

（2）节点刚接假设与稳定性要求

钢结构设计通常假设梁柱节点为完全刚接，而实际节点可能存在半刚性特性。若进行弯矩调幅，需额外考虑节点刚度的变化对整体结构的影响，可能引发侧移失稳或局部屈曲。

钢梁的稳定性对截面宽厚比敏感，调幅后若未严格限制宽厚比（如S1级要求），可能导致塑性转动能力不足。

（3）规范与设计方法的限制

我国《钢标》中未明确纳入弯矩调幅法的具体规定，仅部分文献（如童根树《钢结构设计方法》）提出需在严格条件下应用。

调幅法需区分荷载类型：仅允许对竖向荷载作用下的弯矩调幅，而水平荷载（如地震、风荷载）下的弯矩不可调，因此增加了设计复杂性。

（4）施工与经济性考量

混凝土梁调幅的主要目的是减少梁端配筋密度，以方便施工，而钢梁通过优化截面尺寸即可解决承载力问题，调幅的经济效益不如混凝土结构显著，而钢梁调幅后需额外验算抗剪承载力、侧向支撑等，增加了设计难度和成本。

（5）抗震性能的特殊要求

在抗震设计中，钢框架需满足"强柱弱梁"原则，直接调幅可能削弱节点区域的抗震性能，需通过其他措施（如加腋、加强节点板）弥补，实际操作性较低。

因此，实际工程中因复杂性和风险较高，通常优先采用弹性设计或直接优化截面。故本项目梁端负弯矩调幅系数取1。

13. 梁端弯矩调幅方法

从前述可知，钢结构一般不采用弯矩调幅，此处无须选择，故略去。

14. 梁活荷载内力放大系数

该参数用于考虑活荷载不利布置对梁内力的影响。将活荷作用下的梁内力（包括弯矩、剪力、轴力）进行放大，然后与其他荷载工况进行组合。本项目在前面已经考虑了活荷载最不利的情况，因此此处不再考虑放大，放大系数填1即可。

15. 梁扭矩折减系数

非组合钢梁未与混凝土楼板形成整体作用，无法通过楼板的刚性约束减小扭转效应。此外，钢结构设计更强调通过合理布置避免受扭，而非依赖折减系数。钢梁的抗扭能力较弱（如开口截面工字钢），设计时需直接按实际扭矩计算抗扭承载力，避免因折减导致安全隐患。

因此，本项目梁扭矩折减系数取值1。

6.2.9 设计信息

1. 基本信息

设计基本信息如图6-12所示。

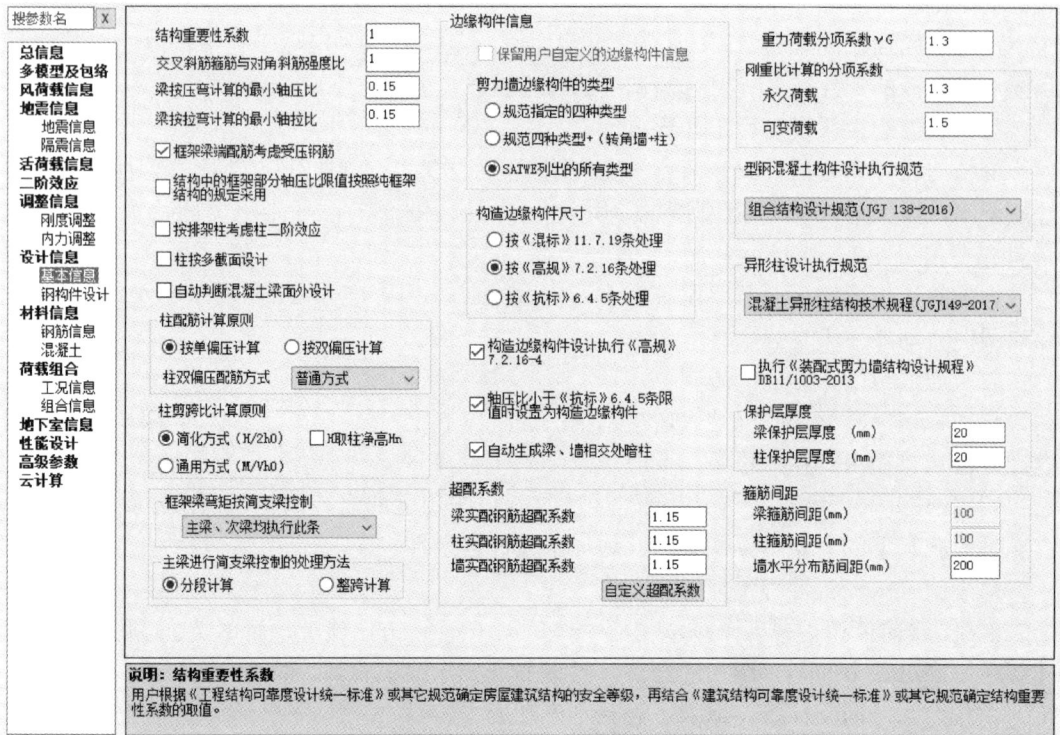

图 6-12　设计基本信息

（1）结构重要性系数

用户按根据《建筑结构可靠性设计统一标准》GB 50068—2018 确定房屋建筑结构的安全等级，本项目的安全等级为二级，结构重要性系数为 1。

（2）梁按压弯计算的最小轴压比

梁承受的轴力一般较小，默认按照受弯构件计算。实际工程中某些梁可能承受较大的轴力，此时应按照压弯构件进行计算。该值用来控制梁按照压弯构件计算的临界轴压比，默认值为 0.15。当计算轴压比大于该临界值时按照压弯构件计算，此处可以按软件的默认值来。

（3）梁按拉弯计算的最小轴拉比

指定用来控制梁按拉弯计算的临界轴拉比，默认值为 0.15，此处可以按软件的默认值来。本页其他参数基本都与混凝土设计有关，此处略去。

2. 钢构件设计与防火设计

钢构件设计如图 6-13 所示。

（1）钢构件截面净毛面积比

程序一般默认取 0.85。实取 0.9 更经济也更兼顾安全。

（2）钢柱计算长度系数

当勾选"有侧移"时，程序按《钢标》附录 E.0.2 的公式计算钢柱的长度系数，当勾选"无侧移"时按附录 E.0.1 的公式计算钢柱的长度系数。此处方向同整体坐标系。本项目没有设置柱间支撑，故选择"有侧移"。

图 6-13　钢构件设计

当设置支撑但无法判断支撑强弱时，可勾选"自动考虑有无侧移"，程序按《钢标》8.3.1 条自动判定钢柱有无侧移。

（3）钢构件材料强度执行《高钢规》JGJ 99—2015

新版《高钢规》JGJ 99—2015 对钢材的设计强度进行了修改，并增加了牌号Q345GJ。针对以上规范修改，程序提供参数"钢构件材料强度执行《高钢规》JGJ 99—2015"。

勾选该参数，钢构件材料强度执行新版《高钢规》JGJ 99—2015 规定，可参考 4.2.1 条等，不勾选时，仍按旧版方式执行现行钢结构规范等相关规定，对于新建工程，程序默认勾选。

（4）长细比、高厚比限值执行《高钢规》JGJ 99—2015

新版《高钢规》JGJ 99—2015 对框架柱的长细比和钢框架梁、柱板件宽厚比限值进行了修改。针对以上规范修改，程序提供参数"执行《高钢规》JGJ 99—2015 7.3.9 条和7.4.1 条"。勾选该参数，程序执行新版《高钢规》7.3.9 条考虑框架柱的长细比限值，执行第 7.4.1 条考虑钢框架梁、柱板件宽厚比限值。不勾选时，仍按旧版方式执行现行钢结构规范和抗震规范相关规定。

本项目为多层，不勾选此项。

（5）钢结构设计执行规范

本项增加了规范选择参数《钢结构设计标准》GB 50017—2017，保留《钢结构设计规范》GB 50017—2003。如果选择 2003 版规范构件设计验算部分执行旧版本规范要求。本项目选择执行《钢结构设计标准》GB 50017—2017。

（6）防火设计

对于钢结构来说，防火设计是一项重要的设计内容，我们需要根据《建筑钢结构防火技术规范》GB 51249—2017（以下简称《钢结构防火规范》）的要求对钢结构进行防火设计。关于钢结构防火设计更详细的讲解见本书后面章节的内容，此处只对与防火设计相关的参数设置作简要介绍。

1）是否进行抗火设计：勾选此项，选择让软件进行抗火设计。

2）建筑耐火等级：建筑耐火等级根据建筑的类型、功能、规模等依据《建筑设计防火规范》（2018 年版）GB 50016—2014（以下简称《建筑防火规范》）确定，通常由建筑专业确定，可以从建筑资料图的说明中找到建筑专业所确定的耐火等级。对于单、多层建筑，建筑面积＞600m²，根据《建筑防火规范》表 5.3.1 可知，本项目建筑耐火等级为三级。

3）初始室内温度：计算火灾发展到 t 时刻的热烟气平均温度的一个参数，根据《钢结构防火规范》的规定，取 20℃即可。

4）热对流传热系数：计算火灾下受火钢构件温度的一个参数，根据《钢结构防火规范》的规定，取 25W/（m²·℃）即可。

5）火灾升温曲线模型：计算火灾下热烟气平均温度的一个参数，根据建筑物内所堆放材料的燃烧特点选择。标准火灾升温曲线，适用于以纤维类火灾为主的建筑，其可燃物主要为一般可燃物，如木材、纸张、棉花、布匹、衣物等，可混有少量塑料或合成材料。烃类火灾升温曲线，适用于可燃物以烃类材料为主的场所，如石油化工建筑及生产、存放烃类材料、产品的厂房等。此处，我们选择标准火灾升温曲线。

6）火灾升温计算步长：计算受火钢构件火灾持续到 t 时刻时钢构件温度的一个参数，由于《钢结构防火规范》给出的钢构件的升温计算公式为增量公式，需要逐步迭代计算。其中，时间步长 Δt 不宜过大，以保证计算精度。此处我们按照默认值 3s 是可以保证足够的计算精度的。

7）钢材比热：计算受火钢构件火灾持续到 t 时刻时钢构件温度的一个参数，根据钢材的物理性质填写，默认值 600J/（kg·℃）是准确的。

8）类型：钢材有普通钢和耐火钢两类，其中耐火钢的耐火性能更好，能更容易地满足防火设计的要求，相应的单价也就更高，根据实际工程中所使用的钢材类型选择即可。此处选择更普遍使用的普通钢。对于普通钢，在做好防火保护的前提下，也同样可以满足防火设计的要求。

9）保护层类型：工程中常用的防火保护层做法可分为两种：外边缘型保护（软件中的截面周边类型），即防火保护层全部沿着钢构件的外表面进行保护；非外边缘型保护（软件中的截面矩形类型），即全部或部分防火保护层不沿着钢构件的外表面进行保护。可以根据实际的防火保护层做法选择此参数，此处，选择截面周边类型。

截面周边类型示意如图 6-14 所示。

截面矩形类型示意如图 6-15 所示。

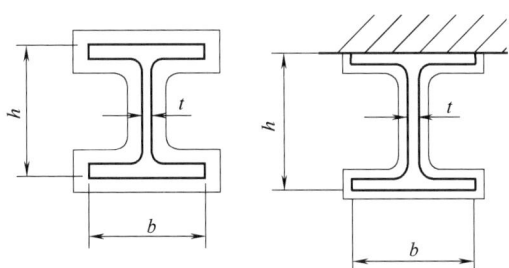

图 6-14　截面周边类型示意图

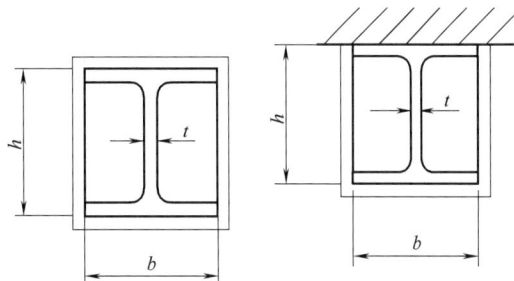

图 6-15　截面矩形类型示意图

10）防火材料：单击增加按钮弹出"防火涂料设置"对话框，如图 6-16 所示。

① 名称：可以自定义防火做法的名称，能够区分各种不同的做法即可。

② 类型：防火材料分为膨胀型和非膨胀型，根据实际所选用的防火材料的类型选择即可，此处选择非膨胀型，软件对于非膨胀型防火涂料，可以计算出满足防火要求的防火涂料的最小使用厚度。

11）热传导系数：计算火灾下有防火保护钢构件的温度一个参数，根据实际防火材料的性质填写。该参数可以直观反映

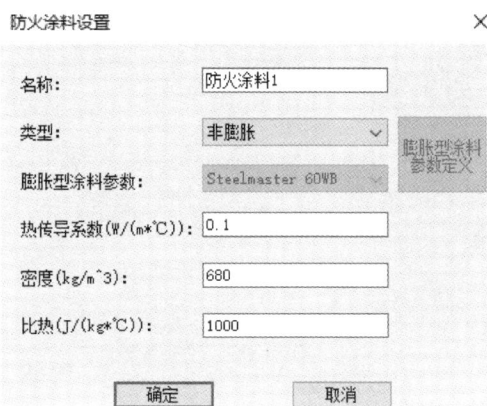

图 6-16　"防火涂料设置"对话框

单位厚度的防火材料的传热能力，该参数越大，则表明防火材料的导热能力越强。为了满足相应的防火设计要求（亦即要求防火保护层满足一定的隔热能力），防火保护层的施用厚度也将越厚，对于非膨胀型防火涂料，该参数与最终计算出来的防火涂料的施用厚度成正比变化。

12）密度、比热：防火材料的两个物理参数，根据防火材料的物理性质填写即可。对于轻质防火保护层，在不考虑防火保护层的吸热因素从而影响钢构件升温的情况下，这两个参数无须干涉。

6.2.10　工况信息

工况信息如图 6-17 所示。

1. 地震与风同时组合

《高规》表 5.6.4 规定，高度超 60m 的高层建筑结构需要考虑地震与风同时组合。本项目高度没有超过 60m，因此不需要勾选此项。

2. 屋面活荷载与雪荷载和风荷载同时组合

《荷载规范》5.3.3 条规定：不上人的屋面均布活荷载，可不与雪荷载和风荷载同时组合。《荷载规范》明确规定了不上人的屋面均布活荷载不与雪荷载和风荷载同时组合，但对于上人屋面的活荷载与雪荷载和风荷载是否同时组合，却并没有明确说明。一般情况下，对于上人的屋面均布活荷载还是选择不与雪荷载和风荷载同时组合。

图 6-17 工况信息

注意：当楼层面荷载数值不是按照《荷载规范》表 5.1.1 取用，而是采用楼面等效活荷载，这种情况在工业项目中的钢框架比较常见，此时，应该按照《抗震规范》表 5.1.3 所说的"按实际情况计算的楼面活荷载"情况，将默认的重力荷载代表值系数 0.5 改为 1.0。

本页其他参数按照软件默认即可。

6.2.11 组合信息

组合信息如图 6-18 所示。

《钢结构防火规范》

3.2.1 钢结构应按结构耐火承载力极限状态进行耐火验算与防火设计。

3.2.2 钢结构耐火承载力极限状态的最不利荷载（作用）效应组合设计值，应考虑火灾时结构上可能同时出现的荷载（作用），且应按下列组合值中的最不利值确定：

$$S_m = \gamma_{0T}(\gamma_G S_{Gk} + S_{Tk} + \phi_f S_{Qk}) \qquad (3.2.2\text{-}1)$$

$$S_m = \gamma_{0T}(\gamma_G S_{Gk} + S_{Tk} + \phi_q S_{Qk} + \phi_w S_{Wk}) \qquad (3.2.2\text{-}2)$$

式中：S_m——荷载（作用）效应组合的设计值；

S_{Gk}——按永久荷载标准值计算的荷载效应值；

S_{Tk}——按火灾下结构的温度标准值计算的作用效应值；

图 6-18　组合信息

S_{Qk}——按楼面或屋面活荷载标准值计算的荷载效应值;

S_{Wk}——按风荷载标准值计算的荷载效应值;

γ_{0T}——结构重要性系数;对于耐火等级为一级的建筑,$\gamma_{0T}=1.1$;对于其他建筑,$\gamma_{0T}=1.0$;

γ_G——永久荷载的分项系数,一般可取 $\gamma_G=1.0$;当永久荷载有利时,取 $\gamma_G=0.9$;

ϕ_w——风荷载的频遇值系数,取 $\phi_w=0.4$;

ϕ_f——楼面或屋面活荷载的频遇值系数,应按现行国家标准《建筑结构荷载规范》GB 50009 的规定取值;

ϕ_q——楼面或屋面活荷载的准永久值系数,应按现行国家标准《建筑结构荷载规范》GB 50009 的规定取值。

　　本页显示了软件自动生成的组合,读者可以自行检查基本组合、标准组合、防火组合与规范的荷载组合规定是否一致,其中风荷载和地震作用在组合时有正有负,正负号分别表示左风、右风或左震、右震。

6.2.12　地下室信息

　　地下室信息如图 6-19 所示。

　　本项目没有设置地下室,此处参数不起任何作用,因此按默认值即可。

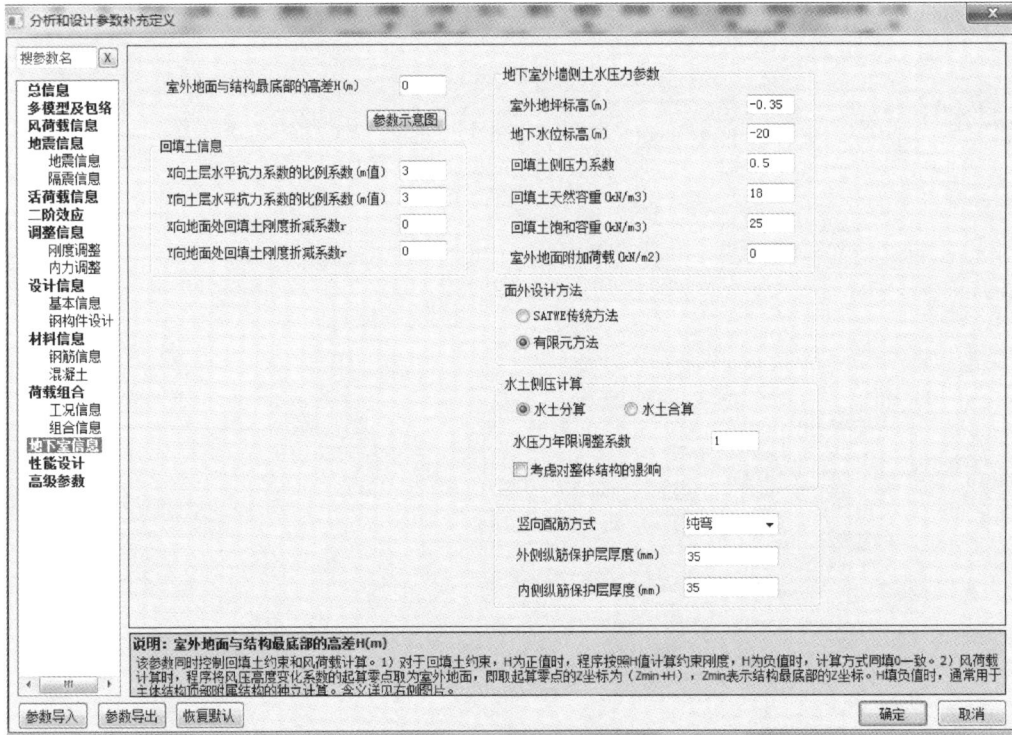

图 6-19　地下室信息

6.3　特殊构件定义

在设置好参数之后，可以单击"平面荷载校核"按钮，最后再检查一下各层的荷载输入是否有误，检查结果如图 6-20 所示。

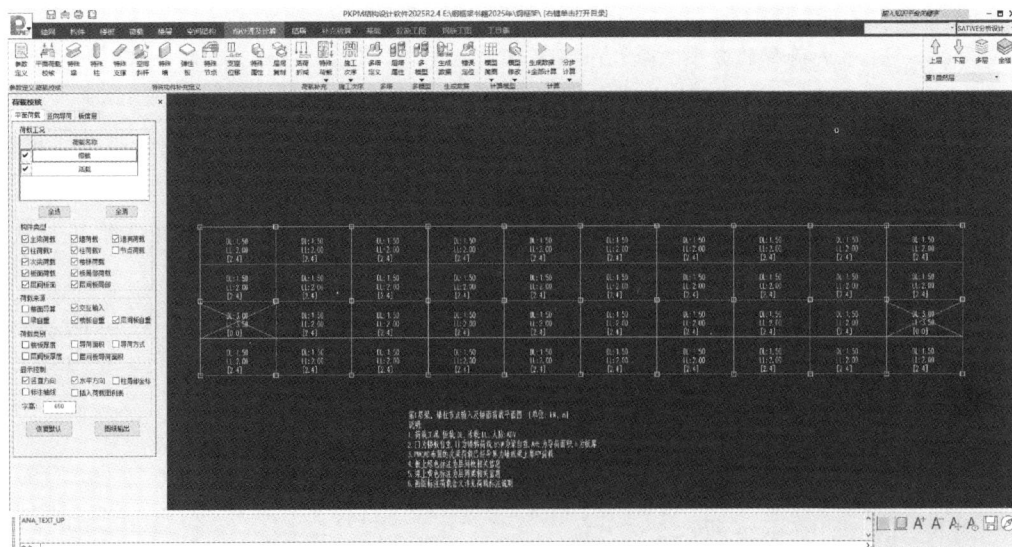

图 6-20　平面荷载校核

接下来便是"特殊梁""特殊柱"的定义。利用"特殊梁"菜单下的"一端铰接"和"两端铰接"对次梁的边支座进行点铰处理，第2标准层处理后的结果如图 6-21 所示，其他标准层也进行类似的处理。

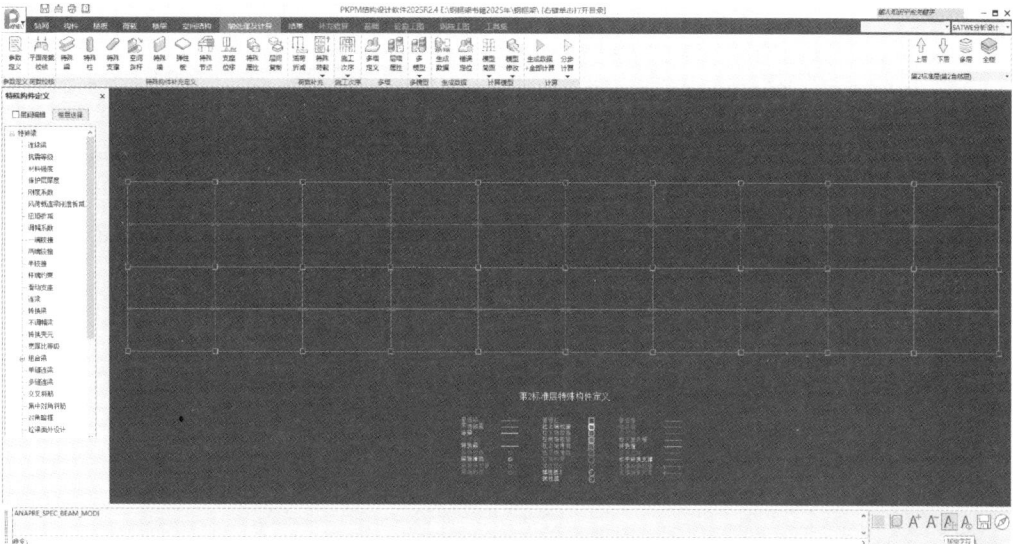

图 6-21　特殊梁的定义

在这一步中，之所以对次梁与主梁连接（哪怕是连续次梁）支座进行点铰处理，主要考虑到活荷载的不利布置，因为主、次梁一般为开口梁，而开口梁的抗扭性能较差，如果主梁两侧一边有活荷载一边无，那么主梁就会因为两边荷载明显不对称而产生扭转。只有把次梁与主梁的连接按铰接设计才能有效地避免上述情况的发生。边次梁与主梁的连接这种单侧荷载不对称的情况就更明显，也更需要点铰处理。

接下来再利用"特殊柱"菜单下的"角柱"功能，定义所有阳角处的柱子为角柱，注意阴角处的柱子不应定义为角柱。标准层定义完角柱后如图 6-22 所示。

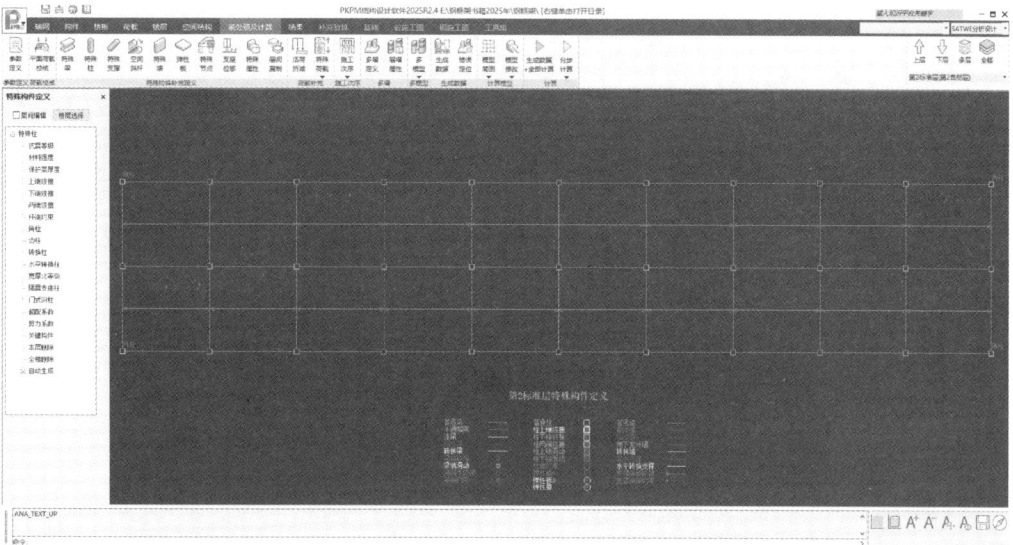

图 6-22　角柱的定义

之所以需要定义角柱，是因为在水平力产生的扭转效应下，角柱相对其他的边柱、中柱更不利，且规范对角柱有额外的加强措施和设计要求。

《抗震标准》6.2.6 条规定：一、二、三、四级框架的角柱，经本规范第 6.2.2、6.2.3、6.2.5、6.2.10 条调整后的组合弯矩设计值、剪力设计值尚应乘以不小于 1.10 的增大系数。

定义角柱之后，软件就可以自动对角柱按照上述要求考虑额外的内力放大系数。

7 计算结果判断及调整

对于初学者，在计算完成后往往首先关心计算结果"红没红"，如果"红了"说明有地方没有计算通过，心里便有点忐忑不安；如果"没红"，则心情舒畅，认为没有问题，计算都通过了。这是一种错误的观念，要纠正这种错误的观念。"没红"并不能说明就一定计算通过了，而"红了"也不能说明就一定有很严重的问题。在查看计算结果时，一般的流程应该是先初步判断计算结果是否合理，在计算结果合理的前提下进一步查看计算结果的整体指标是否满足要求，最后才是查看构件指标是否计算通过，也就是前面所说的"红没红"的问题。

7.1 计算结果合理性的初步判断

通常我们可以从以下四个方面判断计算结果是否合理。

7.1.1 对重力荷载作用下计算结果的分析

检查单位面积重力荷载值是否正常。《高规》5.1.8 条条文说明：目前国内钢筋混凝土结构高层建筑由恒载和活载引起的单位面积重力，框架与框架-剪力墙结构为 $12kN/m^2 \sim 14kN/m^2$。若为办公楼，分隔墙不是很多时，$G_e < 10kN/m^2$；若为住宅类，分隔墙很多时，G_e 为 $12 \sim 14kN/m^2$。

本项目的计算结果如图 7-1 所示。

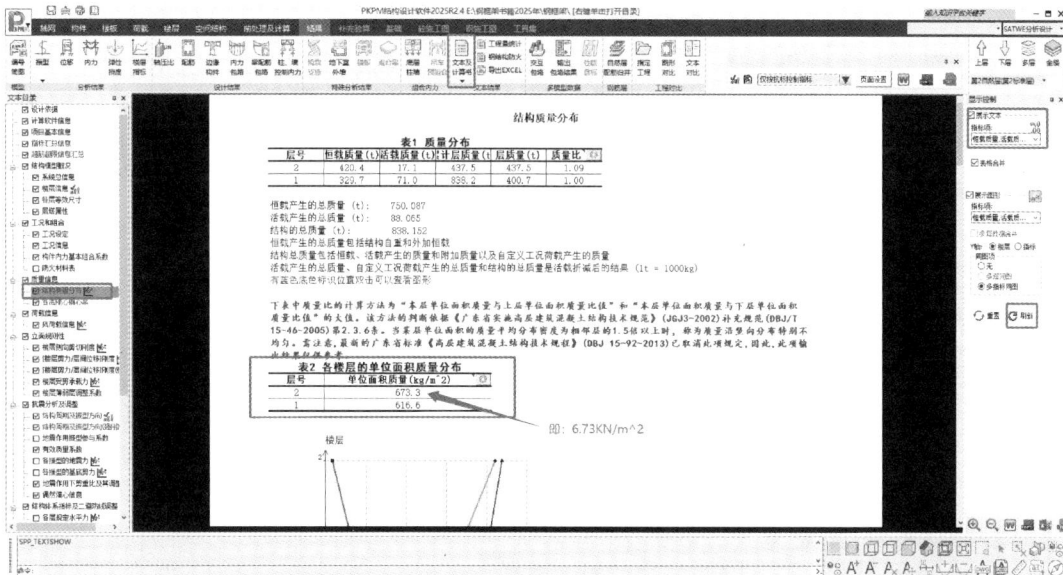

图 7-1 单位面积重力荷载值计算结果

从图 7-1 来看，结果都处于正常范围内（注意量纲的换算），其中屋面层由于附加恒载比较大，所以单位面积质量会偏大一点。

接下来检查在重力荷载作用下，底层墙柱的轴力是否都为压力。这一点对于常规结构来说，都应该成立。

本项目的计算结果如图 7-2 所示。

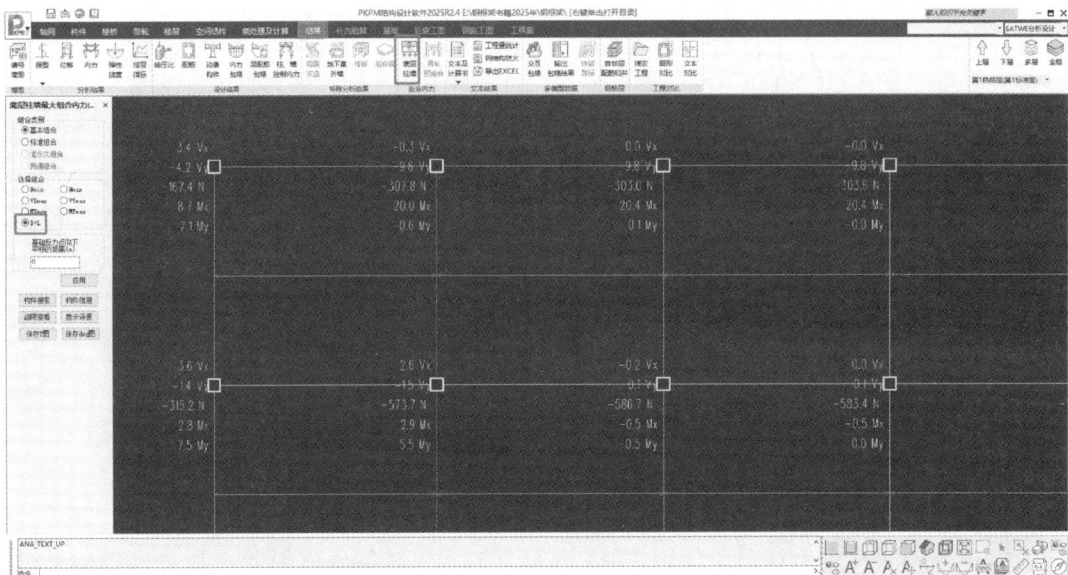

图 7-2　底层柱轴力

从图 7-2 的计算结果可以看出，在重力荷载作用下，底层柱的轴力都为压力（程序默认压力为负数）。如果存在拉力，则会显红。

7.1.2　对风荷载作用下计算结果的分析

检查风荷载作用下的侧向力分布规律是否正常，在迎风面没有大的变化的情况下，风荷载近似呈倒三角形分布规律；如果结构沿竖向的刚度变化较均匀且风荷载沿高度的变化也较均匀时，其结构的内力和位移沿高度的变化也应该是均匀的，不应有大正大负、大出大进等突变，如果结构对称，还可以进行对称性分析。

本项目的计算结果如图 7-3 所示。

从图 7-3 的计算结果可以看出，本项目风荷载作用下的计算结果正常。

7.1.3　对水平地震作用下计算结果的分析

水平地震作用下，可以利用其结果进行如同风荷载作用下的渐变性分析，但不能进行对称性分析，也不能利用结构底层进行内外力平衡的分析（因为振型组合后的内力与地震作用力不再平衡）。水平地震作用下，对其计算结果的分析重点如下。

1. 结构的自振周期

对于一般的工程，结构的自振周期在考虑折减系数后应控制在一定的范围内。

结构的基本自振周期（即第一周期）大致为：框架结构 $T_1 = (0.2 \sim 0.3)n$，其中，n

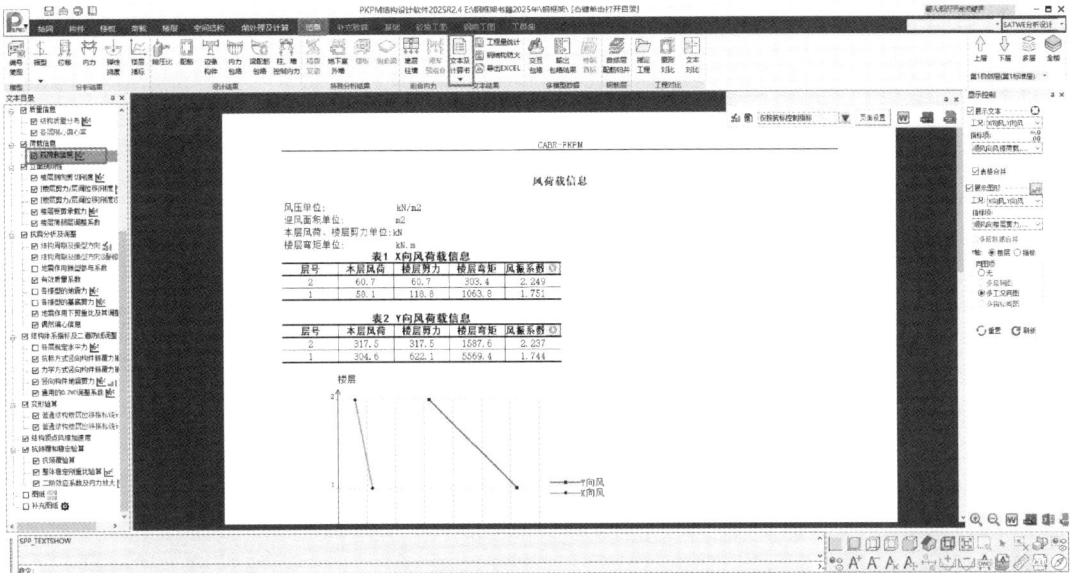

图 7-3 风荷载作用下的计算结果

为建筑物的总层数。

第二周期、第三周期与第一周期的关系大致为：$T_2=(0.85\sim1.0)T_1$，但以 $T_2\approx T_1$ 为宜，因为两个主轴方向刚度要相近。而 T_3 与 T_1 的比值对于高层建筑结构还需要满足周期比的要求。

本项目的计算结果如图 7-4 所示。

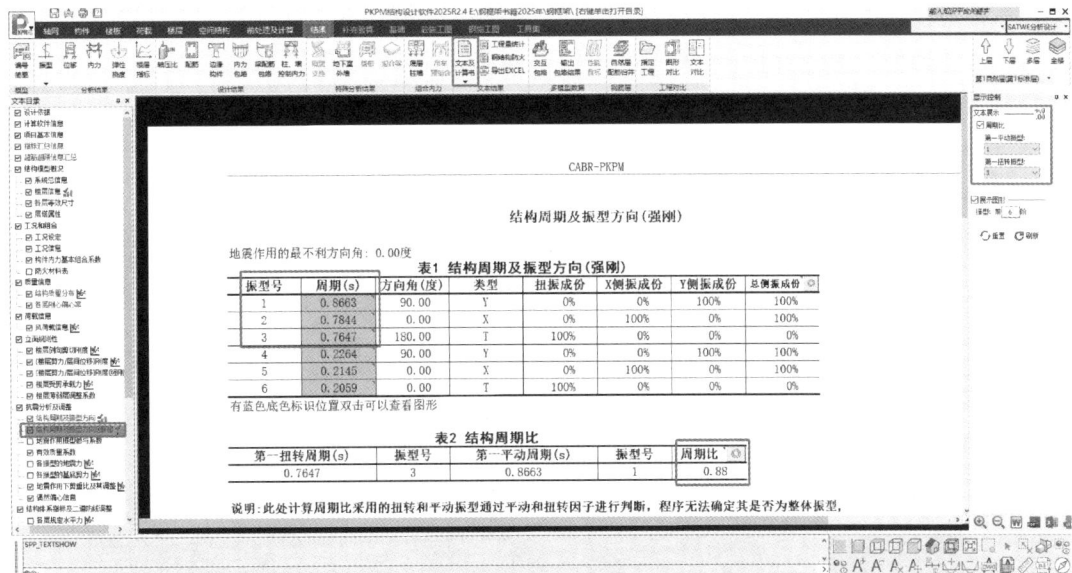

图 7-4 周期的计算结果

从图 7-4 的计算结果可以看出，由于本项目层高 5m，所以第一平动周期 0.8663s 比正常预估值要略大一些，属于正常范围，周期比 0.88＜0.9，因此本项目周期的计算结果正常。

2. 各振型曲线

对于竖向刚度和质量比较均匀的结构，如果计算正常，其振型曲线应是比较连续光滑的曲线（图7-5），不应有大进大出、大的凹凸曲折。

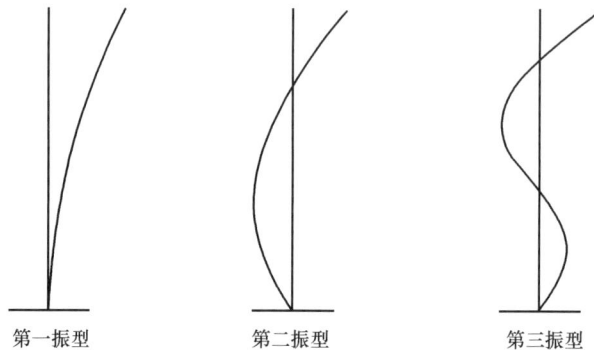

第一振型   第二振型   第三振型

图 7-5　各振型曲线

对于平面结构而言，第一振型无零点；第二振型在 $(0.7\sim0.8)H$ 处有一个零点；第三振型分别在 $(0.4\sim0.5)H$ 及 $(0.8\sim0.9)H$ 处有两个零点。

此规律可以推广到三维空间结构上，对于三维空间结构，第 1、2 振型类似于图 7-5 中的第一振型；第 3 振型为扭转振型，与平面结构的振型无对应关系；第 4、5 振型则类似于图 7-5 中的第二振型；第 6 振型为扭转振型，与平面结构的振型无对应关系；第 7、8 振型则类似于图 7-5 中的第三振型……以此类推。一般情况下，空间结构的前 6 个振型中的 4 个平动振型与平面结构有较好的对应关系，往后的振型则由于实际结构的复杂性，与平面结构对比可能不再存在明显的对应关系，这一点是正常的。

单击"结果"选项卡下的"振型"按钮，查看各个振型的振动形态，本项目的计算结果正常（图7-6）。

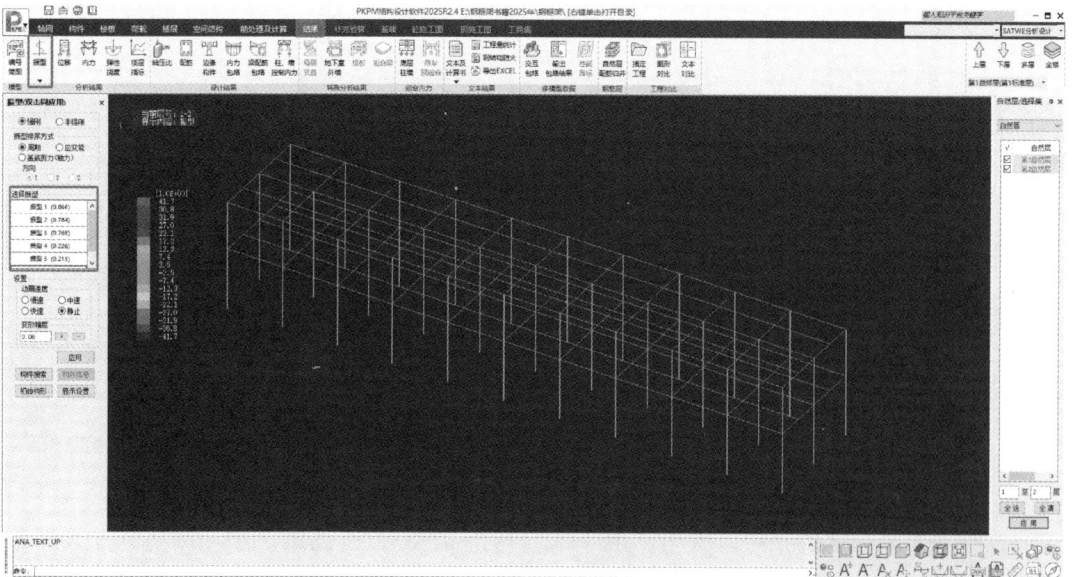

图 7-6　各个振型的振动形态

7.1.4 水平位移特征分析

将结构各层位移（经振型组合后的位移）连成侧移曲线，应具有图 7-7 所示的特征。

框架结构的位移曲线，具有剪切梁的特征，位移越往上增长越慢，呈下凹形曲线。

由于本项目只有两层，无法看出趋势图，故列举一个其他多层项目的钢框架位移曲线，从该曲线可以看出基本符合这个规律趋势。如图 7-8 所示。

由于曲线比例的原因，图中的侧移曲线看上去并不光滑，但实际的计算结果是正常的。通过以上种种分析，初步判断本项目的计算结果是正常的，接下来进一步查看计算结果中的整体指标和构件指标。

框架结构

图 7-7 钢框架结构的侧移曲线

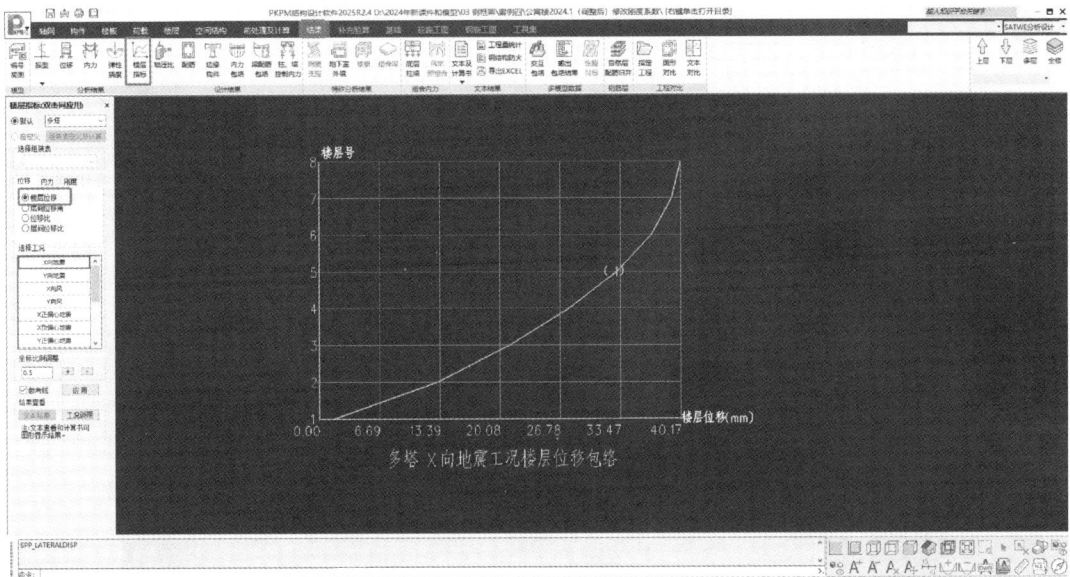

图 7-8 计算结果中的侧移曲线

7.2 七个整体指标的判断与调整

对于整体指标的判断与调整，主要控制"7 个比值"，有些比值对于多层结构是不需要控制的，虽然本项目是多层结构，但还是按照《高规》及《抗震标准》的相关规定依次介绍。对于多层结构不需要控制的指标，也会附带介绍。

7.2.1 刚度比

1. 刚度比定义及计算结果判别

刚度比指结构竖向不同楼层的侧向刚度的比值（也称层刚度比），该值主要是为了控制结构的竖向规则性，以免竖向刚度突变，形成薄弱层。对于薄弱层的判断以层刚度比作为依据。《抗震标准》提供了层刚度的计算方法，即地震剪力与层间位移的比值。软件一般默认采用第一种算法。

《抗震标准》3.4.3 条条文说明规定的刚度比算法是地震剪力与层间位移的比值。

《高钢规》3.3.10 条规定：抗震设计时，高层民用建筑相邻楼层的侧向刚度变化应符合下列规定：

1 对框架结构，楼层与其相邻上层的侧向刚度比 γ_1 可按式（3.3.10-1）计算，且本层与相邻上层的比值不宜小于 0.7，与相邻上部三层刚度平均值的比值不宜小于 0.8。

$$\gamma_1 = \frac{V_i \Delta_{i+1}}{V_{i+1} \Delta_i} \tag{3.3.10-1}$$

式中：γ_1——楼层侧向刚度比；

V_i、V_{i+1}——第 i 层和第 $i+1$ 层的地震剪力标准值（kN）；

Δ_i、Δ_{i+1}——第 i 层和第 $i+1$ 层在地震作用标准值作用下的层间位移（m）。

规范对结构层刚度比的控制要求在刚性楼板假定条件下计算，因此应该查看强刚楼板假定下的计算结果，本项目的计算结果如图 7-9 所示。

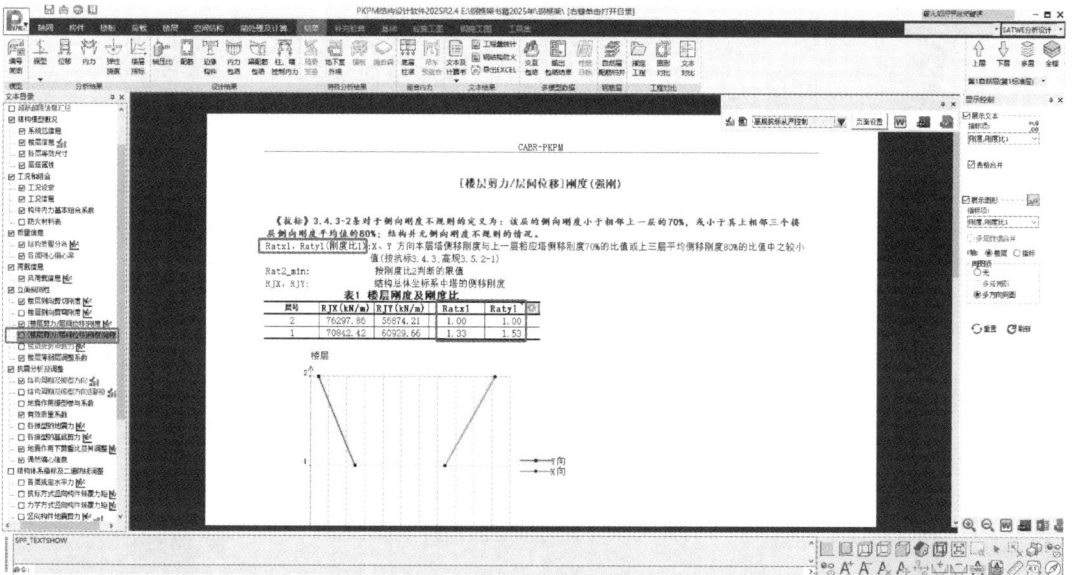

图 7-9 刚度比

注意：软件输出的刚度比的结果是："X、Y 方向本层塔侧移刚度与上一层相应塔侧移刚度 70% 的比值或上三层平均侧移刚度 80% 的比值中之较小值（按《抗震规范》3.4.3 条，《高钢规》3.3.10-1 条）"，因此该比值不能小于 1，小于 1 则表明刚度比不满足规范要求而存在薄弱层。从上述计算结果可以看出，本项目的刚度比满足规范要求。

2. 刚度比超限调整

从刚度比的计算公式中可以看出，刚度比和层高有关系，本层高越高，本层的刚度比计算结果就越小。当刚度比计算结果不满足规范要求时，可以采取的调整方法有以下几种：

（1）程序调整：如果某楼层刚度比的计算结果不满足要求，SATWE 自动将该楼层定义为薄弱层，并按上一章节内力调整中定义的薄弱层放大系数进行放大。《抗震标准》3.4.4-2 条或《高钢规》3.3.3-2 条的要求将该楼层地震剪力放大 1.15 倍，但应当注意，不能因为有程序自动放大薄弱层的内力就可以完全忽视刚度比的限制。任何时候本层的刚度不应小于相邻上一层的 50%，因为要绝对避免本层刚度相对上层刚度绝对的弱，这将导致罕遇地震下本层变形过大，这不是仅仅依赖软件放大内力就能解决的，而是要加大本层截面来增加本层刚度。

（2）改变相邻上一层的竖向构件的截面，把它们的截面变小。既然是与相邻层的刚度比，那么改变相邻层的刚度也是一个不错的选择。

（3）加大本层框架柱、框架钢梁截面，可以尝试局部改变，不要全部改变。

（4）有条件的情况下，与建筑专业协商，减小刚度较小楼层的层高或加大刚度较大楼层的层高。

人工调整方法的本质是尽可能增大刚度较小楼层的刚度，同时适当减小刚度较大楼层的刚度，使得各楼层的刚度沿结构竖向分布均匀。

7.2.2 楼层受剪承载力之比

1. 楼层受剪承载力定义及计算结果判别

《抗震标准》表 3.4.3-2 及 3.4.4 条第 2 款规定：楼层抗侧力结构的层间受剪承载力不宜小于其相邻上一楼层受剪承载力的 80%，不应小于其相邻上一楼层受剪承载力的 65%。

注：楼层抗侧力结构的层间受剪承载力是指在所考虑的水平地震作用方向上，该层全部柱、剪力墙、斜撑的受剪承载力之和。

本项目的计算结果如图 7-10 所示。

图 7-10　楼层受剪承载力

从上述计算结果可以看出，本项目第一层层间受剪承载力计算结果为 0.78，<0.8，但是满足>0.65，软件自动定义其为薄弱层。由图 7-11 可知，软件自动放大了内力，满足规范要求。

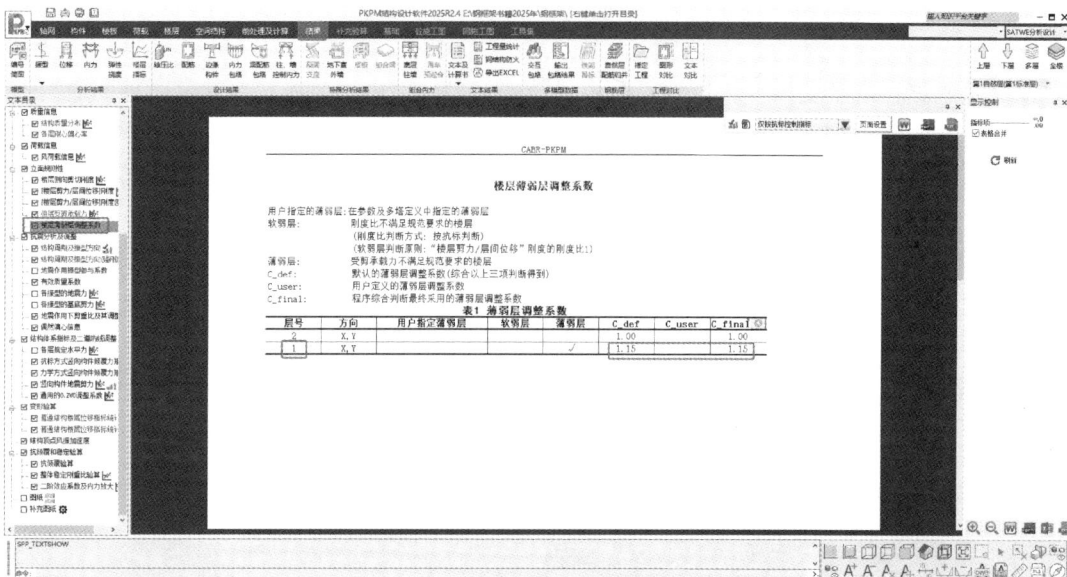

图 7-11　楼层薄弱层调整系数

2. 层间受剪承载力超限调整

注意：层间受剪承载力的计算与实际钢材截面积及钢材强度等因素有关，若要人为手动调整，可以考虑调整相关因素。

层间受剪承载力之比不满足时的调整方法：

（1）程序调整：与刚度突变形成的薄弱层软件总是自动放大调整不同，层间受剪承载力突变形成的薄弱层，程序要求人工选择是否自动进行放大调整，或者在 SATWE 的"调整信息"中的"指定薄弱层个数"中填入该楼层层号，将该楼层强制定义为薄弱层，SATWE 按《抗震标准》3.4.4-2 条或《高钢规》3.3.3-2 条的要求将该楼层地震剪力放大 1.15 倍。

（2）人工调整：如果还需人工干预，可适当增大本层竖向构件的截面积以提高本层的楼层受剪承载力，或适当减小上部楼层的竖向构件截面积以降低上部相邻楼层的楼层受剪承载力。

对于框架结构，改变框架梁的截面尺寸也会间接影响楼层的受剪承载力。

7.2.3　周期比

1. 周期比定义及计算结果判别

周期比即以结构扭转为主的第一自振周期（也称第一扭振周期）T_t 与以平动为主的第一自振周期（也称第一侧振周期）T_1 的比值。当两者接近时，由于振动耦连的影响，结构的扭转效应将明显增大。周期比侧重控制的是侧向刚度与扭转刚度之间的一种相对关系，而非其绝对大小。总之，周期比控制不是在要求结构足够结实，而是在要求结构刚度布局的合理性；验算周期比的主要目的是控制结构在地震作用下的扭转。

《抗震标准》在正文中没有明确提出该概念，但是在 3.4.1 条条文说明表 1 中明确指出，若扭转周期比＞0.9，则为特别不规则结构，需要做超限审查，设计中应尽量避免超规范设计。

表1　特别不规则的项目举例

序	不规则类型	简要涵义
1	扭转偏大	裙房以上有较多楼层考虑偶然偏心的扭转位移比大于1.4
2	抗扭刚度弱	扭转周期比大于0.9,混合结构扭转周期比大于0.85
3	层刚度偏小	本层侧向刚度小于相邻上层的50%
4	高位转换	框支墙体的转换构件位置:7度超过5层,8度超过3层
5	厚板转换	7～9度设防的厚板转换结构
6	塔楼偏置	单塔或多塔合质心与大底盘的质心偏心距大于底盘相应边长20%
7	复杂连接	各部分层数、刚度、布置不同的错层或连体两端塔楼显著不规则的结构
8	多重复杂	同时具有转换层、加强层、错层、连体和多塔类型中的2种以上

对于通常的规则单塔楼结构，按以下步骤验算周期比：

（1）根据各振型是平动系数大于0.5，还是扭转系数大于0.5，区分出各振型是平动振型还是扭转振型。

（2）通常周期最长的扭转振型对应的就是第一扭转周期 T_t，周期最长的平动振型对应的就是第一平动周期 T_1。

（3）对照"结构整体空间振动简图"，考察第一扭转、平动周期是否引起整体振动，如果仅是局部振动，不是第一扭转、平动周期。再考察下一个次长周期。

（4）考察第一、二平动振型的基底剪力所占比例是否为最大，通常第一、二平动振型的基底剪力所占的比例最大。

（5）计算 T_t/T_1，是否超过0.9。

本项目的计算结果如图7-12和图7-13所示。

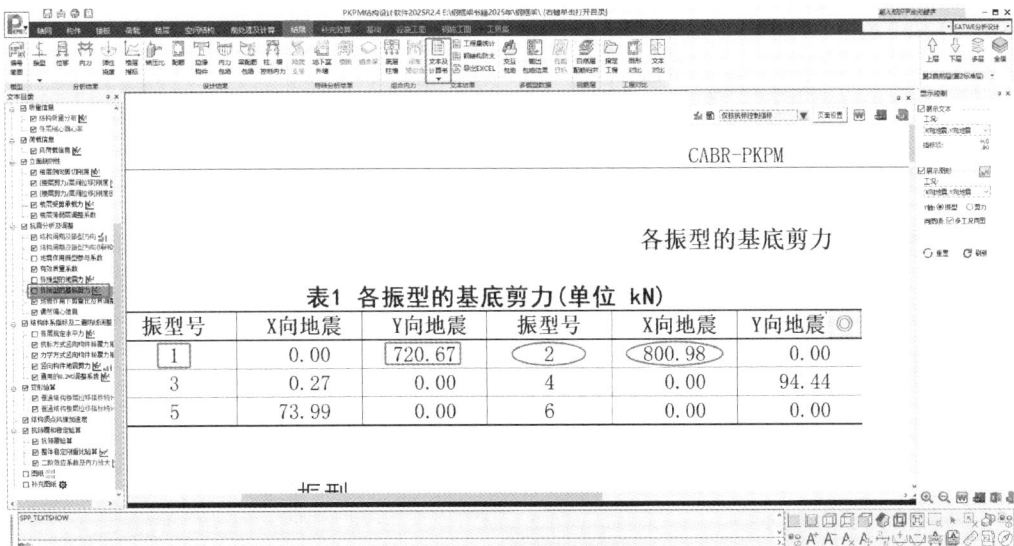

图7-12　各振型基底剪力

从图 7-12 计算结果可以看出，第一、二平动振型的基底剪力所占比例确实最大。

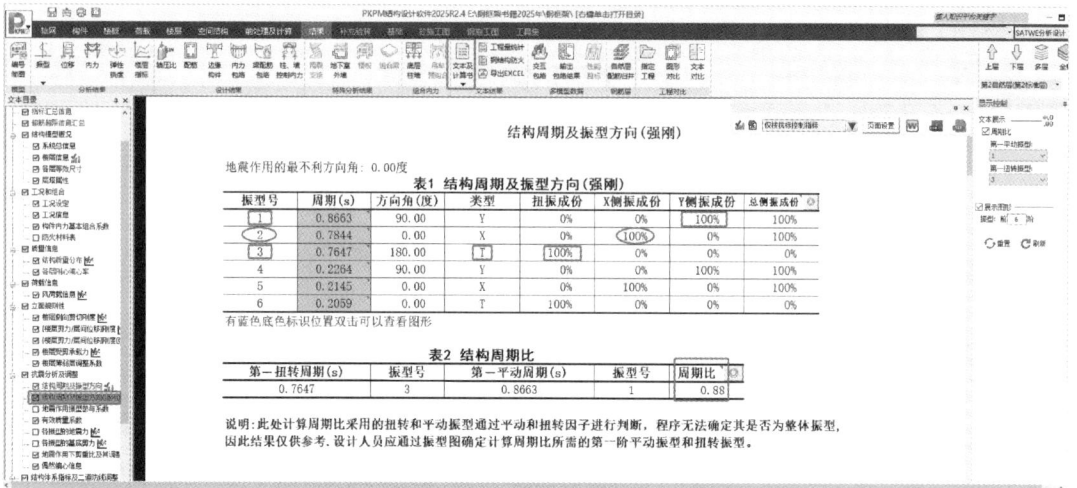

图 7-13 结构周期及振型方向（强刚）

从图 7-13 计算结果可以看出，前两个振型为平动，第三振型为扭转，也满足扭转周期比＜0.9 的要求，满足多层结构的要求。

2. 周期比超限调整

周期比的调整，要查出问题关键所在，并采取相应措施，才能有效解决问题。调整要点如下：

（1）扭转周期大小与刚心和质心的偏心距大小无关，只与楼层抗扭刚度有关；

（2）当不满足周期限制时，若层位移角控制潜力较大，比如钢框架位移角规范限值为 1/250，实际为 1/500，为规范限值的两倍，笔者建议不小于 1.5 倍可看作潜力较大。此时，宜减小结构竖向构件刚度，增大平动周期；

（3）当不满足周期限制，且层位移角控制潜力不大时，应检查是否存在扭转刚度特别小的层，若存在则应加强该层的抗扭刚度；

（4）当计算中发现扭转为第一振型时，应设法加大建筑物周围的框架柱、框架梁截面，不应采取只通过加大内部框架柱、框架梁截面的措施来调整结构的抗扭刚度。

总的调整原则：加强外圈结构刚度、增加外围框架梁的高度、削弱内部的刚度。

7.2.4 剪重比

1. 剪重比定义及计算结果判断

剪重比即最小地震剪力系数 λ，主要是控制各楼层最小地震剪力不至于过小，尤其是对于基本周期大于 3.5s 的结构，以及存在薄弱层的结构，出于对结构安全的考虑，规范增加了对剪重比的要求。

《市政通规》4.2.3 条第 1 款规定：建筑结构抗震验算时，各楼层水平地震剪力标准值应符合下式规定：

$$V_{EKi} > \lambda \sum_{j=1}^{n} G_j \qquad (4.2.3-1)$$

式中：V_{Eki}——第 i 层水平地震剪力标准值；

λ——最小地震剪力系数，应按本条第 3 款的规定取值，对竖向不规则结构的薄弱层。尚应乘以 1.15 的增大系数；

G_j——第 j 层的重力荷载代表值。

《市政通规》4.2.3 条第 3 款规定：多遇地震下，建筑与市政工程结构的最小地震剪力系数取值应符合下列规定：

1) 对扭转不规则或基本周期小于 3.5s 的结构，最小地震剪力系数不应小于表 4.2.3 的基准值；

2) 对基本周期大于 5.0s 的结构，最小地震剪力系数不应小于表 4.2.3 的基准值的 0.75 倍；

3) 对基本周期介于 3.5s 和 5s 之间的结构，最小地震剪力系数不应小于表 4.2.3 的基准值的 $(9.5-T_1)/6$ 倍（T_1 为结构计算方向的基本周期）。

表 4.2.3 最小地震剪力系数基准值 λ_0

设防烈度	6 度	7 度	7 度(0.15g)	8 度	8 度(0.30g)	9 度
λ_0	0.008	0.016	0.024	0.032	0.048	0.064

本项目的计算结果如图 7-14 所示。

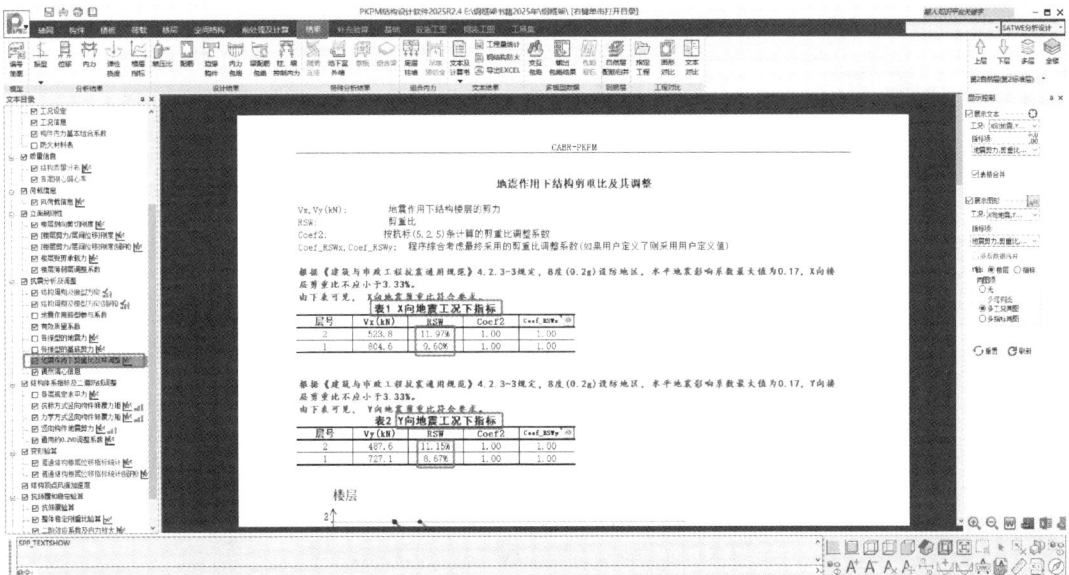

图 7-14 地震作用下结构剪重比及其调整

从图 7-14 计算结果可以看出，本项目 8 度区，剪重比均＞3.2%，满足规范要求。

2. 剪重比超限调整

剪重比不满足时的调整方法：

（1）程序调整：在 SATWE 的"调整信息"中勾选"按《抗震标准》5.2.5 条调整各楼层地震内力"后，SATWE 按《抗震标准》5.2.5 条自动将楼层最小地震剪力系数直接乘以该层及以上重力荷载代表值之和，用以调整该楼层地震剪力，以满足剪重比要求。但增大系数不宜大于 1.15。若不满足剪重比的楼层超过楼层总数的 1/3 或增大系数大于 1.15 时，应对结构布置进行调整。

（2）人工调整：如果还需人工干预，可按下列三种情况进行调整：

1）当地震剪力偏小而层间侧移角又偏大时，说明刚度过小，结构过柔，宜适当加大框架柱、框架梁截面，提高结构刚度以增大结构的安全度；

2）当地震剪力偏大而层间侧移角又偏小时，说明刚度过大，结构过刚，宜适当减小框架柱、框架梁截面，降低结构刚度以取得合适的经济技术指标；

3）当地震剪力偏小而层间侧移角又恰当时，可在 SATWE 的"调整信息"中选择让程序自动调整，以满足剪重比要求。

也就是说对于层数多、刚度小的结构，其剪重比偏小时，如小于规范限值，宜适当增大抗侧力构件的截面尺寸，提高结构刚度，以保证结构的安全；反之，剪重比偏大时，宜适当减小抗侧力构件截面尺寸，降低结构刚度，以取得合理的经济技术指标。

在查看"抗震分析及调整"结果中，还要注意查看一下有效质量系数，以确保前面参数设置中所选振型是否足够。《抗震标准》5.2.2 条条文说明：计算振型数应使各振型参与质量之和不小于总质量的 90%。

本项目的计算结果如图 7-15 所示。

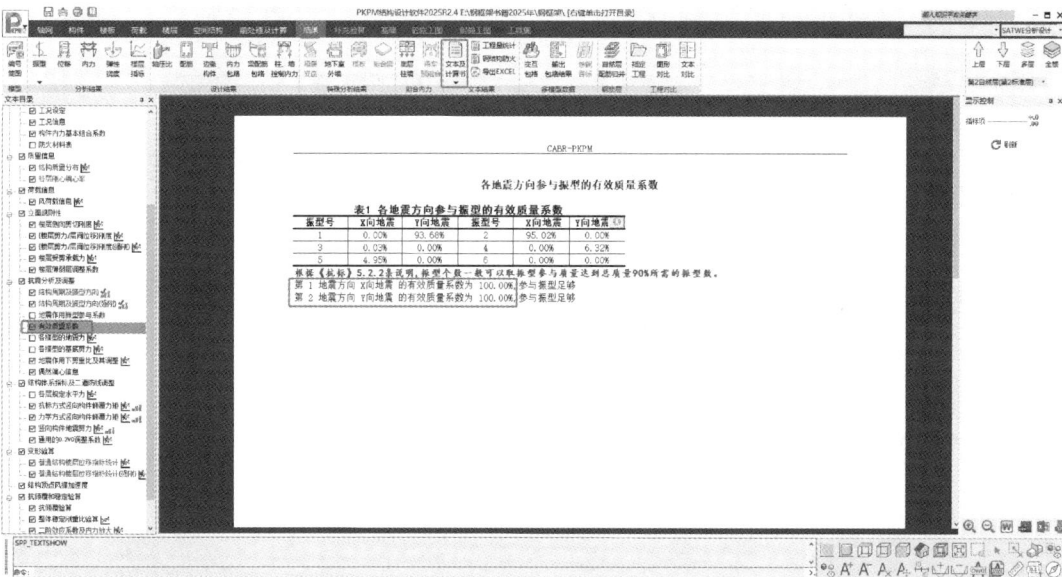

图 7-15　各地震方向参与振型的有效质量系数

由此可见，所选 6 个振型数是足够的。

7.2.5　位移比

1. 位移比定义及计算结果判别

位移比包含两层含义，一层含义是位移比，即楼层竖向构件的最大水平位移与平均水平位移的比值；另一层含义是层间位移比，即楼层竖向构件的最大层间位移与平均层间位移的比值。规范控制位移比的主要目的是控制在水平力作用下结构的扭转效应不至于过大而影响结构的安全，因此我们也经常称之为扭转位移比。

其中：

最大水平位移：竖向构件节点的水平位移最大值。

平均水平位移：竖向构件节点的最大水平位移与最小水平位移之和除以 2。

最大层间位移：竖向构件节点层间位移的最大值。

平均层间位移：竖向构件节点层间位移的最大值与最小值之和除以 2。

《抗震标准》表 3.4.3-1：在具有偶然偏心的规定水平力作用下，楼层两端抗侧力构件弹性水平位移（或层间位移）的最大值与平均值的比值大于 1.2；《抗震标准》3.4.4 条第 1 款：扭转不规则时，应计入扭转影响，且在具有偶然偏心的规定水平力作用下，楼层两端抗侧力构件弹性水平位移或层间位移的最大值与平均值的比值不宜大于 1.5，当最大层间位移远小于规范限值时，可适当放宽。

笔者建议位移比以≤1.4 为控制，因为较多楼层位移比＞1.4 时，根据《抗震标准》3.4.1 条条文说明表 1 可知为特别不规则，必须进行超限审查，最好避免超规范设计。

本项目的计算结果如图 7-16 所示（还有更多的计算结果请读者自行查看计算书）。

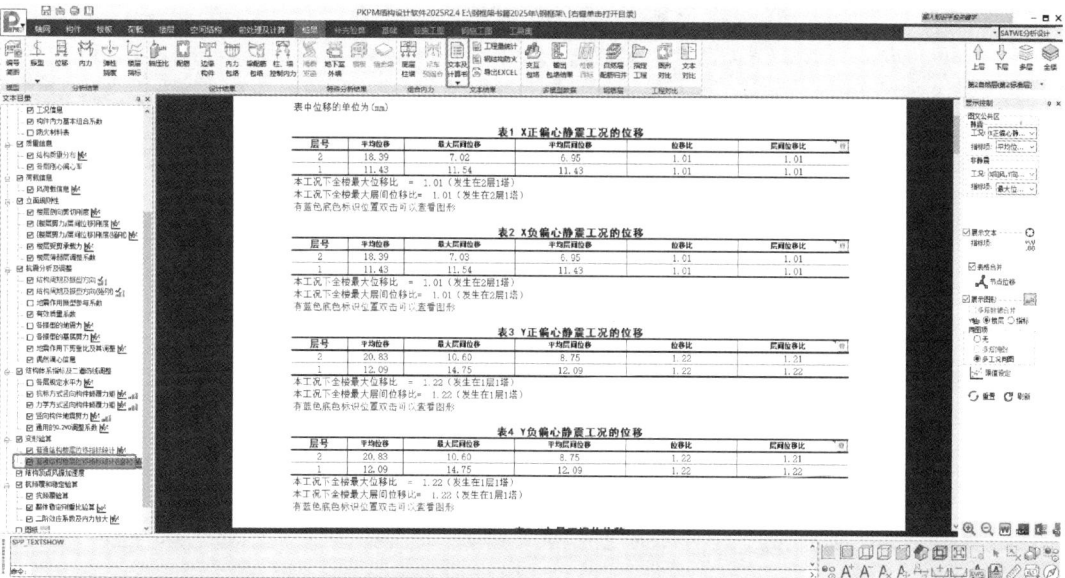

图 7-16 位移比计算结果

从图 7-16 计算结果可以看出，本项目楼层两端抗侧力构件弹性水平位移或层间位移的最大值与平均值的最大比值为 1.22，满足规范要求。

电算结果的判别与调整要点：

（1）验算位移比需要考虑偶然偏心作用，验算位移角则不需要考虑偶然偏心；

（2）验算位移比应选择强制刚性楼板假定，但当凹凸不规则或楼板局部不连续时，应采用符合楼板平面内实际刚度变化的计算模型，当平面不对称时尚应计及扭转影响；

（3）位移比、层间位移比是在刚性楼板假设下的控制参数。构件设计与位移信息不是在同一条件下的结果（即构件设计可以采用弹性楼板计算，而位移计算必须在刚性楼板假设下获得），故可先采用强制刚性楼板假定算出位移，然后采用非强制刚性楼板假定进行构件分析。

（4）因为建筑在水平力作用下，几乎都会产生扭转，故楼层最大位移一般都发生在结构单元的边角部位。

2. 位移比超限调整

位移比不满足要求时，首先应该查看楼层的质心和刚心是否重合，如果相距很远，则应该调整结构的刚度分布，让质心和刚心尽可能地重合。本项目质心和刚心显示结果如图 7-17 所示。

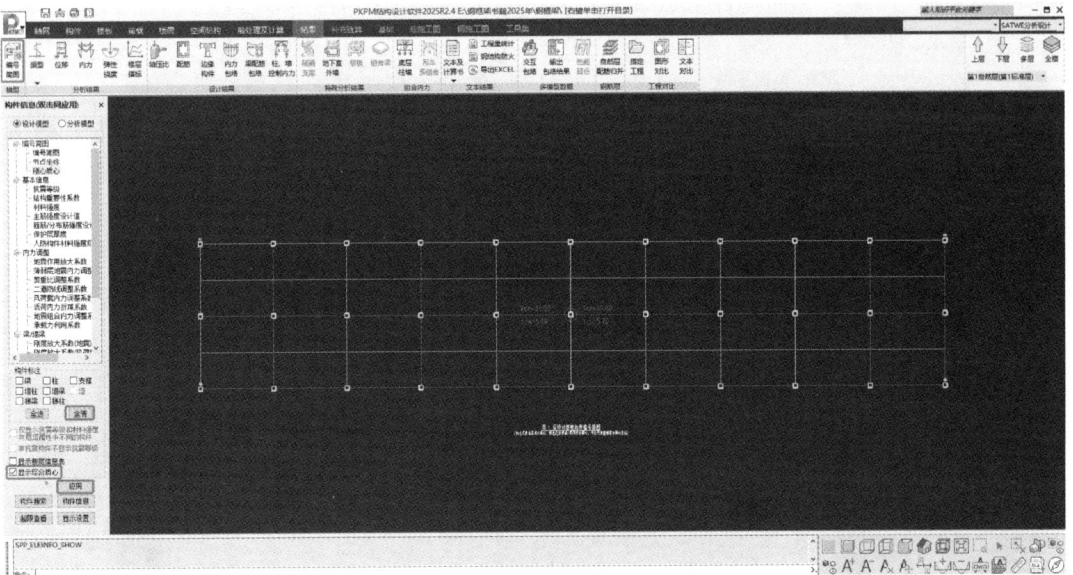

图 7-17　质心和刚心显示结果

从图 7-17 可以看出，由于本项目几乎完全对称，故其质心与刚心基本重合。

另外，可以通过查找最大位移所在的节点，加强最大位移节点附近的刚度，同时可以减小与最大位移节点相对的另一边的刚度，这样做的目的是尽可能地减小最大位移，同时又增大了最小位移，从而减小位移比的计算结果。

查找最大位移所在的节点如图 7-18 所示。

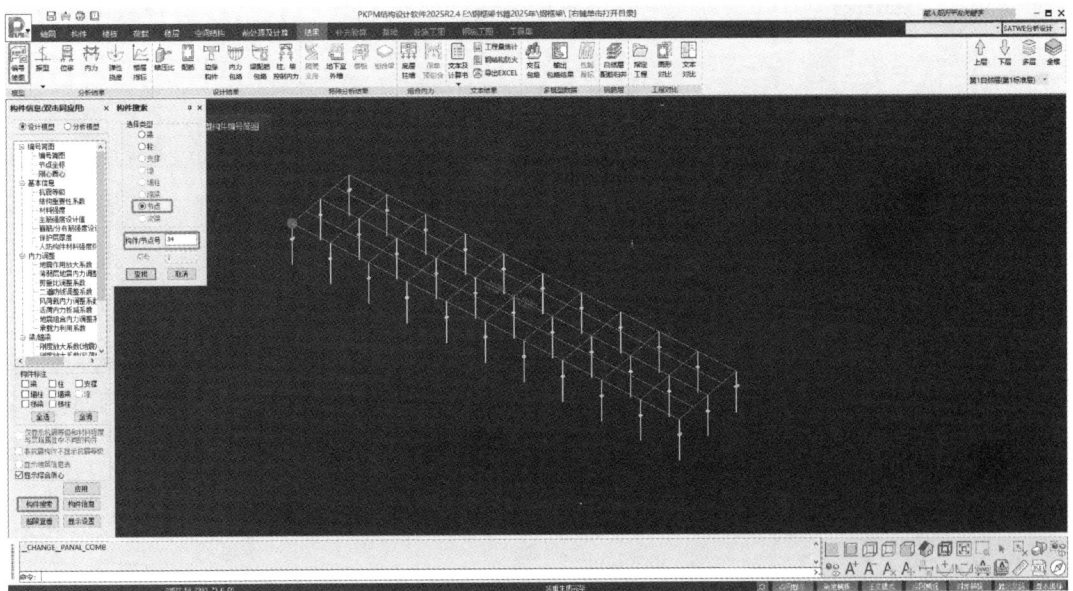

图 7-18　查找最大位移所在的节点

由于本项目的位移比计算结果满足规范要求，所以不必针对最大位移节点附近做调整。

7.2.6 位移角

1. 位移角定义及计算结果判别

位移角即竖向构件层间位移与层高的比值。为了保证建筑结构具有必要的刚度，应对其最大位移和层间位移加以控制，控制位移角的主要目的有以下几点：

（1）保证主体结构基本处于弹性受力状态，避免混凝土墙柱出现裂缝，控制楼面梁板的裂缝数量和宽度。

（2）保证填充墙、隔墙、幕墙等非结构构件的完好，避免产生明显的损坏。而位移比是为了控制结构平面规则性，以免形成扭转，对结构产生不利影响。

由《抗震标准》式 5.5.1 移项可知，多遇地震作用标准值产生的楼层内最大的弹性层间位移 Δu_e 与层高 h 的比值 $[\theta_e]$（弹性层间位移角限值）宜按表 5.5.1 采用。

表 5.5.1　弹性层间位移角限值

结构类型	$[\theta_e]$
钢筋混凝土框架	1/550
钢筋混凝土框架-抗震墙、板柱-抗震墙、框架-核心筒	1/800
钢筋混凝土抗震墙、筒中筒	1/1000
钢筋混凝土框支层	1/1000
多、高层钢结构	1/250

注意：Δu_e 计算时，除以弯曲变形为主的高层建筑外，可不扣除结构整体弯曲变形。抗震设计时，楼层位移计算可不考虑偶然偏心的影响。

本项目的计算结果如图 7-19 所示（还有更多的计算结果请读者自行查看计算书）。

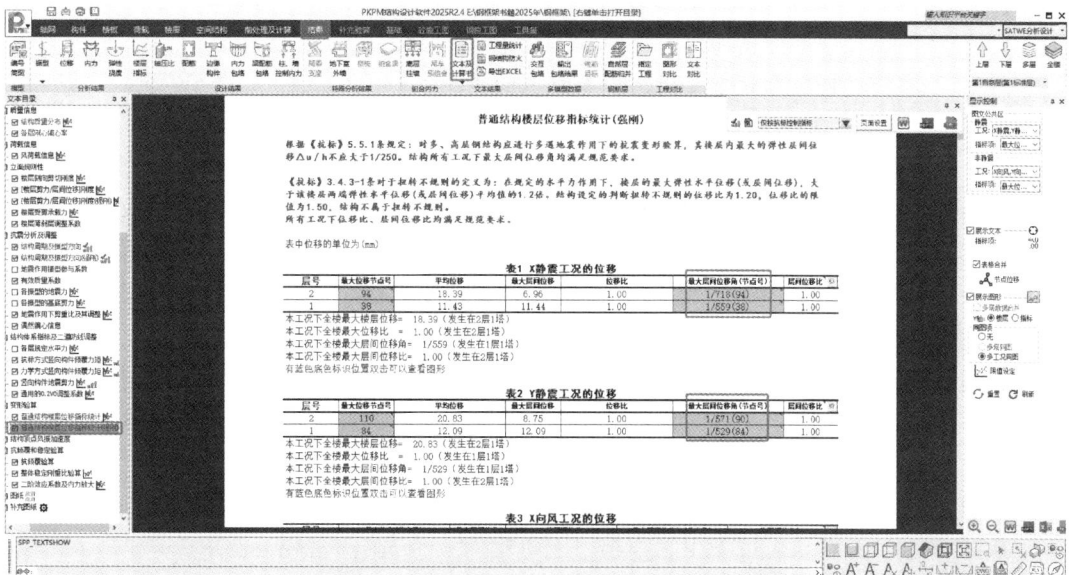

图 7-19　普通结构楼层位移指标统计（强刚）

从图 7-18 计算结果可以看出，本项目位移角均小于 1/250，满足规范要求。

2. 位移角超限调整

位移角不满足规范要求时只能通过加大框架柱、框架梁的截面尺寸，加大结构的抗侧刚度满足。

7.2.7 刚重比

1. 刚重比定义与计算结果判别

结构的侧向刚度与重力荷载设计值之比称为刚重比。它是影响重力二阶（P-Δ）效应的主要参数，重力二阶效应随着结构刚重比的降低呈双曲线关系增加。高层建筑在风荷载或水平地震作用下，若重力二阶效应过大则会引起结构的失稳倒塌，故控制好结构的刚重比，则可以控制结构不失去稳定。

《高钢规》6.1.7 条规定：高层民用建筑钢结构的整体稳定性应符合下列规定：

1 框架结构应满足下式要求：

$$D_i \geqslant 5\sum_{j=i}^{n} G_j / h_i \, (i=1,2,\cdots,n) \qquad (6.1.7\text{-}1)$$

2 框架-支撑结构、框架-延性墙板结构、筒体结构和巨型框架结构应满足下式要求：

$$EJ_d \geqslant 0.7H^2 \sum_{i=1}^{n} G_i \qquad (6.1.7\text{-}2)$$

式中：D_i——第 i 楼层的抗侧刚度（kN/m），可取该层剪力与层间位移的比值；

h_i——第 i 楼层层高（mm）；

G_i、G_j——分别为第 i、j 楼层重力荷载设计值（kN），取 1.2 倍的永久荷载标准值与 1.4 倍的楼面可变荷载标准值的组合值；

H——房屋高度（mm）；

EJ_d——结构一个主轴方向的弹性等效侧向刚度（kN·mm^2），可按倒三角形分布荷载作用下结构顶点位移相等的原则，将结构的侧向刚度折算为竖向悬臂受弯构件的等效侧向刚度。

高层民用建筑钢结构考虑整体稳定性（即刚重比控制）的主要原因如下。

（1）防止整体失稳（P-Δ 效应）

重力二阶效应：高层建筑在水平荷载（如风、地震）作用下会产生侧移，重力荷载会通过侧移产生附加弯矩（即 P-Δ 效应）。若刚重比不足，这种效应会显著放大结构的侧移和内力，甚至导致整体失稳。

（2）确保抗震性能

大震不倒原则：在地震作用下，刚重比不足的结构可能因侧向刚度不够而过度变形，导致构件破坏或整体倾覆。控制刚重比可保证结构在罕遇地震下仍具备足够的延性和抗倒塌能力。

本项目的计算结果如图 7-20 所示。

从图 7-20 计算结果可以看出，本项目刚重比均大于 5，满足规范要求。

2. 刚重比超限调整

当建筑的稳定性不满足上述规定时，只能人工调整。由于结构的重量通常都无法改

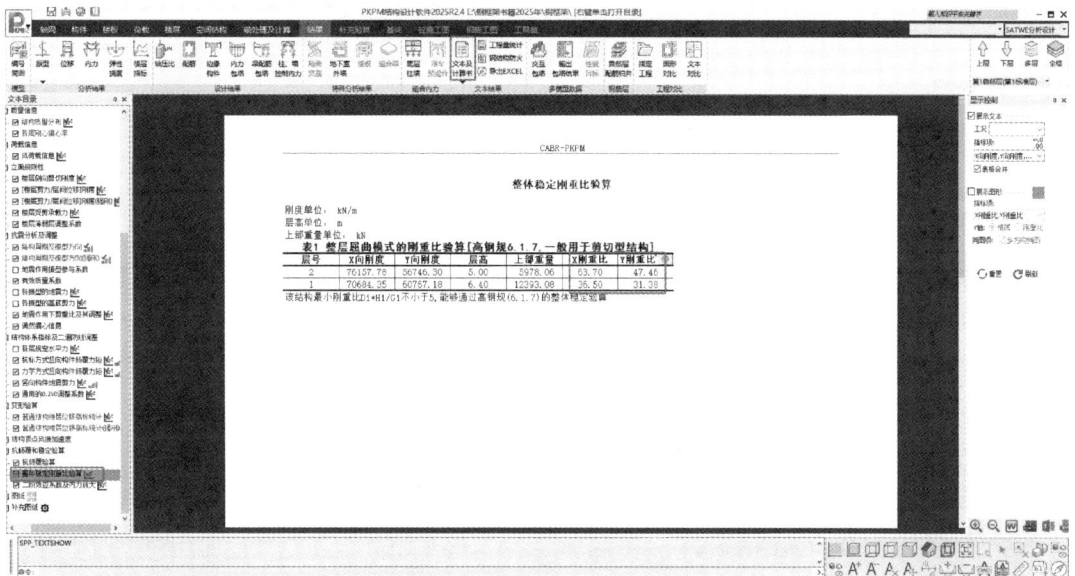

图 7-20 整体稳定刚重比验算

变，只能通过增大抗侧力构件的刚度，即增大竖向构件的刚度、增大框架梁的刚度等增大结构的刚度。

7.3 变形指标判别

7.3.1 重力荷载作用下构件容许挠度

为保证楼盖有较好的整体刚度和使用性能，要求在重力荷载作用下楼盖主梁和次梁的挠度不大于下列容许挠度（详见《钢标》附录 B 表 B.1.1 项次 4）：

① 主梁 $l/400$；②次梁 $l/250$。

其中，l 为梁的跨度。

7.3.2 风载作用下结构的侧移限值

风载作用下结构的侧移应满足下列要求（详见《钢标》附录 B 的 B.2.2 条及 B.2.3 条）：对于多、高层钢结构，最大层间侧移不宜超过楼层高度的 $1/250$。

7.3.3 地震作用下结构的侧移限值

为了满足"小震不坏，大震不倒"的抗震要求，应分别进行多遇地震与罕遇地震作用下的结构侧移验算。

1. 多遇地震结构侧移限值

多遇地震作用时，结构的侧移应满足下列要求（详见《钢标》附录 B 的 B.2.2 条及 B.2.3 条）：

对于多、高层钢结构，最大层间侧移不宜超过楼层高度的 $1/250$。

2. 罕遇地震结构侧移限值

罕遇地震作用时，结构的侧移应满足下列要求（详见《抗震标准》表5.5.5），以防止结构倒塌。

对于多、高层钢结构，最大层间侧移不得超过层高的1/50。

7.4 构件指标的判断与调整

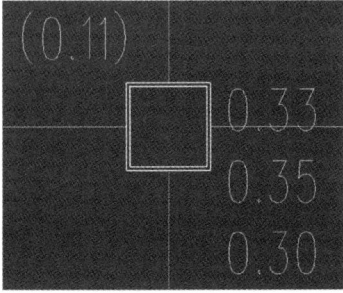

图7-21 典型的钢柱的计算结果

在查看完整体指标并确定没有问题之后，接下来便是查看构件指标，只有整体指标和构件指标都没有问题，才能说明该结构的计算结果没有问题。

7.4.1 钢柱计算结果含义

典型的钢柱的计算结果如图7-21所示。

图7-21中这些数字的含义在软件的用户手册里有专门的介绍，现摘录如下：

其中：

R1——钢柱正应力强度与抗拉、抗压强度设计值的比值 F1/f；

R2——钢柱 X 向稳定应力与抗拉、抗压强度设计值的比值 F2/f；

R3——钢柱 Y 向稳定应力与抗拉、抗压强度设计值的比值 F3/f。

F1，F2，F3 的具体含义为：

$F1 = N/An + Mx/(Gx \times Wnx) + My/(Gy \times Wny)$；

$F2 = N/(Fx \times A) + Bmx \times Mx/(Gx \times Wx \times (1 - 0.8 \times N/Nex)) + Bty \times My/(Fby \times Wy)$；

$F3 = N/(Fy \times A) + Bmy \times My/(Gy \times Wy \times (1 - 0.8 \times N/Ney)) + Btx \times Mx/(Fbx \times Wx)$。

7.4.2 钢柱超限调整

1. 轴压比超限

$$* * (Lcase)N, Uc = N/Acf > Ucf \qquad 表示轴压比超限$$

其中：

(Lcase)——控制轴力的内力组合号；

N——控制轴压比的轴力（kN）；

Uc——计算轴压比；

Ac——截面面积；

f——钢材抗压强度；

Ucf——允许轴压比限值。

允许轴压比限值：从本书 3.3.3 节轴压控制可知，正常使用工况不含地震作用的情况下，其轴压比限值为 0.6；地震作用工况下，一、二、三级时取 0.75，四级时取 0.80。从 ＊＊(Lcase)N 就可以知道控制轴力的内力组合号，知道了内力组合号就能够知道到底是由地震作用工况控制还是由正常使用工况控制。

解决办法：

（1）提高钢材强度等级（但要注意这种情况适用于较多柱轴压比超限的情况，若是个别或者少量则考虑其他方式）；

（2）加大柱截面（加大柱截面时要注意与建筑之间的协调关系，也就是确定加大柱宽度还是柱高度）；

（3）改变荷载传递方式，让超限的柱子承担的竖向荷载减小，通常可行性较低；

（4）调整其他柱与其之间的柱距，使柱间距减少，从而受荷面积减少，通常可行性较低。

2. 强度（正应力）超限

从图 7-22 可以看出，钢柱正应力强度与抗压强度设计值的比值为 1.03，超过 1.0 的限值，程序显示红色。一般对竖向构件而言，此限值最好控制在 0.9 以下。

解决办法：加大柱截面。

3. 稳定性超限

从图 7-23 可以看出，钢柱 X 向及 Y 向稳定应力与抗压强度设计值的比值均大于 1.0，程序显示红色。一般对竖向构件而言，此限值最好控制在 0.9 以下。

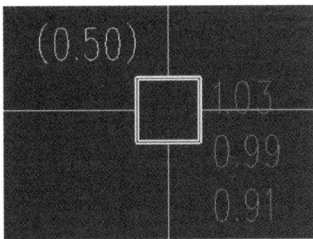

图 7-22　钢柱正应力超限

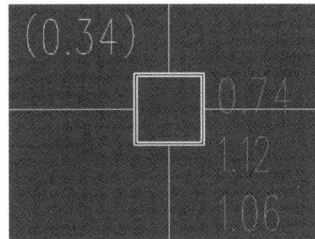

图 7-23　钢柱稳定性超限

解决办法：

（1）加大柱截面；

（2）增大与该柱相连的框架梁高度，减少相应方向柱的计算高度。

7.4.3　钢梁计算结果含义

典型的钢梁的计算结果如图 7-24 所示。

图 7-24　典型的钢梁的计算结果

图 7-24 中这些数字的含义在软件的用户手册里有专门的介绍，现摘录如下：

$$R1\text{-}R2\text{-}R3$$

$$I \rule{10cm}{0.4pt} J$$

其中：

R1——钢梁正应力强度与抗拉、抗压强度设计值的比值 F1/f；

R2——钢梁整体稳定应力与抗拉、抗压强度设计值的比值 F2/f；

R3——钢梁剪应力强度与抗剪强度设计值的比值 F3/fv。

F1，F2，F3 的具体含义为：

F1＝M/(Gb＊Wnb)；

F2＝M/(Fb＊Wb)；

F3＝V＊S/(I＊tw)(跨中)；

F3＝V/(Awn)(支座)。

7.4.4 钢梁超限调整

1. 强度（正应力）超限

从图 7-25 可以看出，钢梁正应力强度与抗压强度设计值的比值为 1.15，超过 1.0 的限值，程序显示红色。一般对框架梁而言，此限值最好控制在 0.9 以下，因为毕竟是抗震构件；对次梁而言，无须考虑抗震性能，此限值控制在 1.0 以下即可。

解决方法：

（1）优先加梁高；

（2）其次加梁宽和翼缘厚度。

2. 稳定性超限

从图 7-26 可以看出，钢梁整体稳定应力与抗压强度设计值的比值为 1.96＞1.0，程序显示红色。一般对框架梁而言，此限值最好控制在 0.9 以下，因为毕竟是抗震构件；对次梁而言，无须考虑抗震性能，此限值控制在 1.0 以下即可。

图 7-25　钢梁超限信息

图 7-26　钢梁稳定性超限

解决方法：

（1）优先加梁宽和翼缘厚度；

（2）如果条件许可，考虑平面外加次梁减少钢梁平面外计算长度。

3. 抗剪超限

从图 7-27 可以看出，钢梁剪应力强度与抗剪强度设计值的比值为 1.32＞1.0，程序显示红色。一般对框架梁而言，此限值最好控制在 0.9 以下，因为毕竟是抗震构件；对次梁而言，无需考虑抗震性能，此限值控制在 1.0 以下即可。

图 7-27　钢梁抗剪超限

解决方法：

（1）优先加腹板厚度；

（2）其次加梁高。

7.5 优化分析思考题

7.5.1 钢框架的整体优化思路

如何整体优化才能让用钢量最省？

1. 合理设置标准层

对于多层或者高层钢框架，对于水平作用占主导地位的，不要把中间楼层都设为一个结构标准层，因为水平力无论是高烈度区地震作用还是风荷载较大的地区，对于整个楼层而言，越是往下层间剪力越大，相应分配的柱剪力也越大，进而柱端弯矩也越大，根据梁柱节点平衡的原则，与柱相连的框架梁弯矩也越大（图 7-28），所以相应的楼层梁截面也需要越大，如果把中间的所有楼层都按照最大的底层来做就太浪费了，最好是多分几个结构标准层，这样更经济。

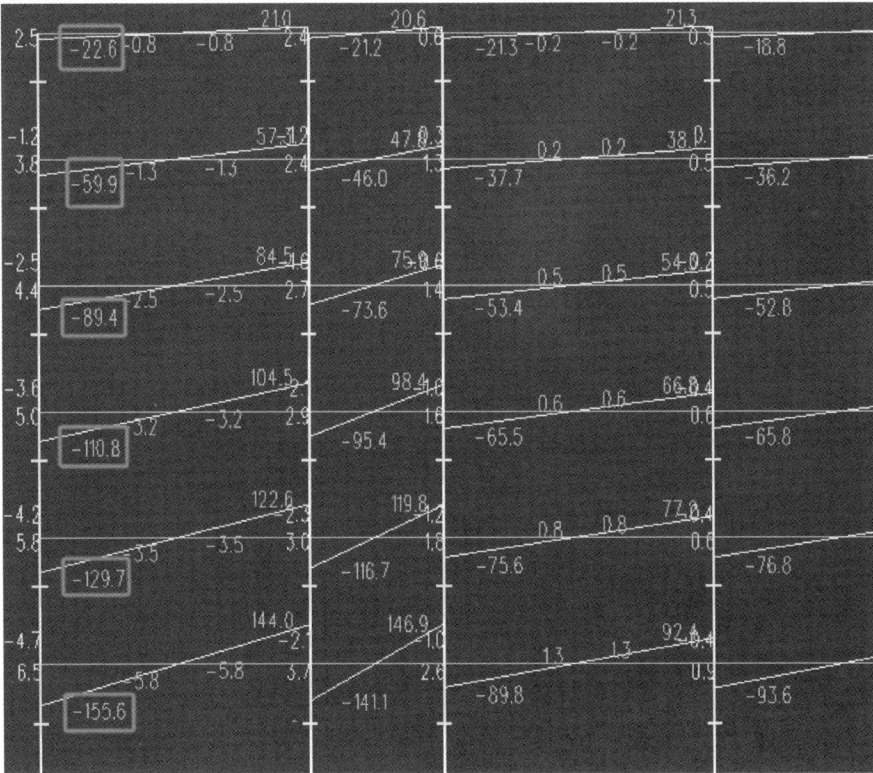

图 7-28　地震作用下楼层梁端弯矩图

2. 合理优化构件截面

（1）钢梁采用工字形截面，尽量充分利用其截面特性；

（2）钢梁和钢柱的截面宽厚比尽量先按规范最小限值，然后再根据计算调整；

（3）钢梁和钢柱的连接刚度要匹配，否则刚接效果不好。

7.5.2 超限调整优化思路

要对构件超限进行优化调整，必须根据材料力学相关知识和截面特性进行。

（1）钢梁强度超限，如何调整？

一般情况下，梁抗弯强度容易超限，此时调整梁高是比较有效的措施，如果是抗剪强度控制，则增加腹板厚度最有效。

（2）钢柱稳定超限，如何调整？

增加钢柱相应超限方向惯性矩或者减少相应方向计算长度，增加相应方向柱截面尺寸可以有效地增加相应方向的惯性矩。

（3）钢梁整体稳定超限，如何调整？

增加梁平面外惯性矩或者减少平面外计算长度，增加梁宽或增大翼缘厚度可以有效地增加平面外惯性矩。

（4）钢柱长细比超限，如何调整？

减少柱计算长度或者增大截面，哪个方向超限就减小相应方向的计算长度或增大构件相应方向的截面回转半径。

（5）钢梁挠度超限，如何调整？

增大钢梁截面，其中增加梁高最有效。

（6）框架侧移超限，如何调整？

增加刚架侧向刚度，增大梁、柱截面高度最有效。

7.6 力学知识

（1）两端固支的单跨梁在均布竖向荷载作用下的弯矩图如图 7-29 所示。

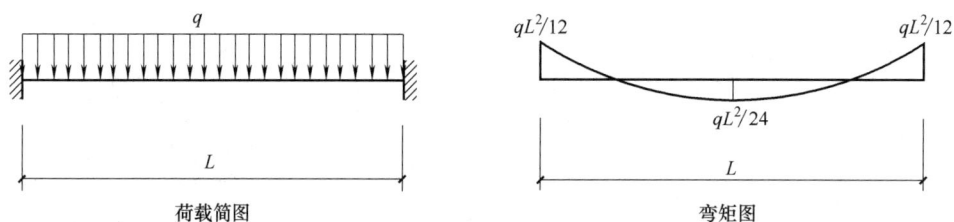

图 7-29 两端固支的单跨梁在均布竖向荷载作用下的弯矩图

从图 7-29 可以看出，支座负弯矩 $\left(\frac{1}{12}qL^2\right)$ 比跨中正弯矩 $\left(\frac{1}{24}qL^2\right)$ 要大，为跨中正弯矩的两倍。实际项目两端固支梁的内力图如图 7-30 所示。对应于内力的特征为：框架梁支座处负弯矩 80kN·m 的计算结果正好是跨中弯矩 40kN·m 的两倍，因此一般框架梁的截面由支座处内力决定。

（2）一端固支一端简支的单跨梁在均布竖向荷载作用下的弯矩图如图 7-31 所示。

从图 7-31 可以看出，支座负弯矩约是跨中正弯矩的两倍，从图 7-32 所示实际项目内力图可以看出，支座负弯矩为 232kN·m，跨中正弯矩为 124kN·m，两者比值也约是两

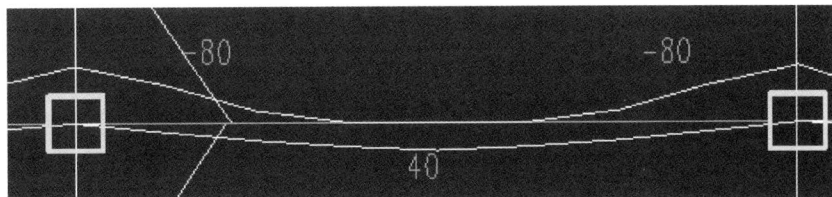

图 7-30　两端固支的单跨梁在均布竖向荷载作用下的内力图

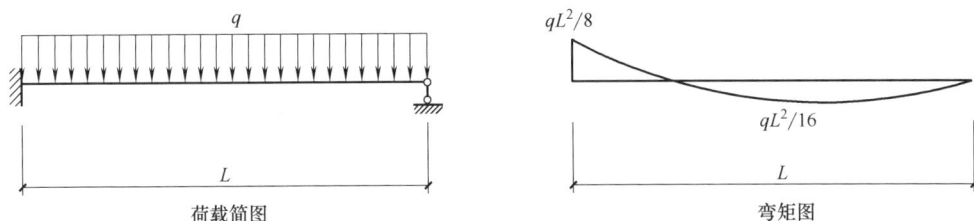

图 7-31　一端固支一端简支的单跨梁在均布竖向荷载作用下的弯矩图

倍。此外，支座负弯矩$\left(\dfrac{1}{8}qL^2\right)$比两端固支的单跨梁在均布荷载作用下的负弯矩$\left(\dfrac{1}{12}qL^2\right)$要大，跨度中点正弯矩$\left(\dfrac{1}{16}qL^2\right)$比两端固支的单跨梁在均布荷载作用下的正弯矩$\left(\dfrac{1}{24}qL^2\right)$也要大，对应于内力的特征为各跨相等且受到的竖向荷载也相同的连续次梁，端支座点铰后，边跨跨中内力和第一内支座的内力计算结果会变大，其结果大于其他跨的跨中内力和支座内力。

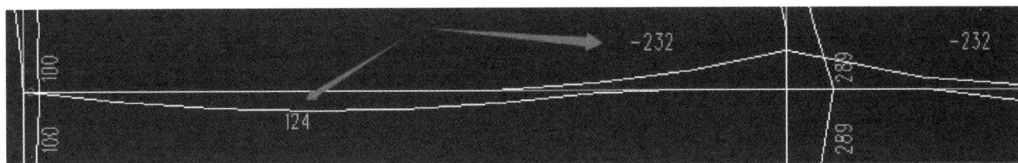

图 7-32　一端固支一端简支的单跨梁在均布竖向荷载作用下的内力图

（3）两端固支的单跨梁左端支座发生顺时针单位转角的弯矩图如图 7-33 所示。

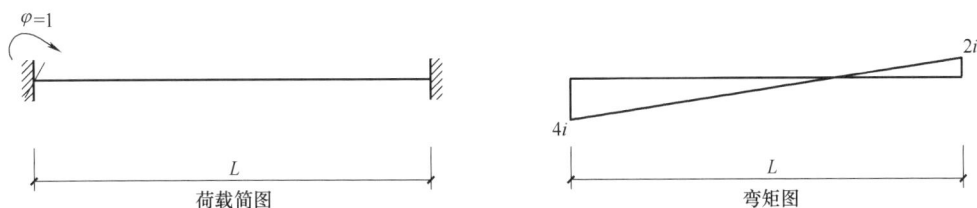

图 7-33　两端固支的单跨梁左端支座发生顺时针单位转角的弯矩图

图 7-33 中，i 为梁的线刚度。

（4）两端固支的单跨梁右端支座发生顺时针单位转角的弯矩图如图 7-34 所示。

（5）两端固支的单跨梁左、右端支座同时发生顺时针单位转角的弯矩图如图 7-35 所示。

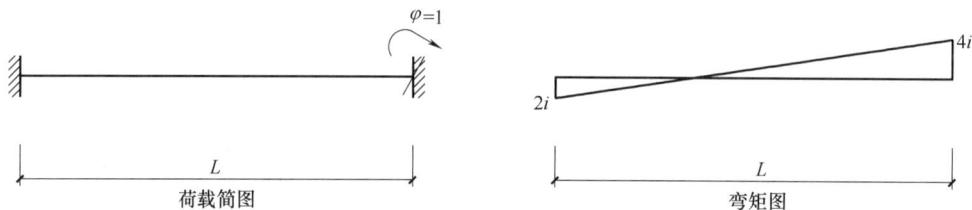

图 7-34 两端固支的单跨梁右端支座发生顺时针单位转角的弯矩图

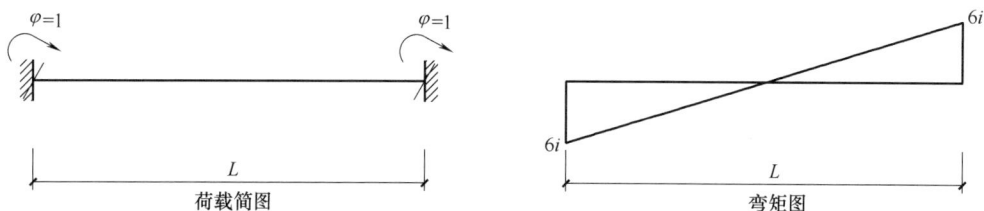

图 7-35 两端固支的单跨梁左、右端支座同时发生顺时针单位转角的弯矩图

（6）两端固支的单跨梁左、右端支座同时发生顺时针和逆时针单位转角的弯矩包络图如图 7-36 所示。

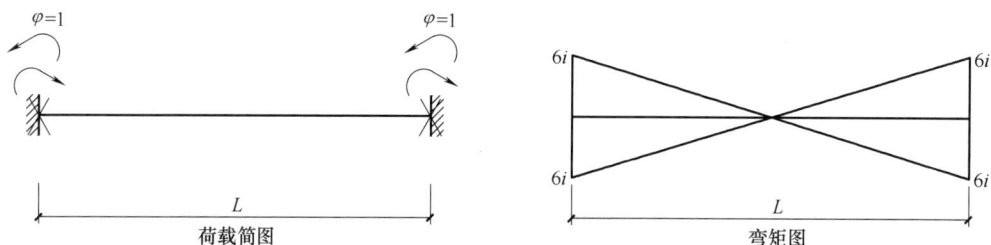

图 7-36 两端固支的单跨梁左、右端支座同时发生顺时针和逆时针单位转角的弯矩包络图

从图 7-36 可以看出，支座处既有负弯矩也有正弯矩，支座处的正、负弯矩均大于跨中的正、负弯矩，对应于内力图的特征为跨度较小的框架梁，当水平力起控制作用时，其计算结果在支座处有较大的内力，且比跨中处的内力都要大。

7.7 设计理论

7.7.1 竖向上楼层剪力如何分配

《抗震标准》5.2.6 条规定：结构的楼层水平地震剪力，应按下列原则分配：

1 现浇和装配整体式混凝土楼、屋盖等刚性楼、屋盖建筑，宜按抗侧力构件等效刚度的比例分配。

2 木楼盖、木屋盖等柔性楼、屋盖建筑，宜按抗侧力构件从属面积上重力荷载代表值的比例分配。

3 普通的预制装配式混凝土楼、屋盖等半刚性楼、屋盖的建筑，可取上述两种分配结果的平均值。

4 计入空间作用、楼盖变形、墙体弹塑性变形和扭转的影响时，可按本规范各有关规定对上述分配结果作适当调整。

对于现浇和装配整体式混凝土楼、屋盖等刚性楼、屋盖建筑，规范规定了水平地震剪力按刚度分配的原则进行分配。因此对于框架梁、框架柱因地震作用过大而引起的超限调整策略，除了可以直接加强超限构件，还可以通过加强超限构件附近的其他构件，通过使超限构件附近的其他构件吸收更多的地震作用，间接减小超限构件的负担，使超限构件满足设计要求。

7.7.2 规范是如何实现抗震概念设计的

抗震设计是如何实现强柱弱梁、强节点弱构件的？这对我们在确定梁柱截面时有什么启示？《抗震标准》的哪些内容和这些概念有对应关系？

1. 强柱弱梁

图 7-37 给出了强柱弱梁型框架与强梁弱柱型框架完全屈服时的塑性铰分布情况。显然，强柱弱梁型框架屈服时产生塑性变形而耗能的构件比强梁弱柱型框架多，而在同样的结构顶点位移条件下，强柱弱梁型框架的最大层间变形比强梁弱柱型框架小，因此强柱弱梁型框架的抗震性能较强梁弱柱型框架优越。《抗震标准》公式（8.2.5-1）对此要求做出了限定，请读者自行查阅，此处不再赘述。

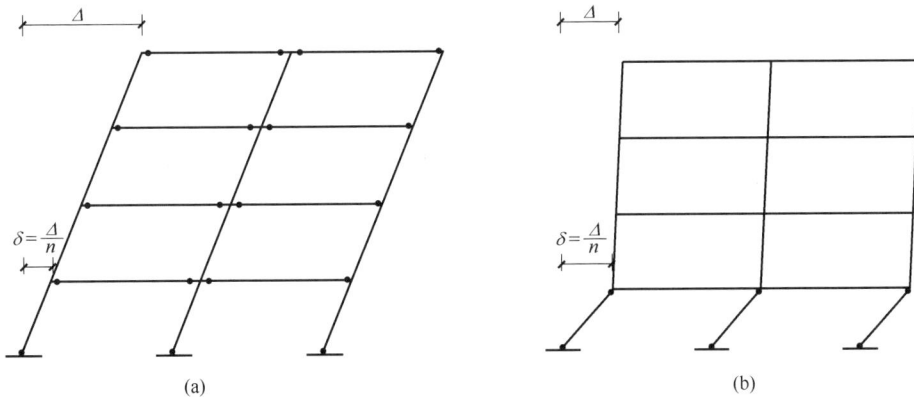

图 7-37 框架的屈服
（a）强柱弱梁型框架；（b）强梁弱柱型框架

2. 强节点弱构件

为保证结构在地震作用下的完整性，要求结构所有节点的极限承载力大于构件在相应节点处的极限承载力，以保证节点不先于构件破坏，防止构件不能充分发挥作用。为此，对于多高层钢结构的所有节点连接，除应按地震组合内力进行弹性设计验算外，还应进行"强节点弱构件"原则下的极限承载力验算。详见《抗震标准》8.2.8 条，请读者自行查阅，此处不再赘述。

3. 节点域的屈服承载力

试验研究发现，钢框架梁柱节点域（图 7-38）具有很好的滞回耗能性能，如图 7-39 所示，地震下让其屈服对结构抗震有利。但节点域板太薄，会使钢框架的位移增大较多，而太厚又会使节点域不能发挥耗能作用，故节点域既不能太薄又不能太厚。因此节点域在满足弹性内力设计的要求条件下，其屈服承载力尚应符合《抗震规范》8.2.5-3 条要求，请读者自行查阅，此处不再赘述。

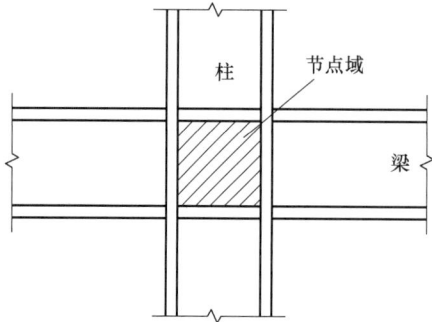

图 7-38　框架节点域

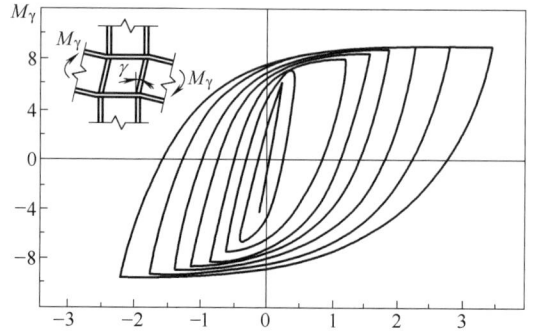

图 7-39　节点域的变形情况

抗震设计时，通过调整柱端弯矩设计值实现强柱弱梁，在实际确定截面时，应注意梁的截面不应太大，以免形成强梁弱柱。《抗震标准》在 8.2 节的计算要点中规定了梁、柱内力调整的内容，在 8.3 节的钢框架结构的抗震构造措施中规定了钢柱、钢梁自身及其连接的抗震细节要求来实现上述抗震概念。

8 楼承板设计与施工图绘制

经过前面章节的学习，已经知道怎样建立模型计算上部的梁、柱了，但楼板的计算并未涉及，在 PKPM 软件中，楼板的计算放在施工图模块，在绘制施工图的过程中，将讲述楼板的计算过程。

希望大家按照一定的流程绘制施工图，而不是随心所欲想到哪画到哪，这样很容易丢三落四。建议绘图流程是：平面轴网图→各层梁、板结构施工图→节点详图→基础→楼梯。

同时，希望大家严格控制好图层，对图层的控制有以下两个基本要求：

（1）对应的元素放置于对应的图层中，专属某种元素的图层不能出现其他元素。比如梁、柱应该有专门的图层，而且这两个图层不能再出现梁、柱之外的其他元素。

（2）为了后面的打印设置，图层颜色的选择要早作打算。比如轴线与填充这两个图层的颜色，最好与其他的图层区分开来，在打印设置中，一般要求轴线打得更细一些，而填充往往也要求淡显。

另外，建议大家合理地使用块。对于大量相同的元素，合理地使用块可以大大地提高绘图效率，这一点需要大家在实际的绘图工作中慢慢体会，积累心得。

8.1 规范条文链接

《混凝土结构设计标准》GB/T 50010—2010（2024 年版）（以下简称《混标》）中对楼板的配筋要求作了详细的规定，列举如下。

8.1.1 受力筋要求

受力筋包括楼板板底正筋和板面负筋，配筋面积是需要经过计算的。

《混标》9.1.3 条规定：板中受力钢筋的间距，当板厚不大于 150mm 时不宜大于 200mm；当板厚大于 150mm 时不宜大于板厚的 1.5 倍，且不宜大于 250mm。

以上条文规定了楼板中受力筋的最大间距，但并没有规定受力筋的最小直径，受力筋的最小直径则通过配筋面积来控制，配筋面积需要满足计算要求及《混标》8.5 节的最小配筋率要求。

8.1.2 分布筋要求

分布筋通常不考虑其受力作用，只考虑其固定受力钢筋的作用。

《混标》9.1.7 条规定：当按单向板设计时，应在垂直于受力的方向布置分布钢筋，单位宽度上的配筋不宜小于单位宽度上的受力钢筋的 15％，且配筋率不宜小于 0.15％；分布钢筋直径不宜小于 6mm，间距不宜大于 250mm；当集中荷载较大时，分布钢筋的配筋面积尚应增加，且间距不宜大于 200mm。

当有实践经验或可靠措施时，预制单向板的分布钢筋可不受本条的限制。

以上条文规定了分布筋的最小直径和最大间距，同时还规定了最小配筋面积。

8.1.3 温度筋要求

温度筋的作用主要是控制温度、收缩应力较大的现浇板的裂缝。对于采用双层双向配筋的屋面板，由于板面钢筋已双向拉通，可以不用另外配置温度筋。

《混标》9.1.8条规定：在温度、收缩应力较大的现浇板区域，应在板的表面双向配置防裂构造钢筋。配筋率均不宜小于0.10%，间距不宜大于200mm。防裂构造钢筋可利用原有钢筋贯通布置，也可另行设置钢筋并与原有钢筋按受拉钢筋的要求搭接或在周边构件中锚固。

以上条文规定了温度筋的最大间距，同时规定了最小配筋率。

8.2 图集链接

8.2.1 22G101-1图集板相关内容

《混凝土结构施工图平面整体表示方法制图规则和构造详图（现浇混凝土框架、剪力墙、梁、板）》22G101-1（以下简称22G101-1图集）图集中对板平法制图规则做了如图8-1～图8-5所示规定。

总则 | 平法制图规则 柱 | 平法制图规则 剪力墙 | 平法制图规则 梁 | 平法制图规则 板 | 平法制图规则 其他相关构造

5 有梁楼盖平法施工图制图规则

5.1 有梁楼盖平法施工图的表示方法

5.1.1 有梁楼盖的制图规则适用于以梁(墙)为支座的楼面与屋面板平法施工图设计。

有梁楼盖平法施工图，系在楼面板和屋面板布置图上，采用平面注写的表达方式。板平面注写主要包括板块集中标注和板支座原位标注。

5.1.2 为方便设计表达和施工识图，规定结构平面的坐标方向为：

1) 当两向轴网正交布置时，图面从左至右为x向，从下至上为y向。

2) 当轴网转折时，局部坐标方向顺轴网转折角度做相应转折。

3) 当轴网向心布置时，切向为x向，径向为y向。

此外，对于平面布置比较复杂的区域，如轴网转折交界区域、向心布置的核心区域等，其平面坐标方向应由设计者另行规定并在图上明确表示。

5.2 板块集中标注

5.2.1 板块集中标注的内容：板块编号，板厚，上部贯通纵筋，下部纵筋以及当板面标高不同时的标高高差。

对于普通楼面，两向均以一跨为一板块；对于密肋楼盖，两向主梁(框架梁)均以一跨为一板块(非主梁密肋不计)。所有板块应逐一编号，相同编号的板块可择其一做集中标注，其他仅注写置于圆圈内的板编号，以及当板面标高不同时的标高高差。

板块编号按表5.2.1的规定。

表5.2.1 板块编号

板类型	代号	序号
楼面板	LB	××
屋面板	WB	××
悬挑板	XB	××

板厚注写为h=×××(为垂直于板面的厚度)；当悬挑板的端部改变截面厚度时，用斜线分隔根部与端部的高度值，注写为h=×××/×××；当设计已在图注中统一注明板厚时，此项可不注。

纵筋按板块的下部纵筋和上部贯通纵筋分别注写(当板块上部不设贯通纵筋时则不注)，并以B代表下部纵筋，以T代表上部贯通纵筋，B&T代表下部与上部；x向纵筋以X打头，y向纵筋以Y打头，两向纵筋配置相同时则以X&Y打头。

当为单向板时，分布筋可不必注写，而在图中统一注明。

当在某些板内(例如在悬挑板XB的下部)配置有构造钢筋时，则x向以Xc，y向以Yc打头注写。

当y向采用放射配筋时(切向为x向，径向为y向)，设计者应注明配筋间距的定位尺寸。

有梁楼盖平法施工图制图规则						图集号	22G101-1
审核	郁银泉	校对	高志强	设计	曹爽	页	1-34

图8-1 22G101-1图集对板平法制图规范的规定（一）

当纵筋采用两种规格钢筋"隔一布一"方式时，表达为 xx/yy@×××，表示直径为 xx 的钢筋和直径为 yy 的钢筋间距相同，两者组合后的实际间距为×××。直径 xx 的钢筋的间距为×××的2倍，直径 yy 的钢筋的间距为×××的2倍。

板面标高高差，系指相对于结构层楼面标高的高差，应将其注写在括号内，且有高差则注，无高差不注。

【例】有一楼面板块注写为：LB5　h=110
　　　　　　B：X⊕12@125；Y⊕10@110

表示5号楼面板，板厚110mm，板下部配置的纵筋 x 向为 ⊕12@125，y 向为 ⊕10@110；板上部未配置贯通纵筋。

【例】有一楼面板块注写为：LB5　h=110
　　　　　　B：X⊕10/12@100；Y⊕10@110

表示5号楼面板，板厚110mm，板下部配置的纵筋 x 向为 ⊕10、⊕12一隔一、⊕10与⊕12之间间距为100mm；y 向为 ⊕10@110；板上部未配置贯通纵筋。

【例】有一悬挑板注写为：XB2　h=150/100
　　　　　　B：Xc&Yc ⊕8@200

表示2号悬挑板，板根部厚150mm，端部厚100mm，板下部配置构造钢筋双向均为 ⊕8@200(上部受力钢筋见板支座原位标注)。

5.2.2　同一编号板块的类型、板厚和贯通纵筋均应相同，但板面标高、跨度、平面形状以及板支座上部非贯通纵筋可以不同，如同一编号板块的平面形状可为矩形、多边形及其他形状等。施工预算时，应根据其实际平面形状，分别计算各块板的混凝土与钢材用量。

设计与施工应注意：

Ⅰ　单向或双向连续板的中间支座上部同向贯通纵筋，不应在支座位置连接或分别锚固。当相邻两跨的板上部贯通纵筋配置相同，且跨中部位有足够空间连接时，可在两跨任意一跨的跨中连接部位连接；当相邻两跨的上部贯通纵筋配置不同时，应将配置较大者越过其标注的跨数终点或起点伸至相邻的跨中连接区域连接。

设计应注意板中间支座两侧上部筋的协调配置，施工及预算应按具体设计和相应标准构造详图实施。等跨与不等跨上部纵筋的连接有特殊要求时，其连接部位及方式应由设计者注明。

Ⅱ　对于梁板式转换层楼板，板下部纵筋在支座内的锚固长度不应小于 l_{aE}。

Ⅲ　当悬挑板需要考虑竖向地震作用时，下部纵筋伸入支座内长度不应小于 l_{aE}。

5.3　板支座原位标注

5.3.1　板支座原位标注的内容：板支座上部非贯通纵筋和悬挑板上部受力钢筋。

板支座原位标注的钢筋，应在配置相同跨的第一跨表达(当在梁悬挑部位单独配置时则在原位表达)。在配置相同跨的第一跨(或梁悬挑部位)，垂直于板支座(梁或墙)绘制一段适宜长度的中粗实线(当该筋通长设置在悬挑板或短跨板上部时，

图 8-2　22G101-1 图集对板平法制图规范的规定（二）

实线段应画至对边或贯通短跨)，以该线段代表支座上部非贯通纵筋，并在线段上方注写钢筋编号(如①、②等)、配筋值、横向连续布置的跨数(注写在括号内，当为一跨时可不注)，以及是否横向布置到梁的悬挑端。

【例】(××)为连续布置的跨数，(××A)为连续布置的跨数及一端的悬挑梁部位，(××B)为连续布置的跨数及两端的悬挑梁部位。

板支座上部非贯通纵筋自支座边线向跨内的伸出长度，注写在线段的下方位置。

当中间支座上部非贯通纵筋向支座两侧对称伸出时，可仅在支座一侧线段下方标注伸出长度，另一侧不注，见图5.3.1-1。

当向支座两侧非对称伸出时，应分别在支座两侧线段下方注写伸出长度，见图5.3.1-2。

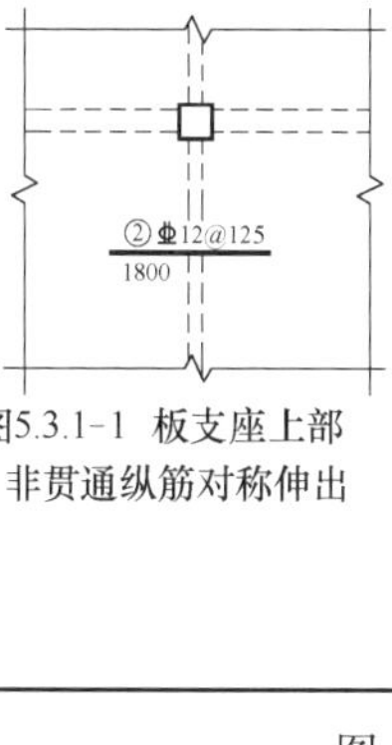

对线段画至对边贯通全跨或贯通全悬挑长度的上部通长纵筋，贯通全跨或伸出至全悬挑一侧的长度值不注，只注明非贯通纵筋另一侧的伸出长度值，见图5.3.1-3。

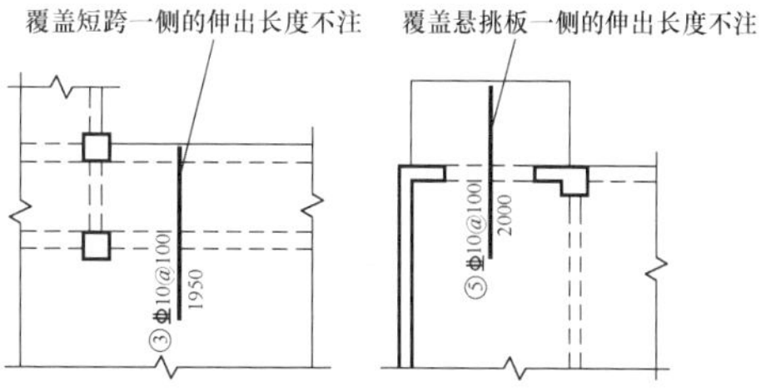

图5.3.1-3　板支座非贯通纵筋贯通全跨或伸出至悬挑端

当板支座为弧形，支座上部非贯通纵筋呈放射状分布时，设计者应注明配筋间距的度量位置并加注"放射分布"四字，必要时应补绘平面配筋图，见图5.3.1-4。

关于悬挑板的注写方式见图5.3.1-5。当悬挑板端部厚度不小于150mm时，本图集第2-54页提供了"无支承板端部封边构造"，施工应按标准构造详图执行。当设计采用与本标准构造详图不同的做法时，应另行注明。

此外，悬挑板的悬挑阳角、阴角上部放射钢筋的表示方法，详见本规则第7.2.9条、第7.2.10条。

图5.3.1-1　板支座上部非贯通纵筋对称伸出

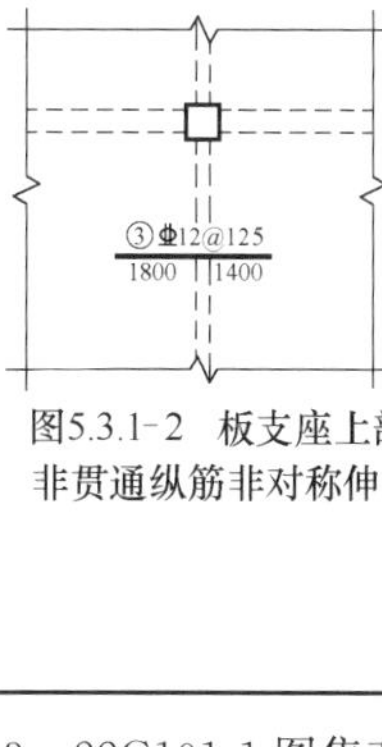

图5.3.1-2　板支座上部非贯通纵筋非对称伸出

图 8-3　22G101-1 图集对板平法制图规范的规定（三）

103

放射配筋间距的定位尺寸

放射分布

⑦Φ12@150
2150

图5.3.1-4 弧形支座处放射配筋

Φ12@100(2)
2100

XB1 h=120
③ B: XcΦ8@150；YcΦ8@200
T: XΦ8@150

(a) 兼作相邻跨板支座上部非贯通纵筋

Φ12@100(2)

XB2 h=120/80
⑤ B: XcΦ8@150；YcΦ8@200
T: XΦ8@150

(b) 锚固在支座内

图5.3.1-5 悬挑板支座非贯通纵筋

总则

平法制图规则

柱

平法制图规则

剪力墙

平法制图规则

梁

平法制图规则

板

平法制图规则

其他相关构造

在板平面布置图中，不同部位的板支座上部非贯通纵筋及悬挑板上部受力钢筋，仅在一个部位注写，对其他相同者则仅需在代表钢筋的线段上注写编号及按本条规则注写横向连续布置的跨数即可。

【例】在板平面布置图某部位，横跨支承梁绘制的钢筋实线段上注有⑦Φ12@100(5A)和1500，表示支座上部⑦号非贯通纵筋为Φ12@100，从该跨起沿支承梁连续布置5跨加梁一端的悬挑端，该筋自支座边线向两侧跨内的伸出长度均为1500mm。在同一板平面布置图的另一部位横跨梁支座绘制的钢筋实线段上注有⑦(2)者，系表示该筋同⑦号纵筋，沿支承梁连续布置2跨，且无梁悬挑端布置。

此外，与板支座上部非贯通纵筋垂直且绑扎在一起的构造钢筋或分布钢筋，应由设计者在图中注明。

5.3.2 当板的上部已配置有贯通纵筋，但需增配板支座上部非贯通纵筋时，应结合已配置的同向贯通纵筋的直径与间距采取"隔一布一"方式配置。

"隔一布一"方式，为非贯通筋的标注间距与贯通纵筋相同，两者组合后的实际间距为各自标注间距的1/2。

【例】板上部已配置贯通纵筋Φ12@250，该跨同向配置的上部支座非贯通纵筋为⑤Φ12@250，表示在该支座上部设置的实际纵筋为Φ12@125，其中1/2为贯通纵筋，1/2为⑤号非贯通纵筋（伸出长度值略）。

【例】板上部已配置贯通纵筋Φ10@250，该跨配置的上部同向支座非贯通纵筋为③Φ12@250，表示该跨实际设置的上部纵筋为Φ10和Φ12间隔布置，二者之间间距为125mm。

有梁楼盖平法施工图制图规则		图集号	22G101-1
审核 郁银泉	校对 高志强 设计 曹爽	页	1-37

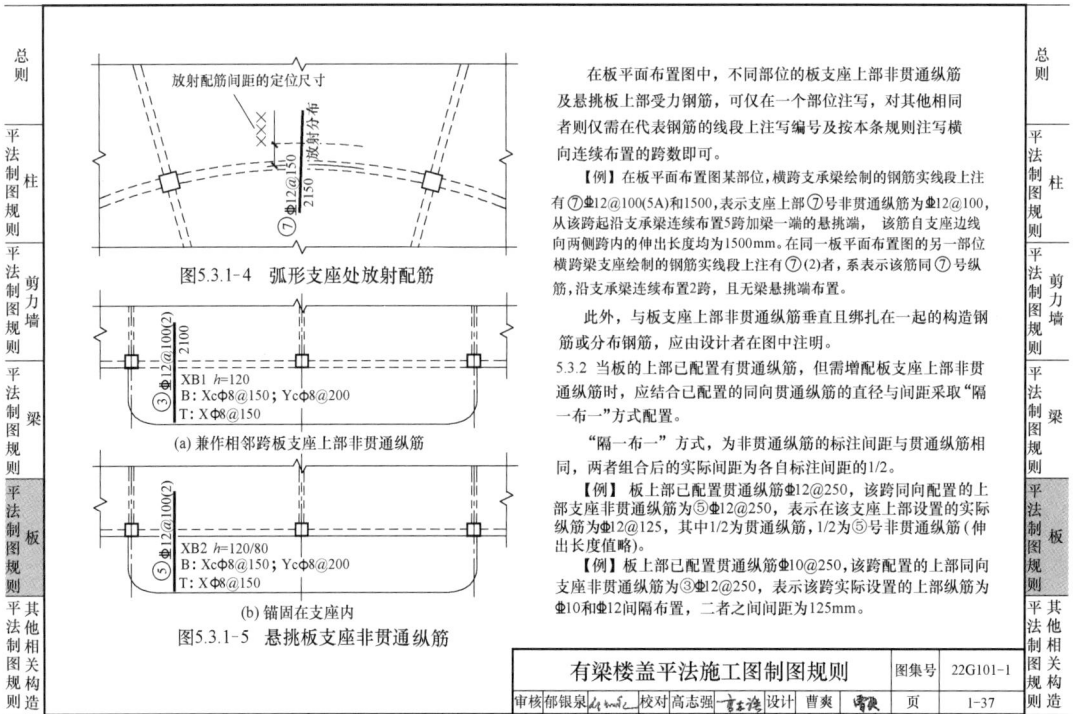

图8-4 22G101-1图集对板平法制图规范的规定（四）

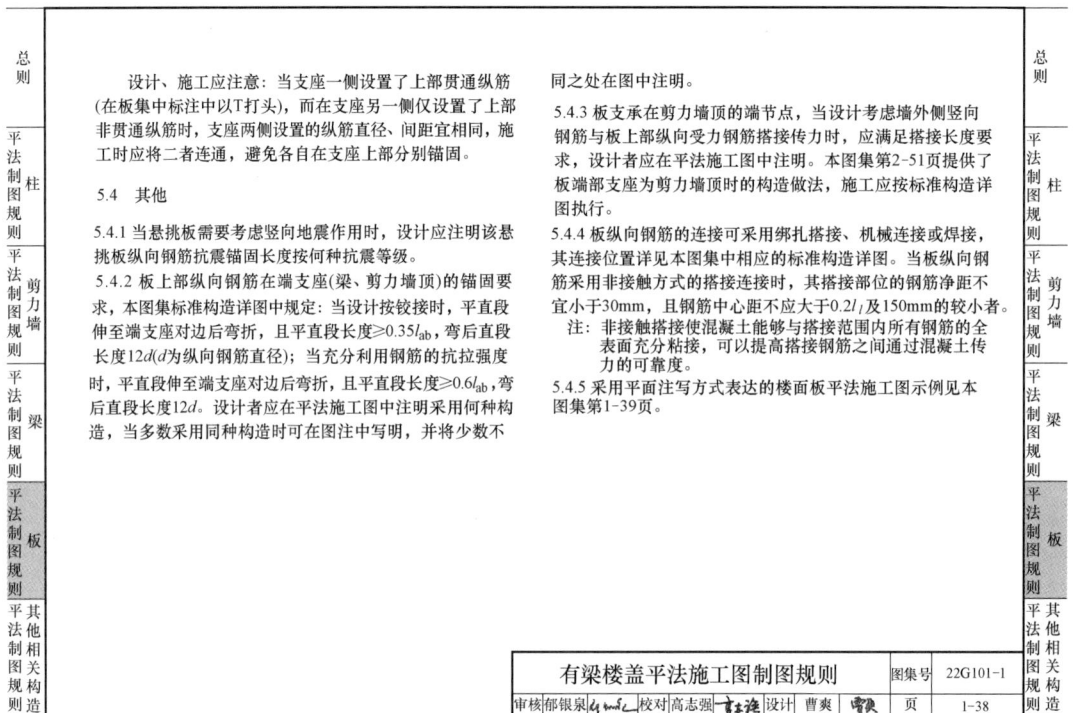

总则

平法制图规则

柱

平法制图规则

剪力墙

平法制图规则

梁

平法制图规则

板

平法制图规则

其他相关构造

设计、施工应注意：当支座一侧设置了上部贯通纵筋（在集中标注中以T打头），而在支座另一侧仅设置了上部非贯通纵筋时，支座两侧设置的纵筋直径、间距宜相同，施工时应将二者连通，避免各自在支座上部分别锚固。

5.4 其他

5.4.1 当悬挑板需要考虑竖向地震作用时，设计应注明该悬挑板纵向钢筋抗震锚固长度按何种抗震等级。

5.4.2 板上部纵向钢筋在端支座(梁、剪力墙顶)的锚固要求，本图集标准构造详图中规定：当设计按铰接时，平直段伸至端支座对边后弯折，且平直段长度≥0.35l_{ab}，弯后直段长度12d(d为纵向钢筋直径)；当充分利用钢筋的抗拉强度时，平直段伸至端支座对边后弯折，且平直段长度≥0.6l_{ab}，弯后直段长度12d。设计者应在平法施工图中注明采用何种构造，当多数采用同种构造时可在图注中写明，并将少数不

同之处在图中注明。

5.4.3 板支承在剪力墙顶的端节点，当设计考虑墙外侧竖向钢筋与板上部纵向受力钢筋搭接传力时，应满足搭接长度要求，设计者应在平法施工图中注明。本图集第2-51页提供了板端部支座为剪力墙顶时的构造做法，施工应按标准构造详图执行。

5.4.4 板纵向钢筋的连接可采用绑扎搭接、机械连接或焊接，其连接位置详见本图集中相应的标准构造详图。当板纵向钢筋采用非接触方式的搭接连接时，其搭接部位的钢筋净距不宜小于30mm，且钢筋中心距不应大于0.2l_l及150mm的较小者。

注：非接触搭接使混凝土能够与搭接范围内所有钢筋的全表面充分粘结，可以提高搭接钢筋之间通过混凝土传力的可靠度。

5.4.5 采用平面注写方式表达的楼面板平法施工图示例见本图集第1-39页。

有梁楼盖平法施工图制图规则		图集号	22G101-1
审核 郁银泉	校对 高志强 设计 曹爽	页	1-38

图8-5 22G101-1图集对板平法制图规范的规定（五）

在 22G101-1 图集中，对板配筋的构造详图也给出了示例，如图 8-6～图 8-9 所示。

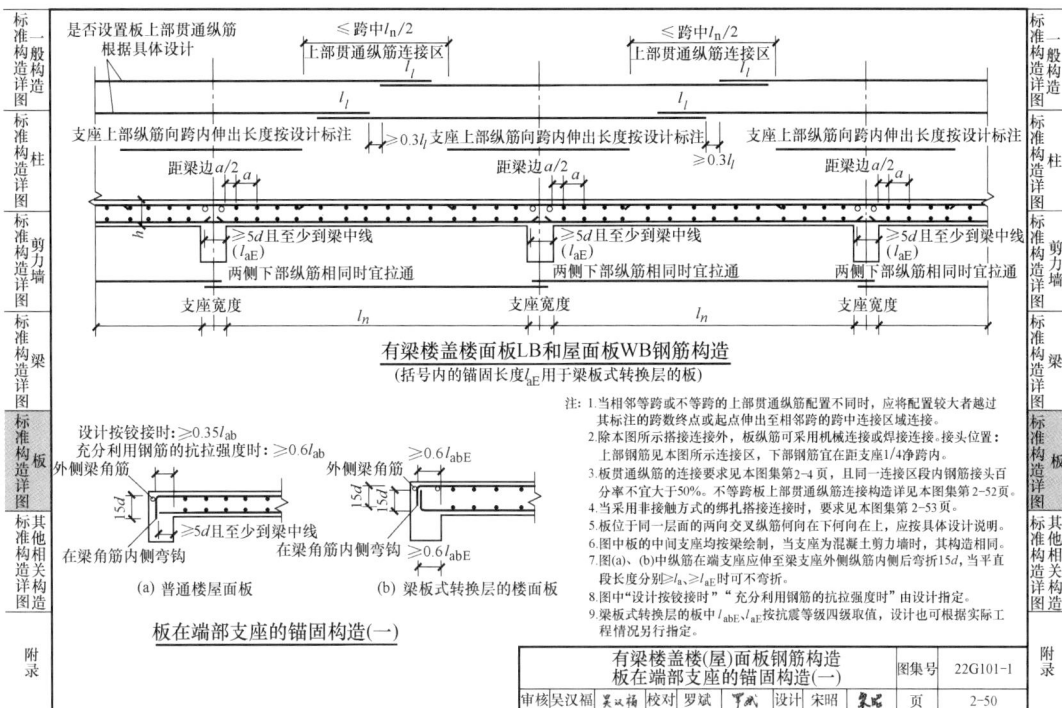

是否设置板上部贯通纵筋根据具体设计

≤跨中 $l_n/2$ 上部贯通纵筋连接区

≤跨中 $l_n/2$ 上部贯通纵筋连接区

l_l

支座上部纵筋向跨内伸出长度按设计标注 ≥0.3l_l 支座上部纵筋向跨内伸出长度按设计标注 支座上部纵筋向跨内伸出长度按设计标注

距梁边 $a/2$ a 距梁边 $a/2$ a ≥0.3l_l 距梁边 $a/2$ a

≥5d且至少到梁中线 (l_{aE})   ≥5d且至少到梁中线 (l_{aE})   ≥5d且至少到梁中线 (l_{aE})

两侧下部纵筋相同宜拉通   两侧下部纵筋相同宜拉通   两侧下部纵筋相同宜拉通

支座宽度 l_n 支座宽度 l_n 支座宽度

有梁楼盖楼面板LB和屋面板WB钢筋构造
（括号内的锚固长度l_{aE}用于梁板式转换层的板）

设计按铰接时：≥0.35l_{ab}
充分利用钢筋的抗拉强度时：0.6l_{ab}
≥0.6l_{abE}

外侧梁角筋   15d 外侧梁角筋
≥5d且至少到梁中线
在梁角筋内侧弯钩
(a) 普通楼屋面板

外侧梁角筋   15d 15d ≥0.6l_{abE}
在梁角筋内侧弯钩
(b) 梁板式转换层的楼面板

板在端部支座的锚固构造(一)

注：1.当相邻等跨或不等跨的上部贯通纵筋配置不同时，应将配置较大者越过其标注的跨数终点或起点伸出至相邻跨的跨中连接区连接。
2.除本图所示搭接连接外，板纵筋可采用机械连接或焊接连接。接头位置：上部钢筋见本图所示连接区，下部钢筋宜在距支座l_l/4净跨内。
3.板贯通纵筋的连接要求见本图集第2-4页，且同一连接区段内钢筋接头百分率不宜大于50%。不另跨上部贯通纵筋连接构造详见本图集第2-52页。
4.当采用非接触方式的绑扎搭接连接时，要求见本图集第2-53页。
5.板位于同一层面的两向交叉纵筋何者在下何者在上，应按具体设计说明。
6.图中板的中间支座均按梁绘制，当支座为混凝土剪力墙时，其构造相同。
7.图(a)、(b)中纵筋在端支座应伸至支座外侧纵筋内侧后弯折15d，当平直段长度分别≥l_a、≥l_{aE}时可不弯折。
8.图中"设计按铰接时""充分利用钢筋的抗拉强度时"由设计指定。
9.梁板式转换层的板中l_{abE}、l_{aE}按抗震等级四级取值，设计也可根据实际工程情况另行指定。

有梁楼盖楼（屋）面板钢筋构造 板在端部支座的锚固构造(一)	图集号	22G101-1
审核 吴汉福 校对 罗斌 设计 宋昭	页	2-50

图 8-6 22G101-1 图集中对板配筋的构造详图示例（一）

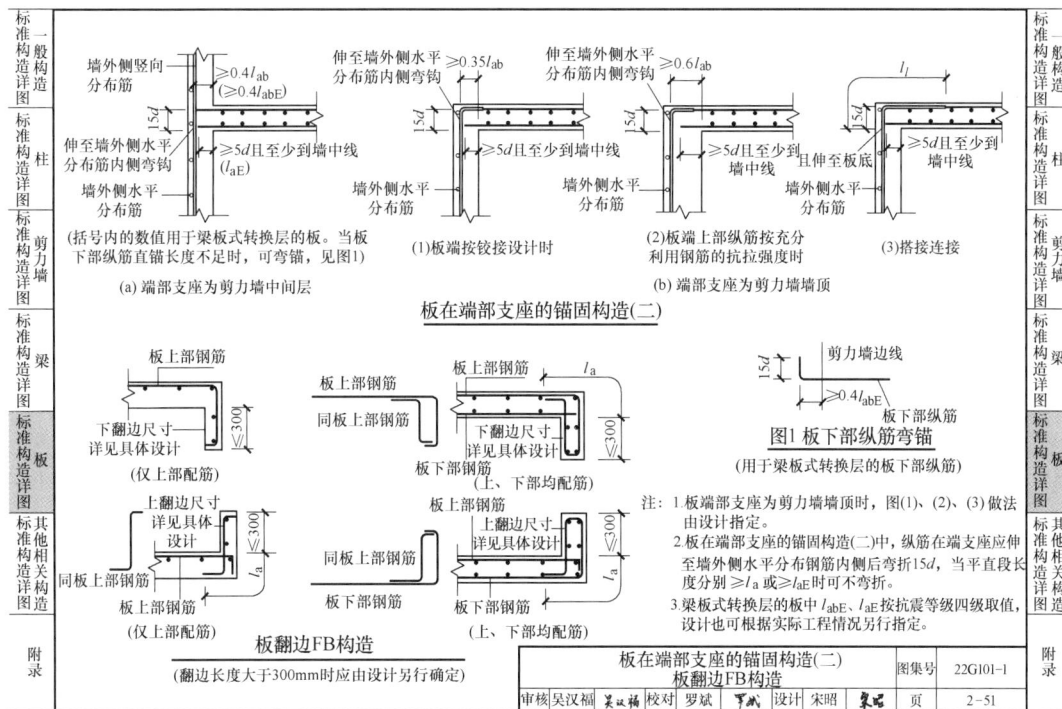

墙外侧竖向分布筋
≥0.4l_{ab} (≥0.4l_{abE})
15d

伸至墙外侧水平分布筋内侧弯钩 ≥0.35l_{ab}
伸至墙外侧水平分布筋内侧弯钩 0.6l_{ab}
l_l

伸至墙外侧水平分布筋内侧弯钩 (l_{aE})
≥5d且至少到墙中线
墙外侧水平分布筋

15d ≥5d且至少到墙中线
墙外侧水平分布筋
(1)板端按铰接设计时

15d ≥5d且至少到墙中线
墙外侧水平分布筋
(2)板端上部纵筋按充分利用钢筋的抗拉强度时

15d ≥5d且至少到墙中线且伸至板底
(3)搭接连接

（括号内的数值用于梁板式转换层的板。当板下部纵筋直锚长度不足时，可弯锚，见图1）
(a) 端部支座为剪力墙中间层

(b) 端部支座为剪力墙墙顶

板在端部支座的锚固构造(二)

板上部钢筋
下翻边尺寸详见具体设计
≤300
（仅上部配筋）

同板上部钢筋
上翻边尺寸详见具体设计
≤300
（仅上部配筋）

板翻边FB构造
（翻边长度大于300mm时应由设计另行确定）

板上部钢筋   板上部钢筋 l_a
同板上部钢筋   板下部钢筋   ≤300
（上、下部均配筋）

板上部钢筋
板下部钢筋 l_a ≤300
（上、下部均配筋）

15d
剪力墙边线
≥0.4l_{abE}
板下部纵筋
图1 板下部纵筋弯锚
（用于梁板式转换层的板下部纵筋）

注：1.板端部支座为剪力墙墙顶时，图(1)、(2)、(3)做法由设计指定。
2.板在端部支座的锚固构造(二)中，纵筋在端支座应伸至墙外侧水平分布筋内侧后弯折15d，当平直段长度分别≥l_a或≥l_{aE}时可不弯折。
3.梁板式转换层的板中l_{abE}、l_{aE}按抗震等级四级取值，设计也可根据实际工程情况另行指定。

板在端部支座的锚固构造(二) 板翻边FB构造	图集号	22G101-1
审核 吴汉福 校对 罗斌 设计 宋昭	页	2-51

图 8-7 22G101-1 图集中对板配筋的构造详图示例（二）

105

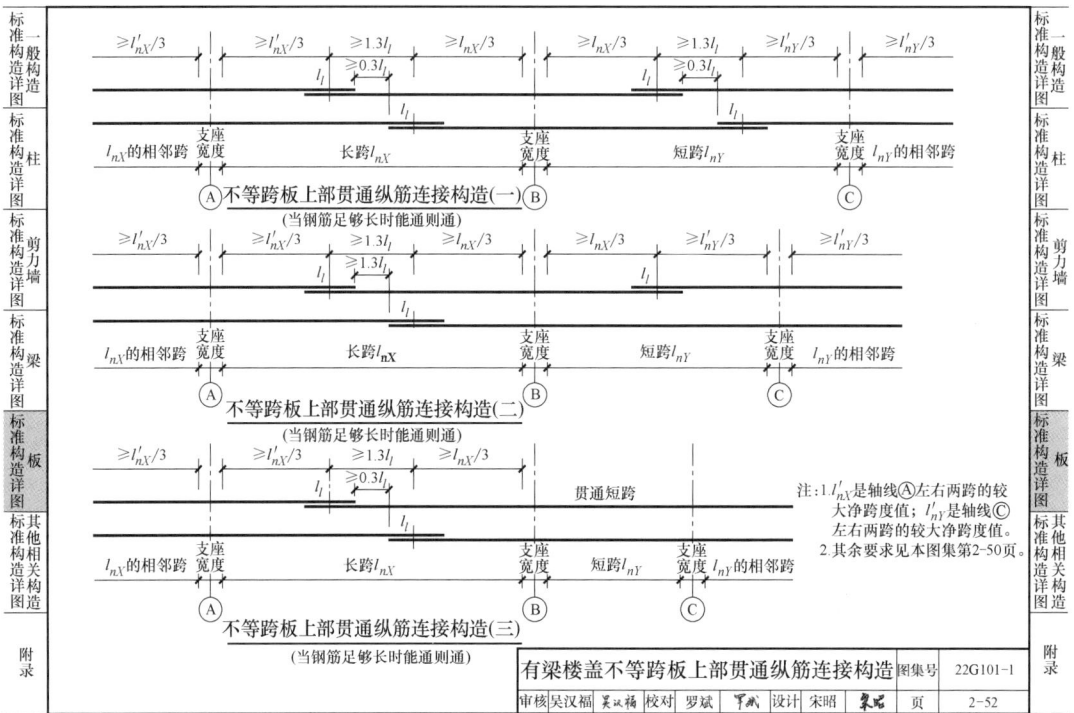

图 8-8　22G101-1 图集中对板配筋的构造详图示例（三）

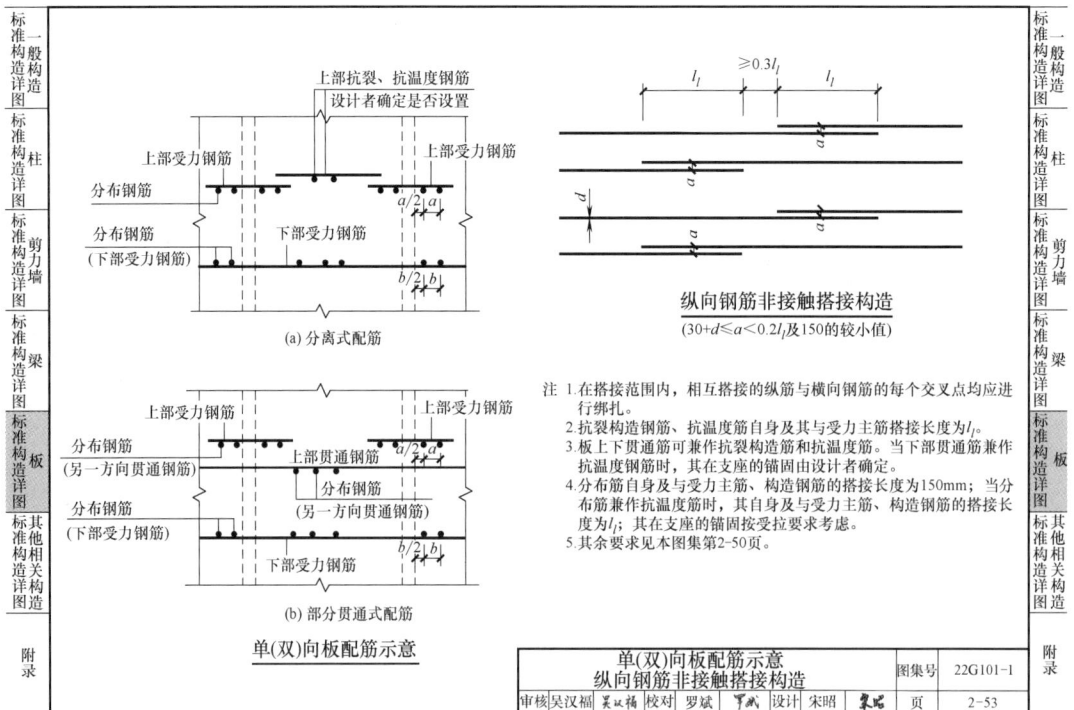

图 8-9　22G101-1 图集中对板配筋的构造详图示例（四）

8.2.2　16G519图集板相关内容

由于钢框架楼承板和混凝土框架楼承板并不完全一样，比如，钢梁不同于混凝土梁，楼板钢筋并不能锚入钢梁锚固，楼板与钢梁也无法整浇在一起，诸如此类钢框架楼承板特有的问题。因此，《多、高层民用建筑钢结构节点构造详图》16G519（以下简称16G519图集）图集中对板相关做法做了图8-10和图8-11所示的补充规定。

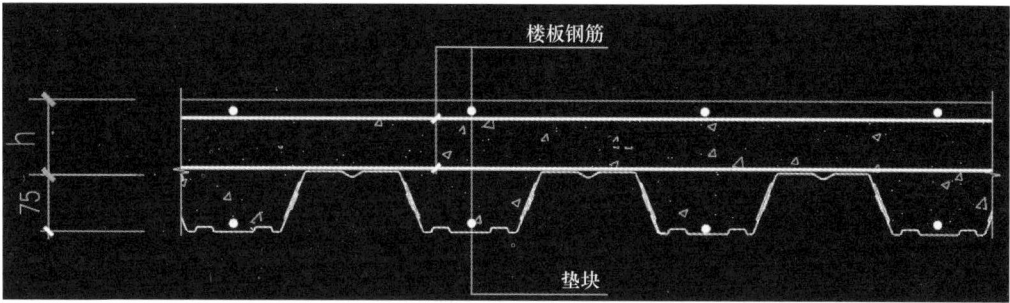

图 8-10　16G519 图集中开口型压型钢板大样

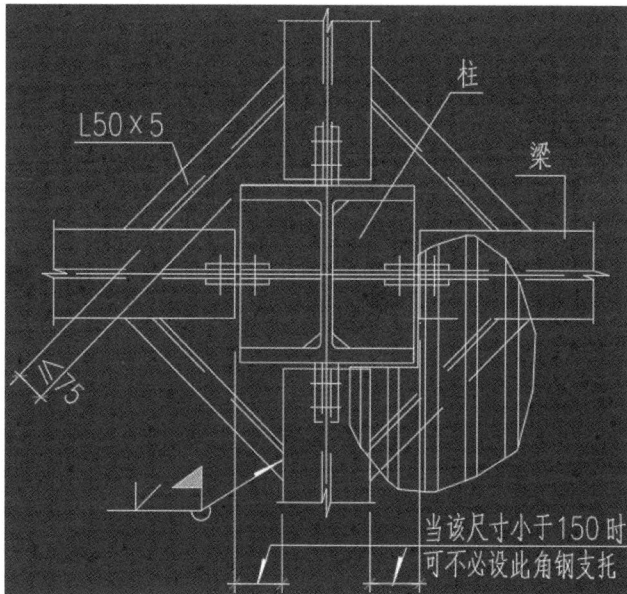

图 8-11　16G519 图集中柱与梁交接处的压型钢板支托

8.3　楼板计算

（1）进入"混凝土施工图"模块下的"板"选项卡，如图8-12所示。
（2）单击"计算参数"按钮，将弹出"参数对话框"，计算参数页如图8-13所示。
计算方法：既可以选择弹性算法也可以选择塑性算法，方法的选择与设计人员的设计理念有关，塑性算法即考虑楼板的塑性内力重分布。这里选择弹性算法。

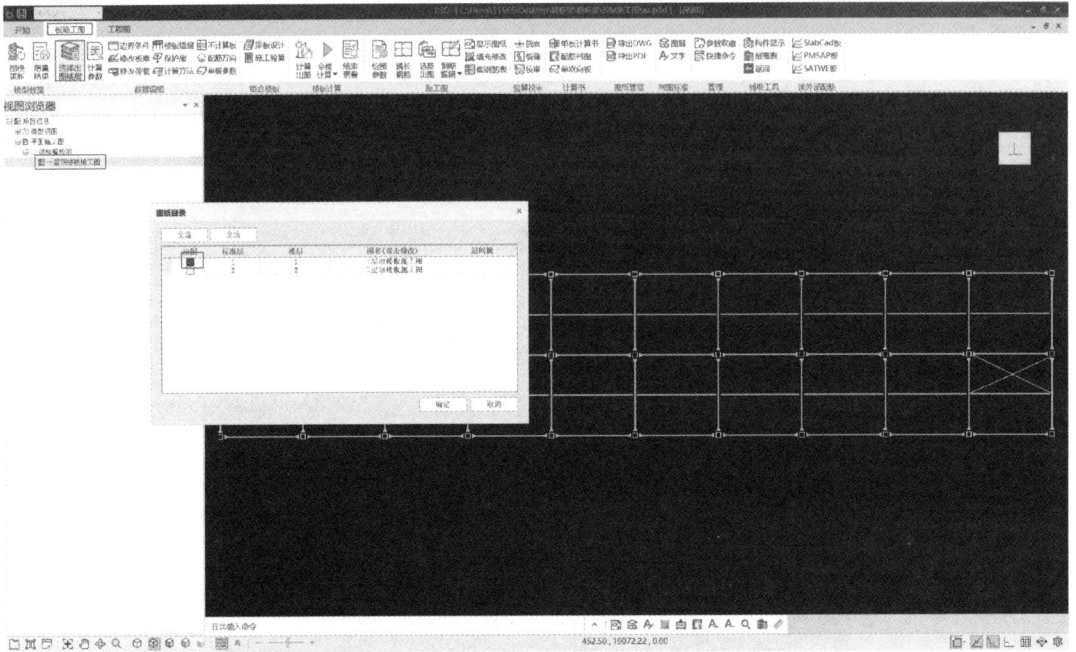

图 8-12 "砼施工图"模块下的"板"选项卡界面

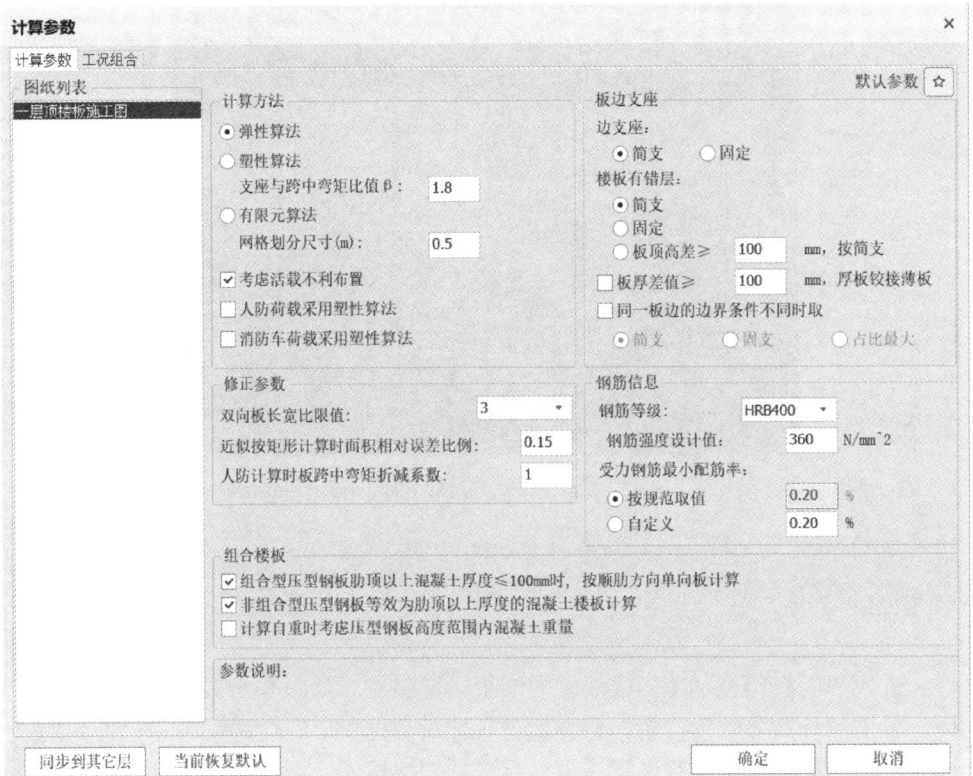

图 8-13 计算参数页

边界条件：边缘梁、剪力墙处由于楼板支座负筋的锚固做法达不到充分利用钢筋的抗拉强度，有错层处楼板钢筋需要断开，因此边界条件通常选择按简支计算。

钢筋等级：选择 HRB400。

钢筋强度设计值：由软件自动确定即可。

配筋率：不勾选最小配筋率用户指定，由软件自动确定即可。

（3）单击"绘图参数"对话框，参数设置如图 8-14 所示。

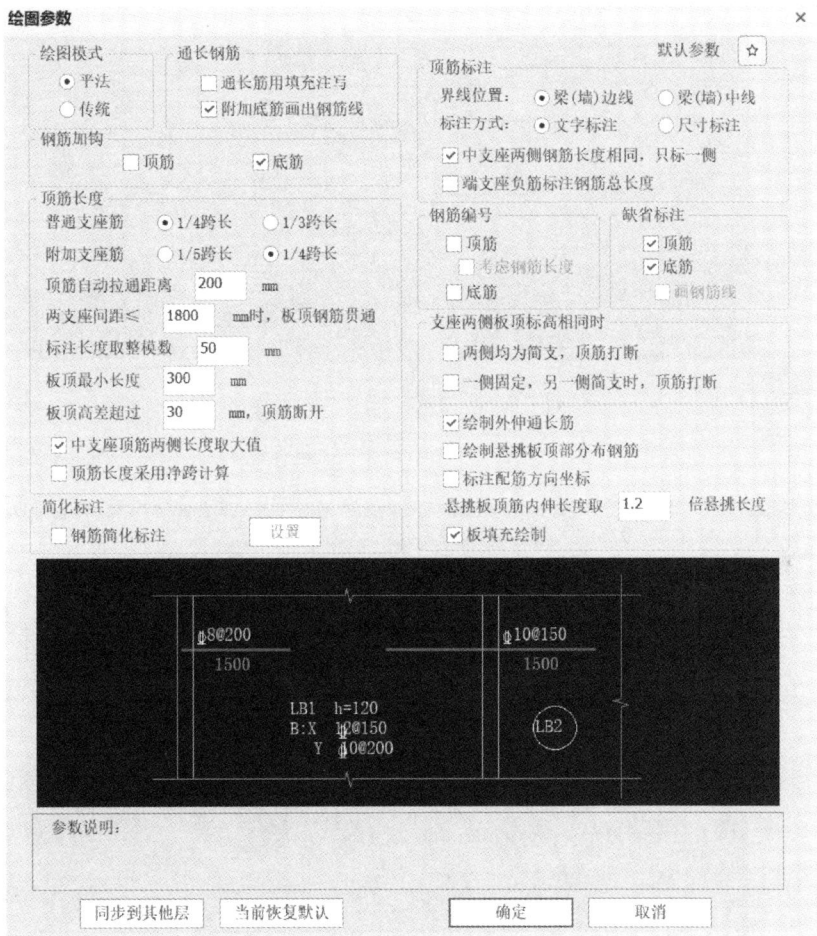

图 8-14 "绘图参数"对话框

按上述设置可以使软件绘制的施工图比较简洁，读者也可以自行更改上述设置，对比在不同的绘图参数设置下软件绘制的施工图有何区别。

（4）接下来单击"边界条件"按钮，查看软件自动生成的边界条件，如果不符合用户的需求，还可以人为地修改边界条件。第一层楼板的边界条件如图 8-15 所示。

（5）单击"计算"按钮，软件自动进行楼板的计算，计算完成后，显示配筋的计算结果如图 8-16 所示。

配筋结果局部放大如图 8-17 所示。

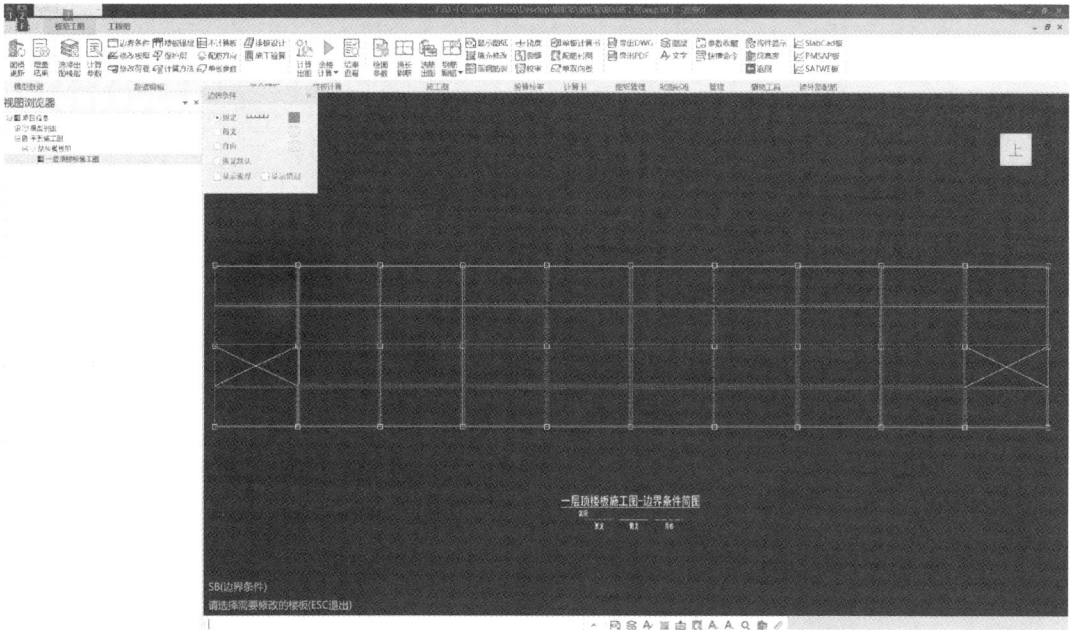

图 8-15　第一层楼板的边界条件

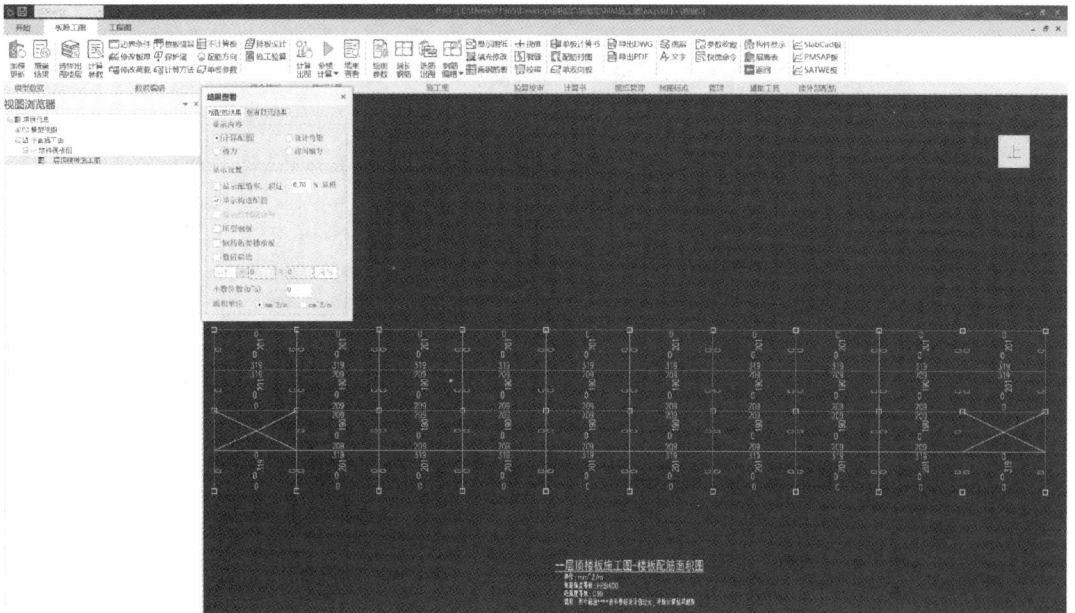

图 8-16　楼板的配筋计算结果

图 8-17 中板跨中部位 X 向文字表示 X 向的板底钢筋每延米的计算面积，Y 向文字表示 Y 向的板底钢筋每延米的计算面积，支座附近的文字表示支座负筋每延米的计算面积，单位均为 mm^2。

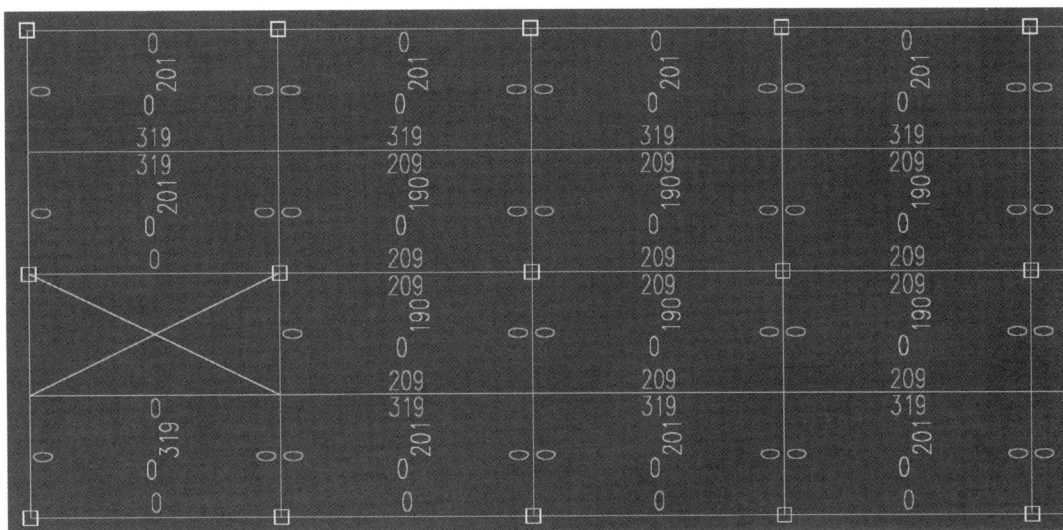

图 8-17　配筋结果局部放大图

（6）单击"结果查改"按钮，弹出"计算结果查询"对话框，选择"裂缝"计算结果如图 8-18 所示。

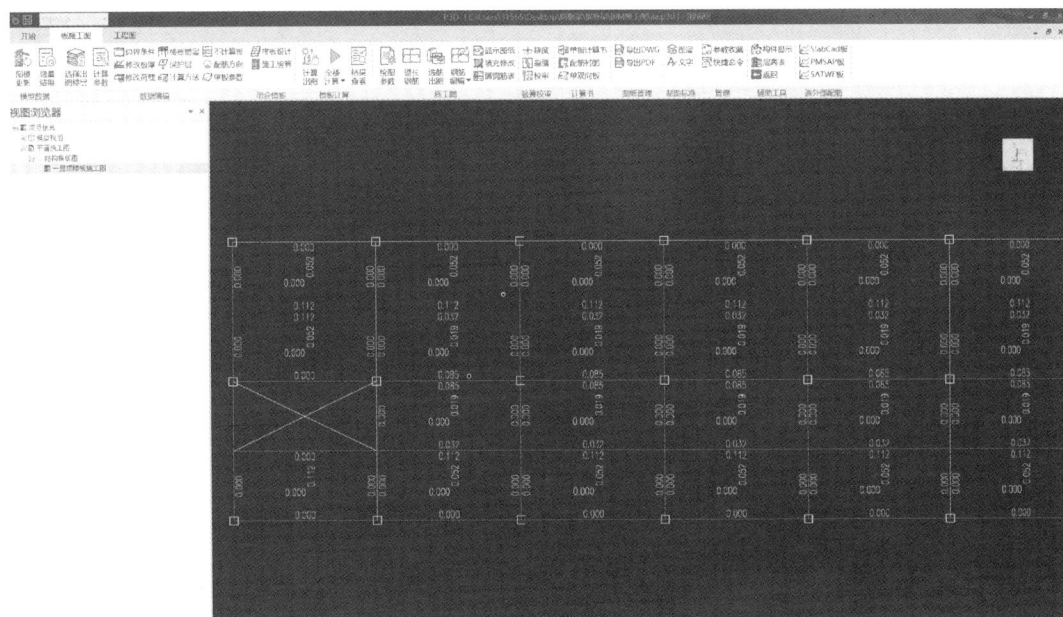

图 8-18　裂缝计算结果

当楼板的裂缝验算不满足规范要求时，可以通过增加配筋来满足规范要求。由于本案例楼承板采用压型钢板做楼板底模，可不必考虑裂缝的问题。

（7）选择"挠度"计算结果如图 8-19 所示。

当楼板的挠度不满足规范要求时，可以通过增加板厚来减小挠度，从而满足规范要

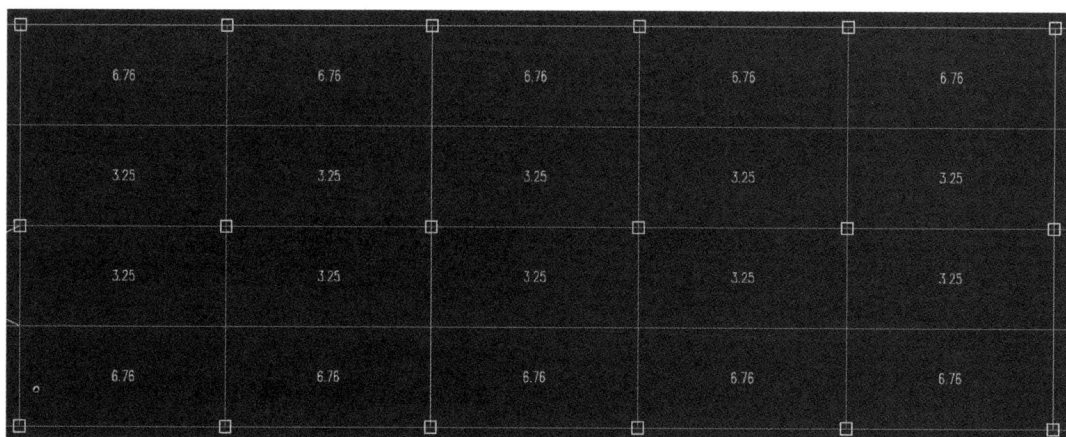

图 8-19 挠度计算结果

求。由于本案例楼承板采用压型钢板做楼板底模，可不必考虑挠度的问题。

8.4 楼承板施工图绘制

在计算完楼板有了楼板的配筋结果，并且检查了裂缝和挠度均没有问题后，便可进行施工图绘制。

单击"计算出图"按钮，软件自动绘制板施工图，如图 8-20 所示。

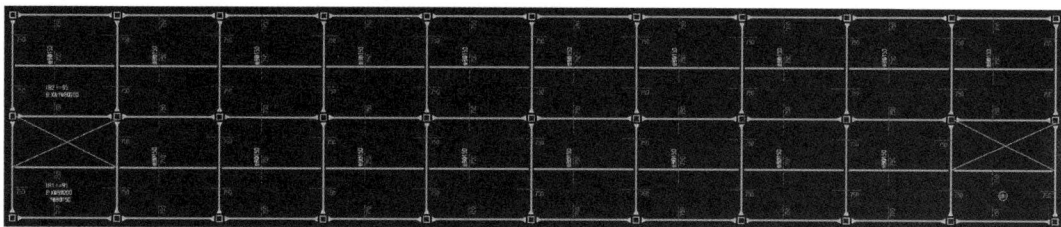

图 8-20 板施工图

注意：图 8-20 中楼板底筋由板块集中标注表示，图中所画的均为楼板面筋，且支座负筋从梁边算起，伸入跨内的长度为楼板短边跨度的 1/4，当支座两侧的板跨不同时，取板跨的较大值确定。

以上是第 1 层楼板的计算和绘图流程，对于第 2 层楼板（即屋面板），也可以按上述流程进行，但绘制施工图时屋面板的面筋可以选择先双向拉通，局部不足的位置再选择另外附加钢筋即可。

思考题

（1）为什么单向板在活载大于恒载的 3 倍时，面筋需要配置通长筋？

答：当单向板活载大于恒载的 3 倍时，考虑活荷载的不利布置，可能会出现板面全部受拉的情形，因此面筋需要配置通长筋。

（2）为什么双向板在支座处的负筋两边分别伸入板内长度有时需要一样，有时可以不一样？

答：当支座两侧的板跨度相差较大时，考虑活载的不利布置，较小跨度的板可能会出现板面全部受拉的情形，此时支座处的负筋伸入板内的长度需要按较大的板跨来，两边取一样；当支座两侧的板跨度相差不大时，支座处负筋伸入板内的长度则可以不一样，按各自板跨的 1/4 长度伸入跨内。

9 节点连接设计

在绘制完板施工图后，就可以着手绘制梁柱施工图了，梁、柱施工图比起板施工图需要注意的细节更多。这里先介绍规范中对梁、柱的构造要求。

9.1 梁柱节点

9.1.1 梁与柱刚性连接节点的构造形式

梁与柱刚性连接系指节点具有足够的刚性，能使所连构件间的夹角在达到承载力之前，实际夹角不变的接头，连接的极限承载力不低于被连接构件的屈服承载力。

梁与柱刚性连接的构造形式分为：

（1）全焊接节点，梁的上、下翼缘用坡口全熔透焊缝，腹板用角焊缝与柱翼缘连接。

（2）栓焊混合连接节点，即仅梁的上、下翼缘用坡口全熔透焊缝与柱翼缘连接，腹板用高强度螺栓与柱翼缘上的剪力板连接，是目前多层和高层钢结构梁与柱连接最常用的构造形式。

（3）全栓接节点，梁翼缘和腹板借助 T 形连接件用高强度螺栓与柱翼缘连接，虽然安装比较方便，但节点刚性不如前两种连接形式好，应用并不多，不再做详细介绍。

9.1.2 梁与柱刚性连接节点的焊缝要求

《抗震标准》8.3.4-3 条：工字形柱（绕强轴）和箱形柱与梁刚接时（图 8.3.4-1），应符合下列要求：

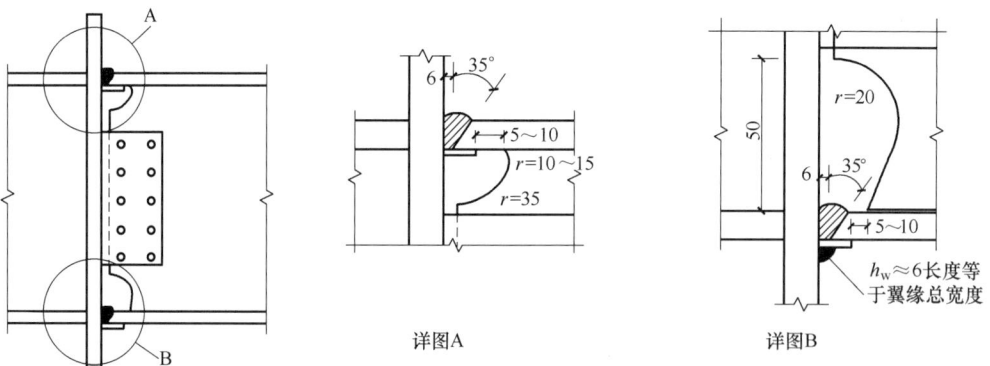

图 8.3.4-1 框架梁与柱的现场连接

1）梁翼缘与柱翼缘间应采用全熔透坡口焊缝；一、二级时，应检验焊缝的 V 形切口冲击韧性，其夏比冲击韧性在 −20℃时不低于 27J；

2）柱在梁翼缘对应位置应设置横向加劲肋（隔板），加劲肋（隔板）厚度不应小于梁翼缘厚度，强度与梁翼缘相同；

3）梁腹板宜采用摩擦型高强度螺栓与柱连接板连接（经工艺试验合格能确保现场焊接质量时，可用气体保护焊进行焊接）；腹板角部应设置焊接孔，孔形应使其端部与梁翼缘和柱翼缘间的全熔透坡口焊缝完全隔开；

4）腹板连接板与柱的焊接，当板厚不大于16mm时应采用双面角焊缝，焊缝有效厚度应满足等强度要求，且不小于5mm；板厚大于16mm时采用K形坡口对接焊缝。该焊缝宜采用气体保护焊，且板端应绕焊；

5）一级和二级时，宜采用能将塑性铰自梁端外移的端部扩大形连接、梁端加盖板或骨形连接。

9.1.3 不等高梁与柱连接节点构造

《高钢规》8.3.7条：当柱两侧的梁高不等时，每个梁翼缘对应位置均应按本条的要求设置柱的水平加劲肋。加劲肋的间距不应小于150mm，且不应小于水平加劲肋的宽度（图8.3.7a）。当不能满足此要求时，应调整梁的端部高度，可将截面高度较小的梁腹板高度局部加大，腋部翼缘的坡度不得大于1∶3（图8.3.7b）。当与柱相连的梁在柱的两个相互垂直的方向高度不等时，应分别设置柱的水平加劲肋（图8.3.7c）。

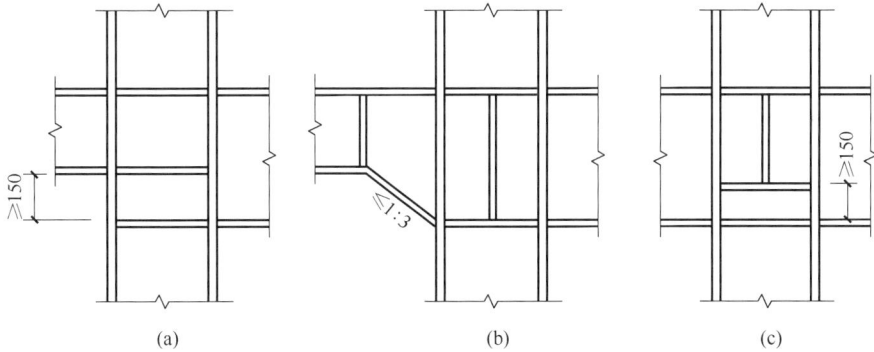

图 8.3.7　柱两侧梁高不等时的水平加劲肋

9.1.4 梁柱连接节点处节点域构造

《抗震标准》8.3.4-5条：箱形柱在与梁翼缘对应位置设置的隔板，应采用全熔透对接焊缝与壁板相连。工字形柱的横向加劲肋与柱翼缘，应采用全熔透对接焊缝连接，与腹板可采用角焊缝连接。

8.3.5　当节点域的腹板厚度不满足本规范第8.2.5条第2、3款的规定时，应采取加厚柱腹板或采取贴焊补强板的措施。补强板的厚度及其焊缝应按传递补强板所分担剪力的要求设计。

由《多高层民用建筑钢结构节点构造详图》16G519第14页①～④节点大样可知，梁与柱刚性连接时，柱在梁翼缘上下各500mm的范围内，柱翼缘与柱腹板间或箱形柱壁板间的连接焊缝应采用全熔透坡口焊缝。

9.2　梁梁节点

《高钢规》8.5.1条：梁的拼接应符合下列规定：

1　翼缘采用全熔透对接焊缝，腹板用高强度螺栓摩擦型连接；

2　翼缘和腹板均采用高强度螺栓摩擦型连接；

3　三、四级和非抗震设计时可采用全截面焊接；

4　抗震设计时，应先做螺栓连接的抗滑移承载力计算，然后再进行极限承载力计算；非抗震设计时，可只做抗滑移承载力计算。

梁梁节点连接示意如图9-1所示。

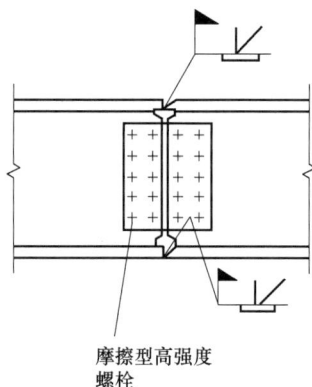

图 9-1　梁梁节点连接示意图

9.3　柱柱节点

9.3.1　柱柱节点接连位置

《抗震标准》8.3.7条：框架柱的接头距框架梁上方的距离，可取1.3m和柱净高一半二者的较小值。

9.3.2　柱柱节点接连焊缝要求

《抗震标准》8.3.7条：上下柱的对接接头应采用全熔透焊缝，柱拼接接头上下各100mm范围内，工字形柱翼缘与腹板间及箱形柱角部壁板间的焊缝，应采用全熔透焊缝。

9.3.3　柱柱节点连接处耳板要求

《高钢规》8.4.3条：在柱的工地接头处应设置安装耳板，耳板厚度应根据阵风和其他施工荷载确定，并不得小于10mm。耳板宜仅设于柱的一个方向的两侧。

9.3.4　变截面柱柱节点处要求

《高钢规》8.4.7条：当需要改变柱截面积时，柱截面高度宜保持不变而改变翼缘厚度。当需要改变柱截面高度时，对边柱宜采用图 8.4.7a 的做法，对中柱宜采用图 8.4.7b 的做法，变截面的上下端均应设置隔板。当变截面段位于梁柱接头时，可采用图 8.4.7c 的做法，变截面两端距梁翼缘不宜小于 150mm。

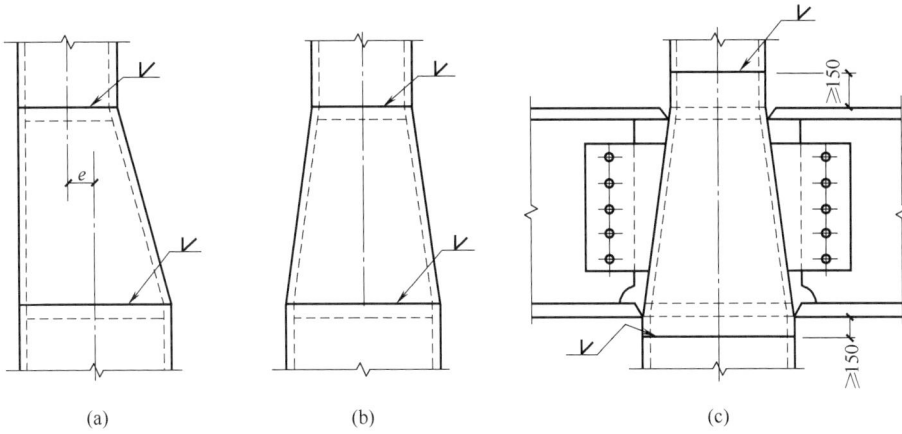

图 8.4.7 柱的变截面连接

9.4 柱脚节点

柱脚是结构中的重要节点，其作用是将柱下端的轴力、弯矩和剪力传递给基础，使钢柱与基础有效地连接在一起，确保上部结构承受各种外力作用。

9.4.1 钢柱脚分类

《抗震标准》8.3.8 条：钢结构的刚接柱脚宜采用埋入式，也可采用外包式；6、7 度且高度不超过 50m 时也可采用外露式。本项目为 8 度区，采用外包式柱脚。

9.4.2 钢框架柱脚为什么一般选择外包式?

（1）力学性能与稳定性
外包式通过在钢柱脚外围包裹混凝土，显著提高了柱脚的刚度和抗弯能力。混凝土的包裹增强了柱脚与基础的协同工作能力，能更有效地传递弯矩和剪力，尤其在抵抗水平荷载（如风或地震作用）时表现优异。
外露式柱脚仅通过底板和锚栓固定，抗弯能力较弱，难以满足高荷载或抗震需求；埋入式虽刚性更强，但需将柱脚深埋于基础内，施工复杂且可能造成材料浪费。
（2）耐久性与防护
外包混凝土为钢柱脚提供了物理保护，减少环境腐蚀（如雨水、湿气）的影响，延长使用寿命。
外露式钢柱脚直接暴露，需额外做防腐处理，维护成本较高；埋入式虽埋于混凝土中，但若施工质量不佳可能引发内部锈蚀问题。
（3）施工便利性与调整空间
外包式在浇筑外包混凝土前，允许对钢柱进行位置校正，施工灵活性优于埋入式（需一次性定位浇筑）。同时，其混凝土用量较埋入式少，经济性更优。

外露式安装简单，但后续调整困难，且抗震性能不足；埋入式则因深度埋设导致施工难度大，修正成本高。

（4）抗震性能

外包式柱脚通过混凝土与钢结构的组合作用，在地震中可通过混凝土开裂耗能，同时保持柱脚的整体性，兼具刚度和延性。

外露式抗震依赖锚栓，易发生脆性破坏；埋入式虽抗震性能好，但对埋深和构造要求严格，设计不当可能引发基础破坏。

特别提醒：笔者在审图过程中，经常发现设计师在钢框架采用外露式柱脚时不考虑《抗震规范》公式（8.2.8-6）的柱脚与基础的连接极限承载力抗震验算要求，这是非常危险的！

（5）经济性与规范推荐

外包式在材料成本（混凝土用量适中）、施工效率及维护成本间取得平衡，综合经济效益高。许多结构设计规范（尤其是地震区）推荐采用外包式，因其兼顾安全性与可行性。

9.4.3　钢柱脚的基本构造

（1）柱脚构造应符合计算假定，传力可靠，减少应力集中，且便于制作、运输和安装。

（2）柱脚钢材牌号不应低于下段柱的钢材牌号。构造加劲肋可采用 Q235B 钢。对于承受拉力的柱脚底板，当钢板厚度不小于 40mm 时，应选用符合现行国家标准《厚度方向性能钢板》GB/T 5313 中 Z15 的钢板。

（3）柱脚的靴梁、肋板、隔板应对称布置。

（4）柱脚节点的承载力设计值应不小于下段柱承载力设计值。

（5）柱脚节点焊缝承载力应不小于节点承载力。节点焊缝应根据焊缝形式和应力状态按下述原则分别选用不同的质量等级：

1）凡要求与母材等强的对接焊缝或要求焊透的 T 形接头焊缝，其质量等级宜为一级；外露式柱脚的柱身与底板的连接焊缝应为一级。

2）不要求焊透的 T 形接头采用的角焊缝或部分焊透的对接与角接组合焊缝，其焊缝的外观质量标准应为二级。其他焊缝的外观质量标准可为三级。

（6）在抗震设防地区的柱脚节点，应与上部结构的抗震性能目标一致，柱脚节点构造应符合"强节点、弱构件"的设计原则。当遭受小震和设防烈度地震作用时，柱脚节点应保持弹性。当遭受罕遇地震作用时，柱脚节点的极限承载力不应小于下段柱全塑性承载力的 1.2 倍。

（7）外露式柱脚构造措施应防止积水、积灰，并采取可靠的防腐、隔热措施。

9.5　PKPM 节点参数设置

由于节点参数众多，本节只对重点、难点、热点问题进行重点摘录阐述，没有涉及的部分按照本节参数截图的做法即可。

全楼节点设计操作流程如图 9-2 所示。

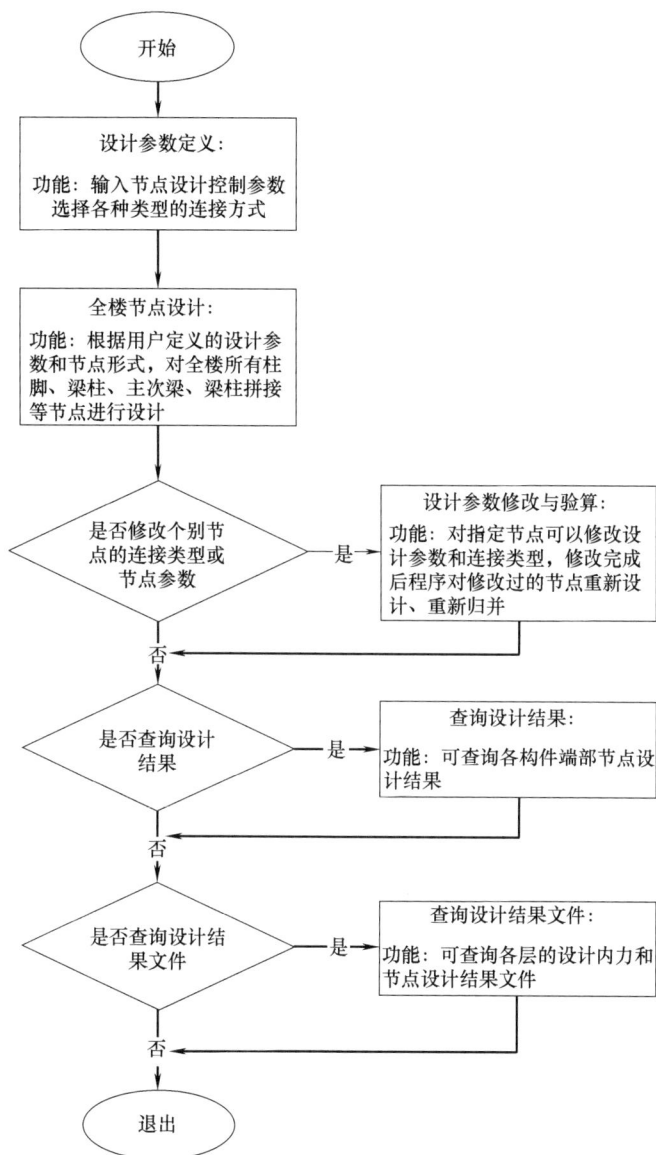

```
          ┌──────────┐
          │   开始    │
          └──────────┘
               │
               ▼
    ┌────────────────────────┐
    │  设计参数定义：           │
    │  功能：输入节点设计控制参数 │
    │       选择各种类型的连接方式 │
    └────────────────────────┘
               │
               ▼
    ┌────────────────────────┐
    │  全楼节点设计：           │
    │  功能：根据用户定义的设计参 │
    │  数和节点形式，对全楼所有柱 │
    │  脚、梁柱、主次梁、梁柱拼接 │
    │  等节点进行设计            │
    └────────────────────────┘
               │
               ▼
         是否修改个别节         ───是───  设计参数修改与验算：
         点的连接类型或                   功能：对指定节点可以修改设
         节点参数                         计参数和连接类型，修改完成
               │                         后程序对修改过的节点重新设
               否                         计、重新归并
               ▼
         是否查询设计           ───是───  查询设计结果：
         结果                            功能：可查询各构件端部节点设
               │                         计结果
               否
               ▼
         是否查询设计结         ───是───  查询设计结果文件：
         果文件                          功能：可查询各层的设计内力和
               │                         节点设计结果文件
               否
               ▼
          ┌──────────┐
          │   退出    │
          └──────────┘
```

图 9-2　全楼节点设计操作流程

单击"钢结构施工图"界面，单击"连接设计"进入"设计参数"，设计参数具体展开论述如下。

9.5.1　抗震调整系数和连接板厚度

抗震调整系数一般选择默认即可；连接板厚度可以指定程序进行节点设计时采用的节点板厚度，避免出现过多类型的板厚，便于设计规格化。比如指定连接板厚 10～20mm，其他板厚就不勾选。在程序设计过程中，个别节点设计节点板厚超过用户指定最大节点板厚时，程序自动采用程序计算结果。

9.5.2 连接设计参数

1. 总设计方法

总设计方法参数输入对话框如图 9-3 所示。

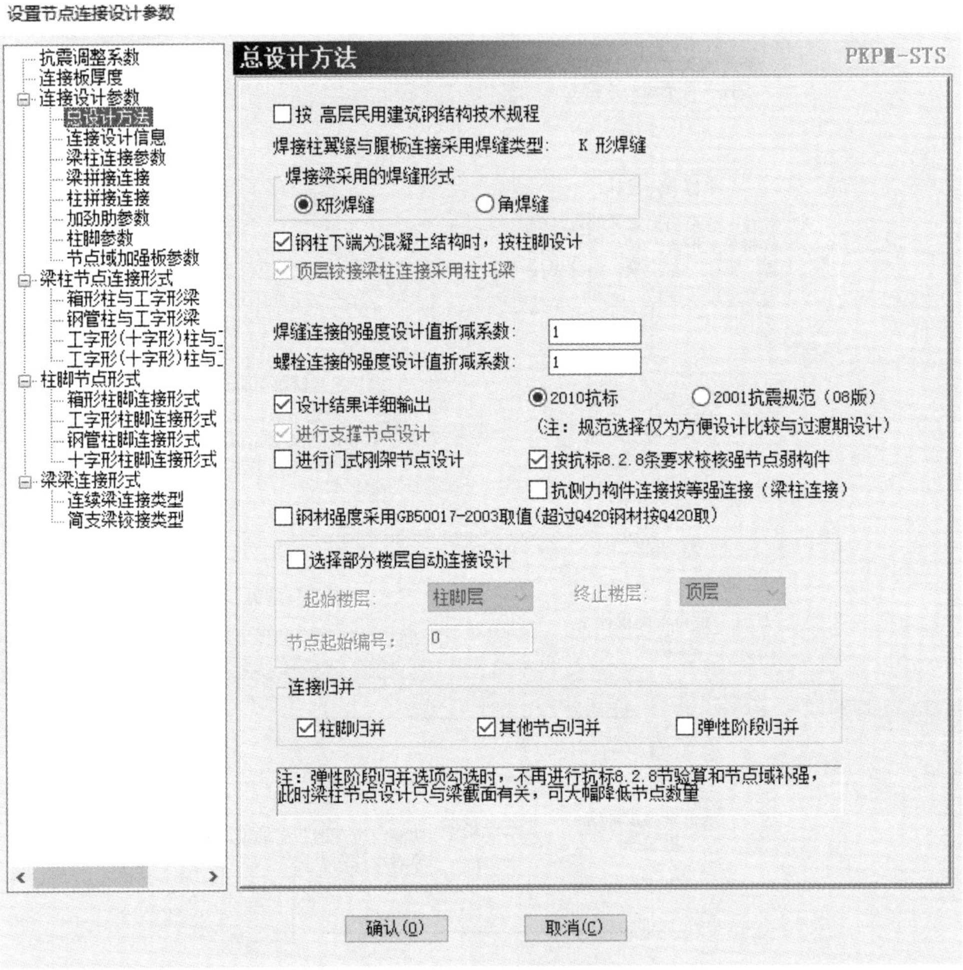

图 9-3 总设计方法参数示意图

（1）根据《抗震标准》要求，柱截面翼缘与腹板必须采用 K 形对接焊缝连接，其焊缝的连接强度认为和板材强度相同，不需要作焊缝的强度验算。焊接梁可以有两种选择，当采用角焊缝连接时，需要对角焊缝进行设计。建议高烈度地区，选择 K 形焊缝。本项目为 8 度区，均采用 K 形焊缝。

（2）焊缝连接强度设计值折减系数按照《钢标》4.4.5-4 条执行：

1）施工条件较差的高空安装焊缝应乘以系数 0.9；

2）进行无垫板的单面施焊对接焊缝的连接计算应乘折减系数 0.85。

（3）螺栓连接强度设计值折减系数按照《钢标》第 7.6.1 条执行：

1 轴心受力构件的截面强度应按本标准式（7.1.1-1）和式（7.1.1-2）计算，但强度设计值应乘以折减系数 0.85。

120

2 受压构件的稳定性应按下列公式计算:

$$\frac{N}{\eta\varphi Af}\leqslant 1.0 \qquad\qquad (7.6.1\text{-}1)$$

等边角钢

$$\eta=0.6+0.0015\lambda \qquad\qquad (7.6.1\text{-}2)$$

短边相连的不等边角钢

$$\eta=0.5+0.0025\lambda \qquad\qquad (7.6.1\text{-}3)$$

长边相连的不等边角钢

$$\eta=0.7 \qquad\qquad (7.6.1\text{-}4)$$

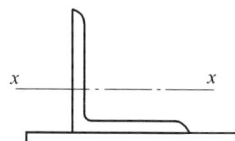

图 7.6.1 角钢的平行轴

式中：λ——长细比，对中间无联系的单角钢压杆，应按最小回转半径计算，当 $\lambda<20$ 时，取 $\lambda=20$；

η——折减系数，当计算值大于 1.0 时取为 1.0。

本项目没有这些情况，故选择默认即可。

（4）抗侧力构件连接按等强连接（梁柱连接）

此处一般无须勾选。因为连接处不一定是内力最大的地方，但按照等强连接则需要的螺栓数量太多，没有必要。

其余参数一般情况下按照默认即可。

2. 连接设计信息

连接设计信息是用户输入所采用的高强度螺栓和普通螺栓的直径和等级，采用的摩擦型连接高强度螺栓连接时构件接触面的处理方法，对接焊缝的级别，以及螺栓的布置方式。

连接设计信息参数输入对话框如图 9-4 所示。

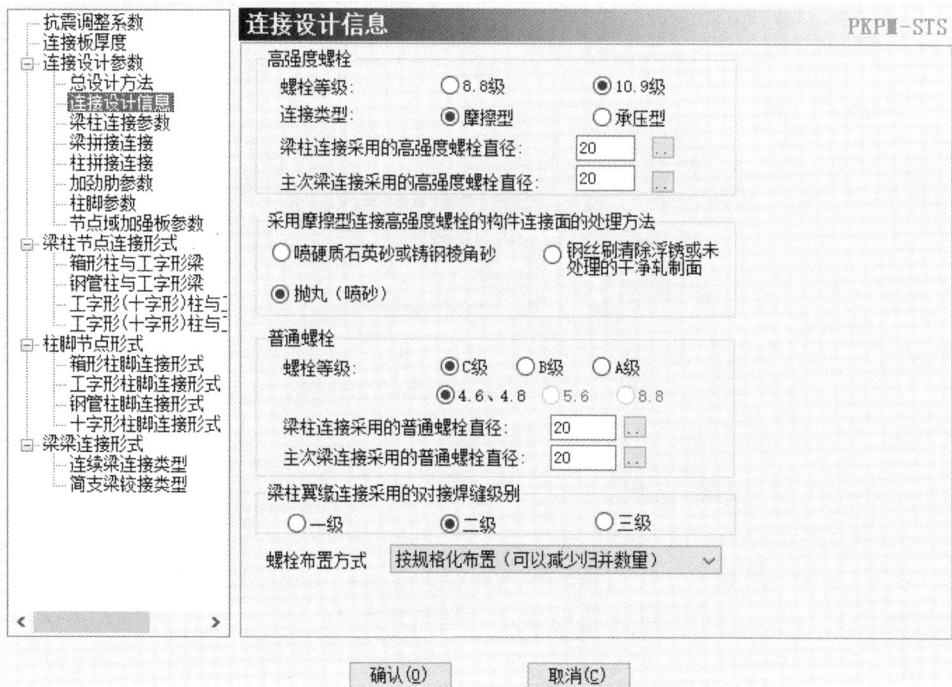

图 9-4 连接设计信息参数示意图

（1）螺栓布置方式：按规格化布置，即螺栓排列除了保证规范规定的间距和边距要求，每列螺栓按照最少或者最多的螺栓数量排列，可以减少排列数量，从而减少节点归并数量；按螺栓数量最少排列，即在保证规范规定的间距和边距要求的前提下，智能地排列螺栓，使螺栓的总数最少，这样排列的数量较多，归并后的节点数量也多。从工程应用方便的角度来讲，选择按规格化布置。

（2）梁柱翼缘连接采用的对接焊缝级别：本项目为多层，无须执行《高钢规》规定，故焊缝质量等级采用二级即可。

（3）采用摩擦型连接高强度螺栓的构件连接面的处理方法：一般采用抛丸喷砂，既能方便工程上实现，又能实现摩擦系数不至于太小，摩擦系数取 0.40。

其余参数一般情况下按照默认即可。

3. 梁柱连接参数

梁柱连接参数如图 9-5 所示。

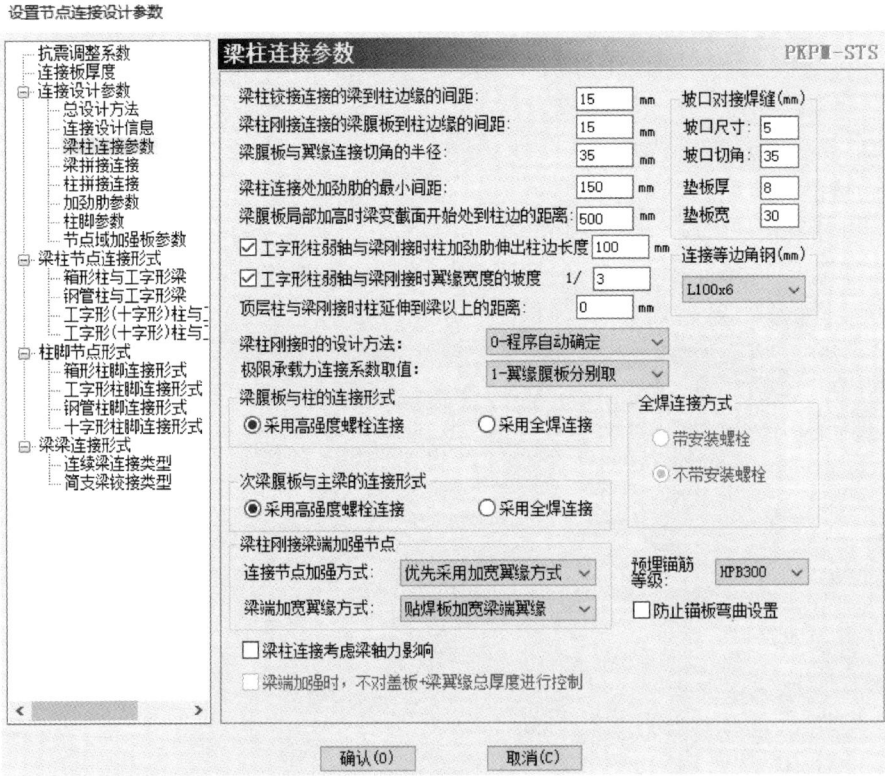

图 9-5　梁柱连接参数示意图

（1）梁柱连接节点参数尺寸含义

梁柱铰接连接的梁到柱边缘的间距 e；

梁柱刚接连接的梁腹板到柱边缘的距离 e 和梁腹板与翼缘连接切角的半径 R；

梁翼缘与柱对接焊缝坡口的切角尺寸 d 和切角角度 θ；

对接焊缝的垫板厚度 t 和宽度 B；

如图 9-6 所示。

（2）梁柱刚接时的设计方法

软件提供 0-程序自动确定、1-精确设计法、2-常用设计法三种方法供用户选择。其中选择程序自动确定时，程序采用的原则：当翼缘塑性惯性矩在整个截面塑性惯性矩中所占的比例不小于 0.7 时，采用常用设计法，全部弯矩由翼缘承担，全部剪力由腹板承担，不考虑腹板承担弯矩；否则当翼缘塑性惯性矩在整个截面塑性惯性矩中所占的比例小于0.7 时，采用精确设计法，翼缘和腹板根据自身惯性矩在整个截面中所占的一定比例分别分担部分弯矩，腹板还要承担全部剪力。当然，用户也可强行指定为精确设计法，因为事实上考虑腹板总能承担

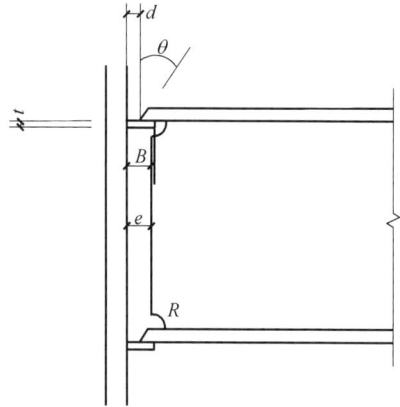

图 9-6　梁柱连接节点参数尺寸示意图

部分弯矩，这样能减少翼缘的负担，从而达到节约的目的。

（3）极限承载力连接系数取值

软件提供两个选项，0-取最小值、1-翼缘腹板分别取，参考《高钢规》第 8.2.4 条，可选择"1"。

（4）梁柱刚接梁端加强节点

当按《抗震标准》8.2.8 条进行连接的极限承载力验算不满足时，软件可自动加强节点提供三种加强方式：优先采用加盖板方式；优先采用加宽翼缘方式；加腋方式。这三种方法各有利弊，要根据具体项目的梁柱截面相对关系确定，本项目优先采用加宽翼缘方式。当采用某种加强方式验算不能满足时，软件自动切换为其他方式，直至满足。对梁端加宽翼缘提供两种方式，即贴焊板加宽梁端翼缘和直接加宽梁翼缘板端头。笔者建议采用贴焊板加宽梁端翼缘，既能合理利用现场的边角余料，而且施工相对直接加宽梁翼缘板端头更容易。

其余参数一般情况下按照默认即可。

4. 梁、柱拼接连接

梁、柱拼接连接参数示意如图 9-7 所示。

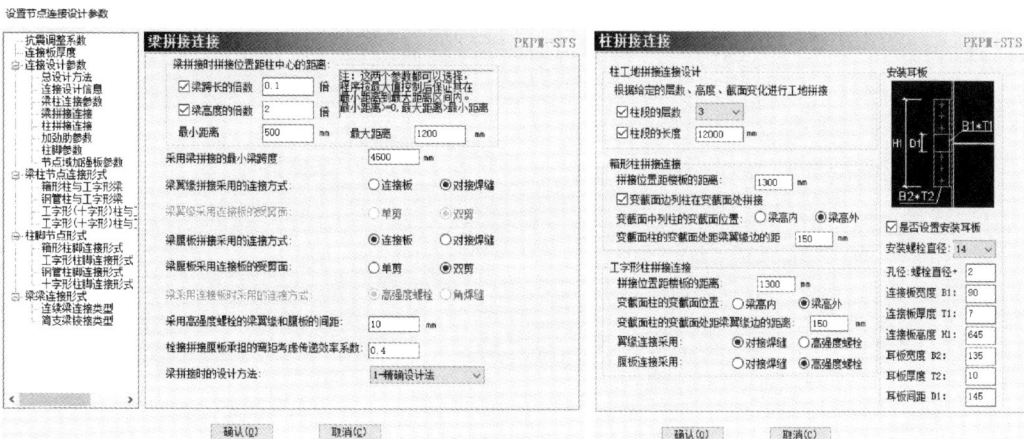

图 9-7　梁、柱拼接连接参数示意图

（1）梁拼接采用栓接拼接腹板承担的弯矩考虑传递效率系数

当梁拼接的设计方法选择精确设计法时，高强度螺栓拼接在弹性阶段的抗弯计算，腹板的弯矩传递系数需乘以降低系数，因为梁弯矩是在翼缘和腹板的拼接板间按其截面惯性矩所占比例进行分配的，由于梁翼缘的拼接板长度大于腹板拼接板长度，在其附近的梁腹板弯矩，有向刚度较大的翼缘侧传递的倾向，其结果使腹板拼接部分承受的弯矩减小。日本《钢结构连接设计指南》（2001/2006）根据试验结果对腹板拼接所受弯矩考虑了折减系数 0.4，本条参考采用。

（2）柱拼接连接耳板尺寸参数

耳板及其连接板尺寸参数详见图 9-8 做法，即可推出具体尺寸，请读者自行推导。

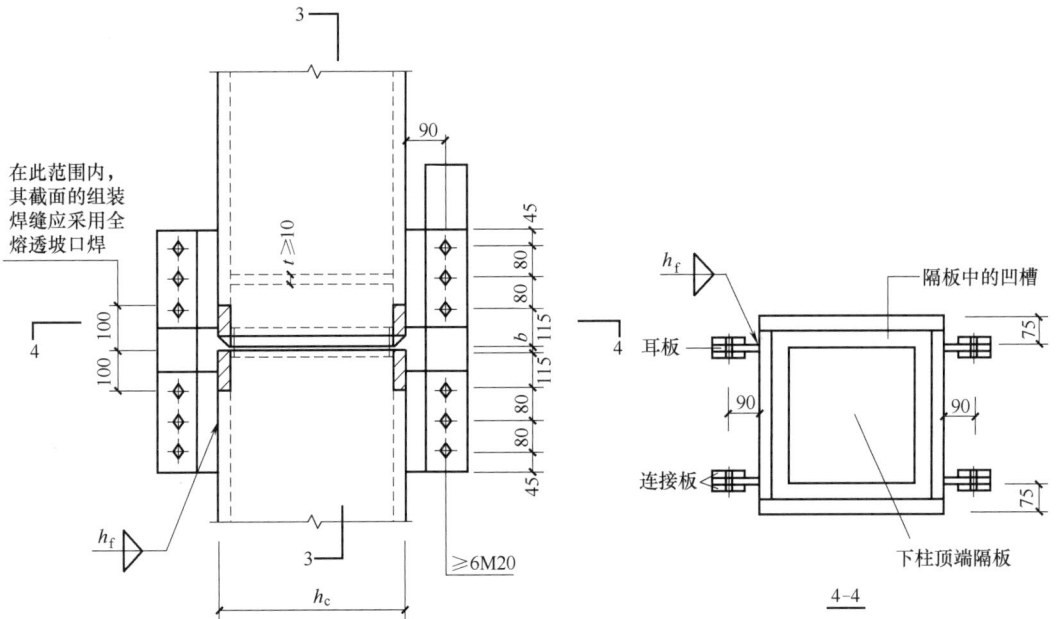

箱形截面柱的工地拼接及设置安装耳板和水平加劲肋的构造

（箱壁采用全熔透的坡口对接焊缝连接）

图 9-8 耳板及其连接板尺寸参数示意

其余参数一般情况下按照默认即可。

5. 加劲肋参数

加劲肋控制参数输入的是梁、柱连接时加劲肋的设置方式；梁在局部稳定验算，梁集中力作用或次梁位置的加劲肋是否需要程序自动设置加劲肋。一般情况下按照默认即可。

6. 柱脚参数

柱脚参数是进行柱脚自动设计时的柱脚连接节点的各种参数，如图 9-9 所示。

（1）柱脚锚栓直径和锚板尺寸

柱脚锚栓直径和锚板尺寸详见《钢结构连接节点设计手册》（第四版）8-123 及 8-103。

（2）柱脚埋深及保护层厚度

《钢标》12.7.7 条：

1 外包式柱脚底板应位于基础梁或筏板的混凝土保护层内；外包混凝土厚度，对 H

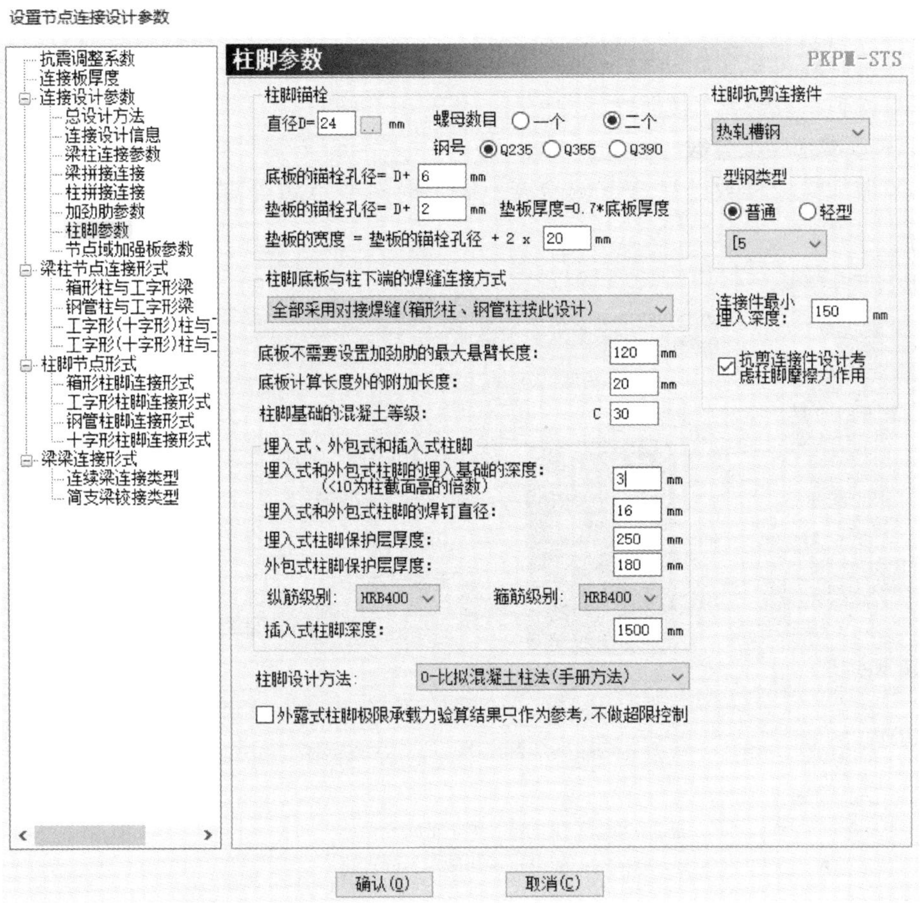

设置节点连接设计参数

抗震调整系数	柱脚参数	PKPM-STS

柱脚锚栓
直径D= 24 mm　螺母数目 ○一个　●二个
　　　　　　钢号 ○Q235　○Q355　○Q390
底板的锚栓孔径= D+ 6 mm
垫板的锚栓孔径= D+ 2 mm　垫板厚度=0.7*底板厚度
垫板的宽度 = 垫板的锚栓孔径 + 2 × 20 mm

柱脚底板与柱下端的焊缝连接方式
全部采用对接焊缝(箱形柱、钢管柱按此设计)

底板不需要设置加劲肋的最大悬臂长度: 120 mm
底板计算长度外的附加长度: 20 mm
柱脚基础的混凝土等级: C 30

埋入式、外包式和插入式柱脚
埋入式和外包式柱脚的埋入基础的深度: 3 (<10为柱截面高的倍数)
埋入式和外包式柱脚的焊钉直径: 16 mm
埋入式柱脚保护层厚度: 250 mm
外包式柱脚保护层厚度: 180 mm
纵筋级别: HRB400　箍筋级别: HRB400
插入式柱脚深度: 1500 mm

柱脚设计方法: 0-比拟混凝土柱法(手册方法)
□外露式柱脚极限承载力验算结果只作为参考,不做超限控制

柱脚抗剪连接件
热轧槽钢
型钢类型
●普通　○轻型
[5
连接件最小埋入深度: 150 mm
☑抗剪连接件设计考虑柱脚摩擦力作用

确认(Q)　取消(C)

图 9-9　柱脚参数示意图

形截面柱不宜小于160mm,对矩形管或圆管柱不宜小于180mm,同时不宜小于钢柱截面高度的30%;混凝土强度等级不宜低于C30;柱脚混凝土外包高度,H形截面柱不小于柱截面高度的2倍,矩形管柱或圆管柱宜为矩形管截面长边尺寸或圆管直径的2.5倍;当没有地下室时,外包宽度和高度宜增大20%;当仅有一层地下室时,外包宽度宜增大10%;

2　柱脚底板尺寸和厚度应按结构安装阶段荷载作用下轴心力、底板的支承条件计算确定,其厚度不宜小于16mm;

3　柱脚锚栓应按构造要求设置,直径不宜小于16mm,锚固长度不宜小于其直径的20倍;

4　柱在外包混凝土的顶部箍筋处应设置水平加劲肋或横隔板,其宽厚比应符合本标准第6.4节的相关规定;

5　当框架柱为圆管或矩形管时,应在管内浇灌混凝土,强度等级不应小于基础混凝土。浇灌高度应高于外包混凝土,且不宜小于圆管直径或矩形管的长边;

6　外包钢筋混凝土的受弯和受剪承载力验算及受拉钢筋和箍筋的构造要求应符合现行国家标准《混凝土结构设计规范》GB 50010 的有关规定,主筋伸入基础内的长度不应小于25倍直径,四角主筋两端应加弯钩,下弯长度不应小于150mm,下弯段宜与钢柱焊接,顶部箍筋应加强加密,并不应小于3根直径12mm的 HRB335 级热轧钢筋。

本项目采用箱形柱，无地下室，根据上述规定取柱脚埋深（外包高度）为 3 倍柱高，保护层厚度（外包宽度）为 180mm。

其余参数一般情况下按照默认即可。

7. 节点域加强板参数

节点域加强板参数是柱节点域验算不满足时对节点域处理的参数选项，如图 9-10 所示。

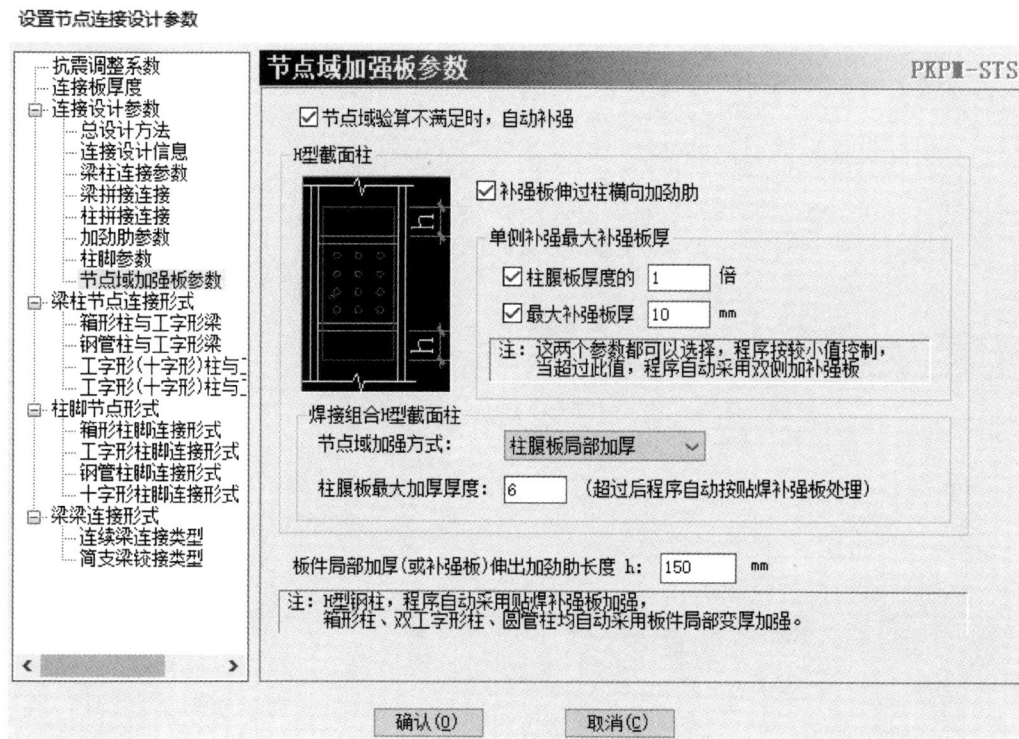

设置节点连接设计参数

- 抗震调整系数
- 连接板厚度
- 连接设计参数
  - 总设计方法
  - 连接设计信息
  - 梁柱连接参数
  - 梁拼接连接
  - 柱拼接连接
  - 加劲肋参数
  - 柱脚参数
  - 节点域加强板参数
- 梁柱节点连接形式
  - 箱形柱与工字形梁
  - 钢管柱与工字形梁
  - 工字形（十字形）柱与
  - 工字形（十字形）柱与
- 柱脚节点形式
  - 箱形柱脚连接形式
  - 工字形柱脚连接形式
  - 钢管柱脚连接形式
  - 十字形柱脚连接形式
- 梁梁连接形式
  - 连续梁连接类型
  - 简支梁铰接类型

节点域加强板参数 PKPM-STS

☑ 节点域验算不满足时，自动补强

H型截面柱

☑ 补强板伸过柱横向加劲肋

单侧补强最大补强板厚

☑ 柱腹板厚度的 [1] 倍

☑ 最大补强板厚 [10] mm

注：这两个参数都可以选择，程序按较小值控制，当超过此值，程序自动采用双侧加补强板

焊接组合H型截面柱

节点域加强方式： 柱腹板局部加厚 ∨

柱腹板最大加厚厚度： [6] （超过后程序自动按贴焊补强板处理）

板件局部加厚（或补强板）伸出加劲肋长度 h： [150] mm

注：H型钢柱，程序自动采用贴焊补强板加强，
箱形柱、双工字形柱、圆管柱均自动采用板件局部变厚加强。

确认(O)　　取消(C)

图 9-10　节点域加强板参数示意图

根据《抗震标准》8.3.5 条条文说明：当节点域的体积不满足 8.2.5 条有关规定时，参考日本规定和美国 AISC 钢结构抗震规程 1997 年版的规定，提出了加厚节点域和贴焊补强板的加强措施：

（1）对焊接组合柱，宜加厚节点板，将柱腹板在节点域范围更换为较厚板件。加厚板件应伸出柱横向加劲肋之外各 150mm，并采用对接焊缝与柱腹板相连；

（2）对轧制 H 形柱，可贴焊补强板加强。补强板上下边缘可不伸过横向加劲肋或伸过柱横向加劲肋之外各 150mm。当补强板不伸过横向加劲肋时，加劲肋应与柱腹板焊接，补强板与加劲肋之间的角焊缝应能传递补强板所分担的剪力，且厚度不小于 5mm；当补强板伸过加劲肋时，加劲肋仅与补强板焊接，此焊缝应能将加劲肋传来的力传递给补强板，补强板的厚度及其焊缝应按传递该力的要求设计。补强板侧边可采用角焊缝与柱翼缘相连，其板面尚应采用塞焊与柱腹板连成整体。塞焊点之间的距离，不应大于相连板件中较薄板件厚度的 $21\sqrt{235/f_y}$ 倍。

参数一般情况下按照默认即可。

9.5.3 梁柱节点连接形式

箱形柱固接连接类型示意图如图 9-11 所示。

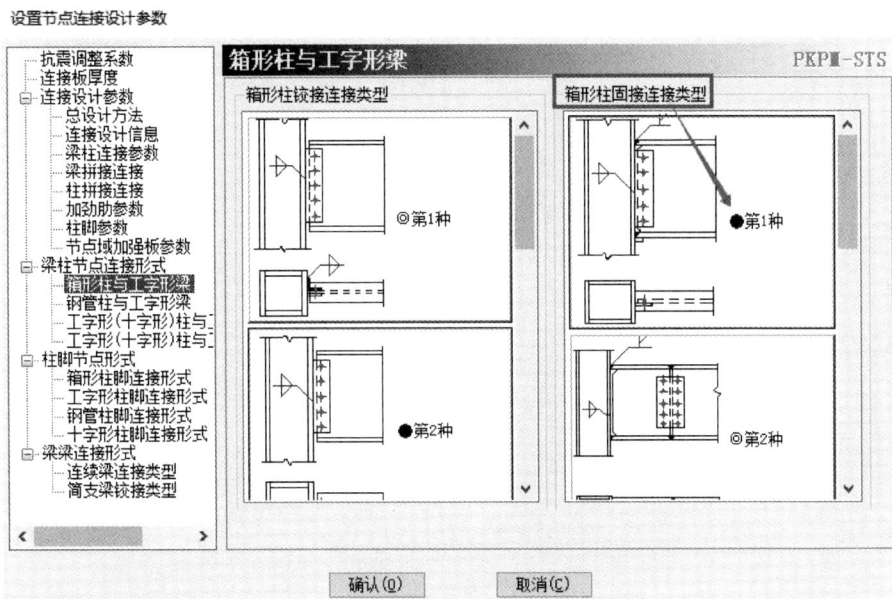

图 9-11 箱形柱固接连接类型示意图

9.5.4 柱脚节点连接形式

从前面的论述可知,本项目钢柱脚选择外包式,如图 9-12 所示。

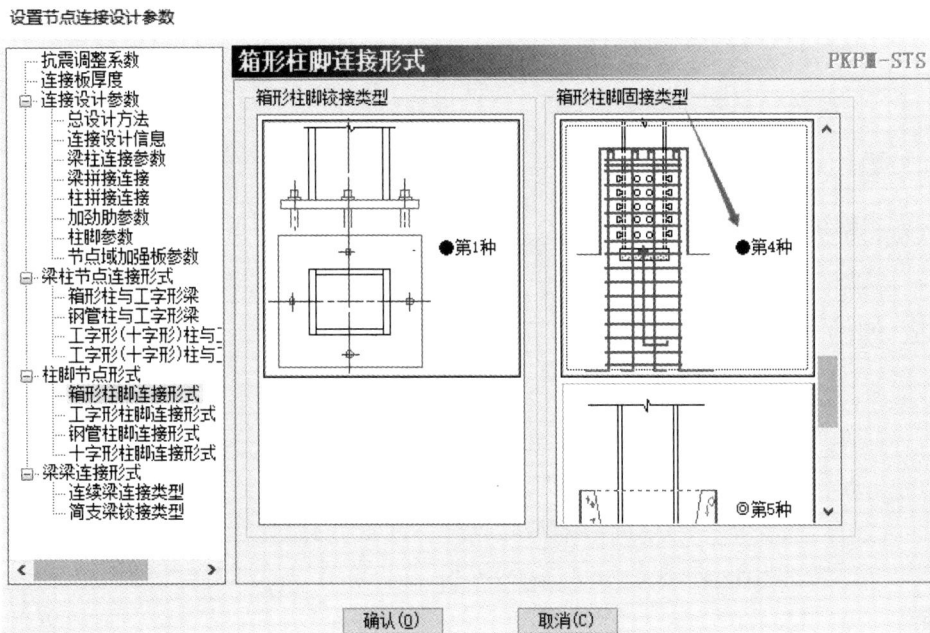

图 9-12 箱形柱外包式柱脚示意图

9.5.5 梁梁连接形式

次梁铰接连接类型示意如图 9-13 所示。

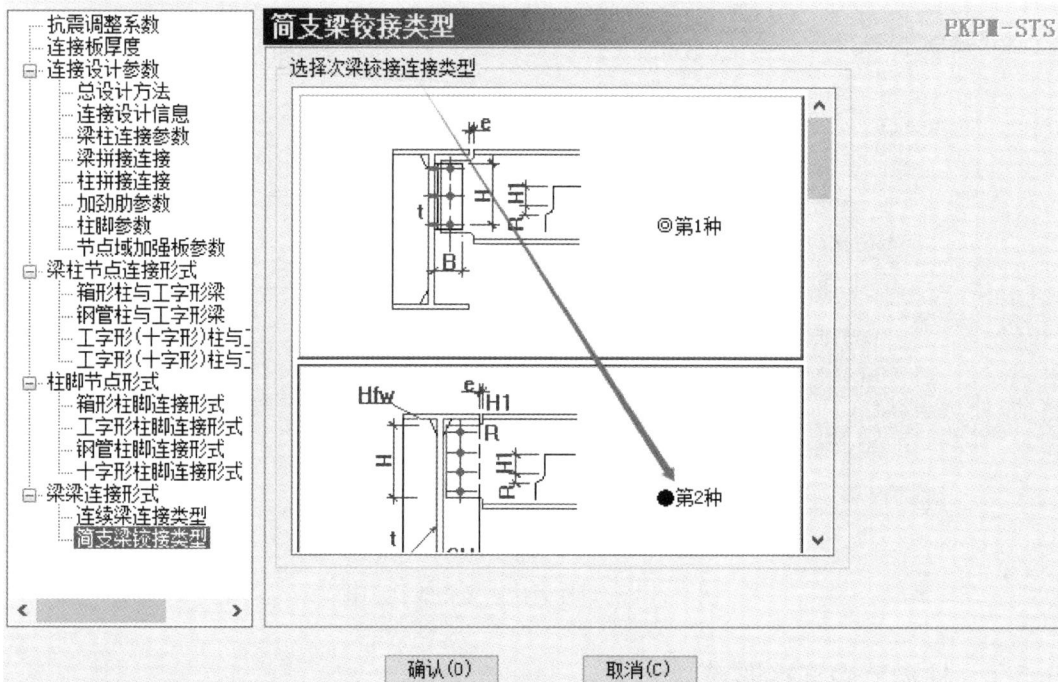

图 9-13　次梁铰接连接类型示意图

9.6　PKPM 全楼连接节点设计

9.6.1　节点设计

进入"钢结构施工图"界面，单击"连接设计""自动设计＋生成连接"，程序自动开始节点设计及验算，如图 9-14 所示。

9.6.2　复核节点计算书

1. 柱脚节点计算书

（1）节点基本资料

以左下角柱脚为例，截面尺寸：箱 $350 \times 350 \times 16 \times 16$；材料：Q345；

柱脚混凝土强度等级：C30；柱脚底板钢号：Q345；外包高度：1.05m；

柱脚底板尺寸：$B \times H \times T = 600 \times 600 \times 20 = 7200000 \text{mm}^3$；

锚栓钢号：Q235；锚栓直径 $D = 24 \text{mm}$；锚栓垫板尺寸：$B \times T = 70 \times 14 = 980 \text{mm}^2$；

翼缘侧锚栓数量：2；腹板侧锚栓数量：2；

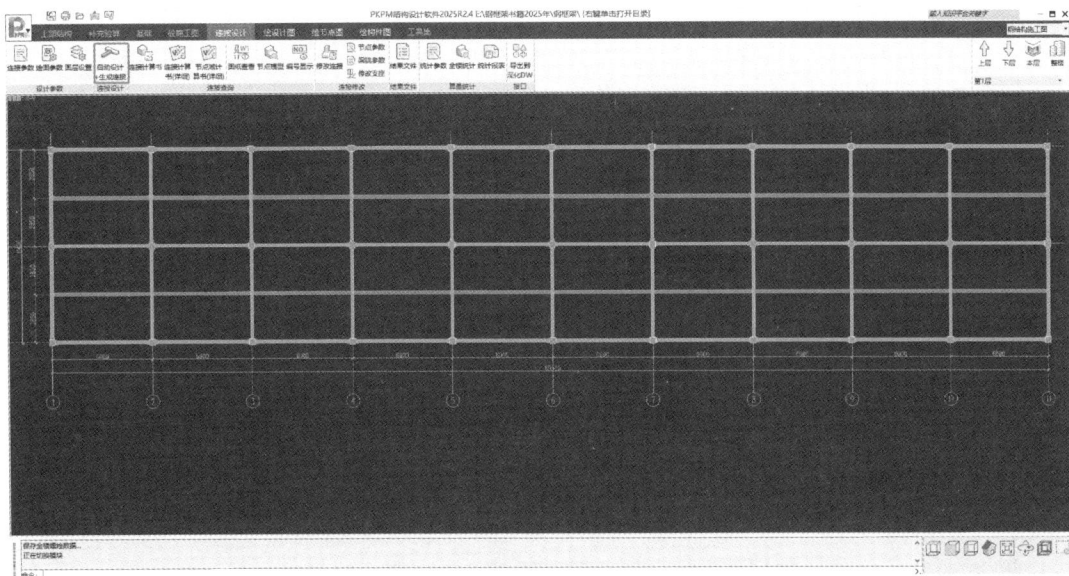

图 9-14　自动生成节点设计示意图

柱与底板采用对接焊缝连接；

栓钉直径：16mm；栓钉长度：65mm；翼缘侧栓钉数：10 个；腹板侧栓钉数：10 个；

竖向受力筋强度等级：HRB（F）400；箍筋强度等级：HRB（F）400；保护层厚度：180mm；

实配钢筋（外包式柱脚已按极限承载力进行调整）：

翼缘边单侧受力筋：9φ25；翼缘边单侧架立筋：无；

腹板边单侧受力筋：9φ25；腹板边单侧架立筋：无；

顶部附加箍筋：3φ12@50；一般箍筋：φ10@100。

（2）计算结果

1）柱底混凝土局部承压计算

计算内力控制组合号：36（非地震组合）；

内力设计值：

$$N = 203.08 \text{kN}$$

钢柱部分承担的轴力：

$$N_c = 148.78 \text{kN}$$

面积确定方法：

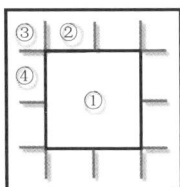

底板承压面积：

$$c = 45.42 \text{mm}^2$$

$$A_b = (b+2c) \times (h+2c) - (b-2t-2c) \times (h-2u-2c)$$
$$= (350+90.84) \times (350+90.84) - (350-2\times16-90.84) \times (350-2\times16-90.84)$$
$$= 142738.24\text{mm}^2$$

局部压应力：

$$\sigma_c = \frac{N_c}{A_b} = \frac{148780.00}{142738.24} = 1.04\text{N/mm}^2$$

$\sigma_c \leqslant 2f_c = 28.60\text{N/mm}^2$，柱底混凝土局部承压验算满足要求。

2）栓钉抗剪承载力校核

说明：《高钢规》已取消，结果仅供参考；

计算内力控制组合号：150（地震组合，考虑承载力抗震调整）；

内力设计值：

$$M = -145.45\text{kN} \cdot \text{m}; \quad N = 168.02\text{kN}$$

栓钉直径：16mm；栓钉长度：65mm；翼缘侧栓钉数：10个；

单个栓钉的抗剪承载力：

$$N_v^c = \min(0.43A_s\sqrt{E_c f_{cc}}, \ 0.7A_s f_{at})$$
$$= \min(0.43 \times 201.06 \times \sqrt{30000.00 \times 14.30}, \ 0.7 \times 201.06 \times 400)$$
$$= 56.30\text{kN}$$

单个栓钉承受剪力为：

$$N_F = M/h_c + N/4 = 145.45 \times 10^6/350 + 168023.00/4 = 457.576\text{kN}$$
$$N_V = N_F/n_v = 457.576/10 = 45.76\text{kN}$$

$N_V < N_v^c$，栓钉抗剪承载力满足要求。

3）柱脚配筋校核

① 翼缘侧配筋计算：

计算配筋对应的内力组合号：150（地震组合，考虑承载力抗震调整）；

内力设计值：

$$M_x = -145.45\text{kN} \cdot \text{m}; \quad V_y = 37.11\text{kN}$$

高度方向拉压筋形心间距：

$$h_0 = 704\text{mm}$$

计算配筋为：

$$A_s = \frac{M_x}{0.9f_y h_0} = \left| \frac{145450000.00}{0.9 \times 360.00 \times 704} \right| = 637.67\text{mm}^2$$

构造配筋为：

$$A_{\min} = 0.002b_0 h_0/4 = 0.002 \times 704 \times 704/4 = 247.81\text{mm}^2$$

② 腹板侧配筋计算：

计算配筋对应的内力组合号：96（地震组合，考虑承载力抗震调整）；

内力设计值：

$$M_y = 105.47 \text{kN} \cdot \text{m}; \quad V_x = 27.47 \text{kN}$$

宽度方向拉压筋形心间距：

$$b_0 = 704$$

计算配筋为：

$$A_s = \frac{M_y}{0.9 f_y b_0} = \left| \frac{105470000.00}{0.9 \times 360.00 \times 704} \right| = 462.39 \text{mm}^2$$

构造配筋为：

$$A_{\min} = 0.002 b_0 h_0 / 4 = 0.002 \times 704 \times 704 / 4 = 247.81 \text{mm}^2$$

③ 实配钢筋（外包式柱脚已按极限承载力进行调整）：

翼缘边单侧受力筋：9φ25；翼缘边单侧架立筋：无；

腹板边单侧受力筋：9φ25；腹板边单侧架立筋：无；

顶部附加箍筋：3φ12@50；一般箍筋：φ10@100；

4）外包混凝土受剪承载力验算

① x 方向的抗剪承载力验算：

对应的控制内力组合号：96（地震组合，考虑承载力抗震调整）；

内力设计值：

$$V_x = 27.54 \text{kN}$$

抗剪承载力：

$$\begin{aligned} V_{rcx} &= b_e h (0.7 f_t + 0.5 f_{yv} \rho_s) \\ &= 434 \times 744 \times (0.7 \times 1.43 + 0.5 \times 360.00 \times 0.36\%) \\ &= 532.46 \text{kN} \end{aligned}$$

$V_x \leqslant V_{rcx}$，外包混凝土抗剪承载力满足要求。

② y 方向的抗剪承载力验算：

对应的控制内力组合号：150（地震组合，考虑承载力抗震调整）；

内力设计值：

$$V_y = 37.20 \text{kN}$$

抗剪承载力：

$$\begin{aligned} V_{rcy} &= b_e h (0.7 f_t + 0.5 f_{yv} \rho_s) \\ &= 434 \times 744 \times (0.7 \times 1.43 + 0.5 \times 360.00 \times 0.36\%) \\ &= 532.46 \text{kN} \end{aligned}$$

$V_y \leqslant V_{rcy}$，外包混凝土抗剪承载力满足要求。

5）柱脚极限承载力验算结果

连接系数：$\eta_j = 1.20$；

柱脚最大轴力和轴向屈服承载力的比值：

$$N / N_y = 226.75 / 7374.72 = 0.03$$

箱形柱：

$$N / N_y \leqslant 0.13$$

绕 x 轴柱截面全塑性受弯承载力：

$$W_{px} = 2679.39 cm^3$$

$$M_{px} = W_{px} \times f_y = 2679390.00 \times 345.00 = 924.39 kN \cdot m$$

取：

$$M_{pc} = M_{px} = 924.39 kN \cdot m$$

绕 x 轴柱脚连接的极限受弯承载力：

$$M_{u1x} = M_{pc}/(1 - l_r/l) = 924390000.00/(1 - 1010.00/4266.67) = 1211.07 kN \cdot m$$

故：

$$M_{u3x} = 2 \frac{\pi D^2}{4} f_u (0.5H - L_{tx}) = 2 \times \frac{3.14 \times 21.18^2}{4} \times 370.00 \times (0.5 \times 600 - 55) = 63.84 kN \cdot m$$

$$M_{u2x} = 0.9 A_s f_{yk} h_0 + M_{u3x} = 0.9 \times 4417.86 \times 400.00 \times 744 + 63840000.00 = 1247.12 kN \cdot m$$

$M_{ux} = min(M_{u1x}, M_{u2x}) = 1211.07 kN \cdot m \geqslant \eta_j M_{pc} = 1109.27 kN \cdot m$，满足要求。

绕 y 轴柱截面全塑性受弯承载力：

$$W_{py} = 2679.39 cm^3$$

$$M_{py} = W_{py} \times f_y = 2679390.00 \times 345.00 = 924.39 kN \cdot m$$

取：

$$M_{pc} = M_{py} = 924.39 kN \cdot m$$

绕 y 轴柱脚连接的极限受弯承载力：

$$M_{u1y} = M_{pc}/(1 - l_r/l) = 924390000.00/(1 - 1010.00/4266.67) = 1211.07 kN \cdot m$$

故：

$$M_{u3y} = 2 \frac{\pi D^2}{4} f_u (0.5B - L_{ty}) = 2 \times \frac{3.14 \times 21.18^2}{4} \times 370.00 \times (0.5 \times 600 - 55) = 63.84 kN \cdot m$$

$$M_{u2y} = 0.9 A_s f_{yk} h_0 + M_{u3y} = 0.9 \times 4417.86 \times 400.00 \times 744 + 63840000.00 = 1247.12 kN \cdot m$$

$M_{uy} = min(M_{u1y}, M_{u2y}) = 1211.07 kN \cdot m \geqslant \eta_j M_{pc} = 1109.27 kN \cdot m$，满足要求。

2. 梁柱连接节点计算书

采用框架梁截面：WH350×170×6×10

梁钢号：Q345

连接柱截面：箱 350×350×16×16

柱钢号：Q345

连接设计方法：按梁端部内力设计（拼接处为等强）。

箱形柱与工形梁（90）度固接连接

连接类型：单剪连接

高强度螺栓连接（翼缘用对接焊缝，对接焊缝质量级别：2级，腹板用高强度螺栓）

梁翼缘塑性截面模量/全截面塑性截面模量：0.780

常用设计法算法：翼缘承担全部弯矩，腹板只承担剪力。

螺栓连接验算：

螺栓群作用弯矩 M（kN·m）、轴力 N（kN）、剪力 V（kN）（分配后）：0.00，0.00，116.03（剪力 V 取梁腹板净截面抗剪承载力设计值的 1/2），采用 10.9 级高强度螺栓摩擦型连接。

螺栓直径 $D=20$mm

高强度螺栓连接处构件接触面抛丸（喷砂）

接触面抗滑移系数 $u=0.40$

高强螺栓预拉力 $P=155.00$kN

连接梁腹板和连接板的高强度螺栓单面抗剪承载力设计值 $N_{vb}=55.80$kN

连接梁腹板和连接板的高强度螺栓所受最大剪力 $N_s=38.68$kN$\leqslant N_{vb}$，设计满足。

腹板螺栓排列（平行于梁轴线的称为"行"）：

行数：3，螺栓的行间距：70mm，螺栓的行边距：60mm

列数：1，螺栓的列边距：40mm

梁端部连接验算：

采用单连接板连接

腹板作用弯矩（kN·m）、轴力 N（kN）、剪力 V（kN）（分配后）：0.00，0.00，116.03（剪力 V 取梁腹板净截面抗剪承载力设计值的 1/2）。

梁腹板净截面最大正应力：0.00N/mm$^2 \leqslant f=305$N/mm^2，设计满足。

梁腹板净截面最大剪应力：87.90N/mm$^2 \leqslant f_v=175$N/mm^2，设计满足。

梁边到柱截面边的距离 $e=15$mm

连接件验算：

连接板尺寸 $B \times H \times T=95 \times 260 \times 8$

需要最小连接板高度 $H=88$mm$\leqslant$实际连接板高度 $H=260$mm，满足要求。

连接件净截面最大正应力：0.00N/mm$^2 \leqslant f=305$N/mm^2，设计满足。

连接件净截面平均剪应力：74.76N/mm$^2 \leqslant f_v=175$N/mm^2，设计满足。

连接件（或梁腹板）与柱之间的角焊缝验算：

连接件（或梁腹板）与柱之间的角焊缝焊脚尺寸 $H_f=6$mm

连接件（或梁腹板）与柱之间的角焊缝最大应力：55.70N/mm$^2 \leqslant F_{fw}=200$N/mm^2，设计满足。

梁柱连接的极限承载力验算：

梁柱连接极限受弯承载力 M_u：

翼缘连接系数 $\eta_{jf}=1.30$，腹板连接系数 $\eta_{jw}=1.35$

梁翼缘的塑性受弯承载力 $M_{pf}=199.410$kN·m

梁腹板的塑性受弯承载力 $M_{pw}=56.356$kN·m

加强前连接的极限承载力 $M_u=306.643$kN·m

程序采用的加强方案和验算结果：

连接根部梁翼缘加宽，加宽板宽度 B：35mm

连接板类型：贴板加宽

翼缘的受弯极限承载力 $M_{uf}=383.520\mathrm{kN}\cdot\mathrm{m}$

腹板的受弯极限承载力 $M_{uw}=34.983\mathrm{kN}\cdot\mathrm{m}$

$M_u=M_{uf}+M_{uw}=418.503\mathrm{kN}\cdot\mathrm{m}>\eta_{jf}M_{pf}+\eta_{jw}M_{pw}=335.314\mathrm{kN}\cdot\mathrm{m}$，满足要求。

梁柱连接极限受剪承载力 V_u：

连接板和柱翼缘的连接焊缝抗剪极限承载力 $V_{u1}=567.880\mathrm{kN}$

梁腹板净截面抗剪极限承载力 $V_{u2}=317.310\mathrm{kN}$

连接板净截面抗剪极限承载力 $V_{u3}=423.080\mathrm{kN}$

腹板连接（螺栓或焊缝）抗剪极限承载力 $V_{u4}=442.990\mathrm{kN}$

调整后最小极限受剪承载力：取 $V_{u2}=317.310\mathrm{kN}$

$M_p=199.410+56.356=255.766\mathrm{kN}\cdot\mathrm{m}$

$V_{gb}=\rho\times0.5\times A_n\times l_n\times g=7850\times0.5\times5380.00\times5650\times9.8\times10^{-12}=1.170\mathrm{kN}$

$V_u=317.310\mathrm{kN}\geqslant1.2(2M_p/l_n)+V_{gb}$（未包含竖向地震）$=1.2\times(2\times255.766/5.650)+$
$1.170=109.810\mathrm{kN}$，满足要求。

10 梁、柱及柱脚施工图绘制

10.1 规范条文链接

10.1.1 钢框架梁和钢柱构造要求

1. 宽厚比要求

《抗震标准》8.3.2 条：框架梁、柱板件宽厚比，应符合表 8.3.2 的规定。

表 8.3.2 框架梁、柱板件宽厚比限值

	板件名称	一级	二级	三级	四级
柱	工字形截面翼缘外伸部分	10	11	12	13
	工字形截面腹板	43	45	48	52
	箱形截面壁板	33	36	38	40
梁	工字形截面和箱形截面翼缘外伸部分	9	9	10	11
	箱形截面翼缘在两腹板之间部分	30	30	32	36
	工字形截面和箱形截面腹板	$72-120N_b$ $/(Af) \leqslant 60$	$72-100N_b$ $/(Af) \leqslant 65$	$80-110N_b$ $/(Af) \leqslant 70$	$85-120N_b$ $/(Af) \leqslant 75$

注：1 表列数值适用于 Q235 钢，采用其他牌号钢材时，应乘以 $\sqrt{235/f_{ay}}$。

2 $N_b/(Af)$ 为梁轴压比。

2. 框架柱长细比要求

《抗震标准》规定：

8.3.1 框架柱的长细比，一级不应大于 $60\sqrt{235/f_{ay}}$，二级不应大于 $80\sqrt{235/f_{ay}}$，三级不应大于 $100\sqrt{235/f_{ay}}$，四级时不应大于 $120\sqrt{235/f_{ay}}$。

10.1.2 钢次梁构造要求

由于钢次梁无须考虑抗震，故不必遵守《抗震标准》要求，只需满足《钢标》表 3.5.1 中 S4 要求，即工字形截面构件受压翼缘板自由外伸宽度 b 与其厚度 t 之比，不应大于 $15\sqrt{235/f_y}$。

10.2 图集链接

10.2.1 钢框架平面制图规则

《钢结构施工图参数表示方法制图规则和构造详图》08SG115-1（以下简称 08SG115-1 图集）中对平面布置图制图规则做了图 10-1～图 10-5 所示规定。

平面布置图、立面布置图制图规则

1 平面布置图制图规则

1.1 平面布置图的表示规则

1.1.1 钢柱在平面布置图中应按不同的结构层(标准层),采用适当比例绘制。

1.1.2 平面布置图中应有一个基准标高,该标高为结构层标高减去楼板厚度,即大多数钢梁的梁顶标高。如有个别升板或降板的情况,应在相关的钢梁处注写与基准标高的差值。具体注写见图1。

1.1.3 未做定位标注的钢梁、钢柱,均为轴线居中布置。

1.1.4 平面布置图中,梁可以采用单线条表示,也可以根据实际需要采用钢梁的俯视图表示。如图3、图4。

1.1.5 在平面布置图中,节点的注写要能充分反映钢柱与各方向钢梁连接的情况。

1.1.6 平面布置图中的构件编号宜按从左到右,从下到上的顺序编写序号。

1.2 平面布置图的注写

1.2.1 平面布置图中的注写内容
   (1) 梁、柱编号。
   (2) 梁、柱与轴线的关系,即梁柱定位。
   (3) 节点和节点索引的注写。
   (4) 当结构布置支撑时,应在平面图中注明支撑编号等内容。

1.2.2 钢梁的注写内容
   (1) 在平面布置图中,梁的注写内容主要有:编号、标高、与轴线的关系,与钢柱的关系等。
   (2) 钢梁的编号包括钢梁的类型代号、序号,另外以列表形式表示出截面尺寸、材质等项内容。参见表1:

表1 钢构件表

构件类型	代号	序号	编号举例	截面尺寸(mm) 高×宽×腹板厚×翼缘厚	材质
钢框架梁	GKL	××	GKL5	H600×200×12×16	Q235-B
钢梁(次梁)	GL	××	GL2	H400×150×8×10	
楼梯梁	GTL	××	GTL3	H200×200×8×12	

注:截面相同的钢梁可以采用相同的编号。

   (3) 钢梁的标高一般为平面布置图的基准标高,可以不加注写;如果与基准标高不一致,需加注写说明,如图1:

GKL3
(−0.300)

图1 降标高的钢梁注写

注:括号内的数字表示的是钢梁与基准标高的差值,正值表示高于基准标高的数值;负值表示低于基准标高的数值。假定钢梁所在层的基准标高为6.500m,则该钢梁标高为
6.500−0.300=6.200

   (4) 钢梁与轴线的关系,钢梁宜轴线居中布置,如有偏轴应注明偏轴尺寸。在钢梁以俯视图表示的平面图中,也可以标注梁边与轴线的尺寸。

   (5) 钢梁与钢柱的关系,钢梁中心线宜与钢柱的中心线重合。钢梁与钢柱的连接有两种方式,刚接、铰接,在平面布置图中应按表2形式表示:

图10-1 08SG115-1图集中对平面布置图制图规则的规定(一)

表2 钢构件连接示意

构件铰接		
构件刚接		

1.2.3 钢柱的注写内容
   (1) 在平面布置图中,钢柱的注写内容一般包括编号、与轴线的关系,即定位等。
   (2) 钢柱的编号包括钢柱的类型代号、序号,另外以列表形式表示出截面尺寸、材质等项内容。参见表3:

表3 钢构件表

柱类型	代号	序号	编号举例	截面尺寸(mm) 高×宽×腹板厚×翼缘厚	变截面处标高	材质
钢框架柱	GKZ	××	GKZ1	H400×400×12×18	7.8	Q235-B
			GKZ2	□400×400×18×18		
楼梯柱	GTZ	××	GTZ1	H200×200×8×12		

注:编序号时,当柱的总高、分段截面及起止标高均相同时,可将其编为相同柱号。

   (3) 柱的变截面处宜位于框架梁上方1.3m附近,同时考虑现场接长的施工方便与否。如平面布置图中的基准标高为6.500m,层高3.600m,则变截面位置可设在标高7.800处。

   (4) 钢柱与轴线的关系,钢柱宜轴线居中布置,如有偏轴应注明偏轴尺寸。

   (5) 钢柱宜采用柱立面图或柱表的方式,表示出柱变截面处或接长处的标高。

   如图2中的节点注写表示的是三个方向上钢梁与钢柱的连接。如果每个方向钢梁截面以及与钢柱的连接形式均相同,可用一个索引号表示。如图3中GKZ2、GKZ3与梁汇交节点均为同类,注写一次即可。

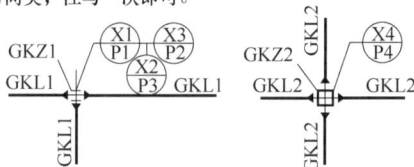

图2 节点注写示意图

1.2.4 当结构布置中设有支撑时,应在平面图中注明支撑编号,并用虚线表示,如图4中的GKC1、GKC2。

图10-2 08SG115-1图集中对平面布置图制图规则的规定(二)

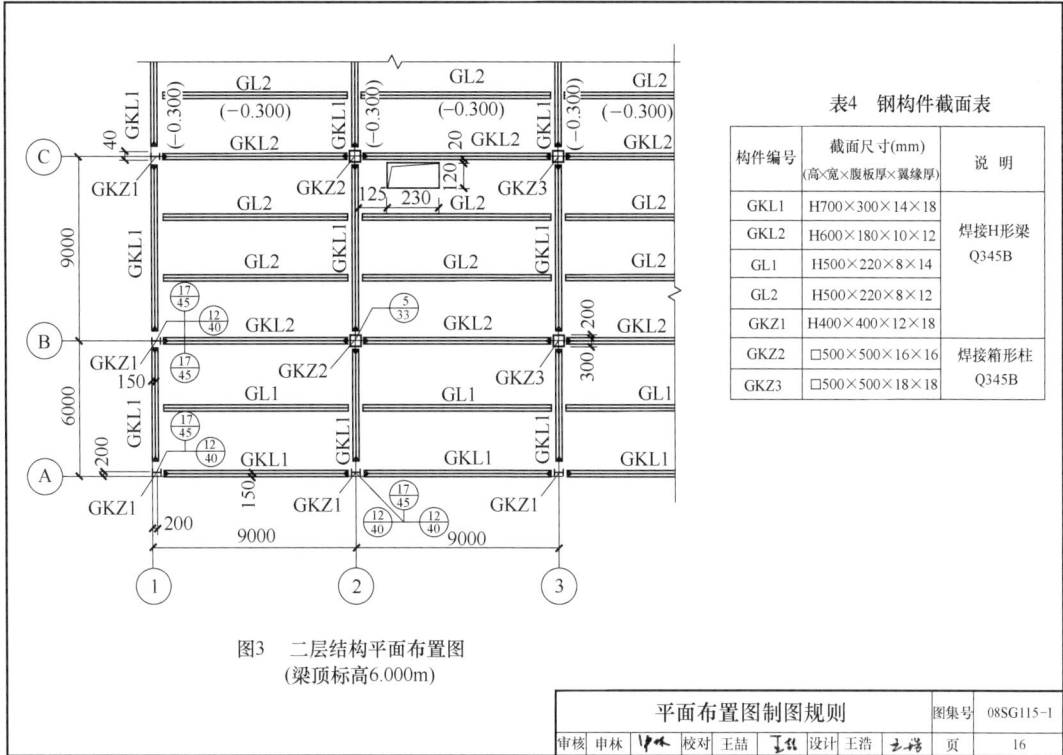

表4 钢构件截面表

构件编号	截面尺寸(mm) (高×宽×腹板厚×翼缘厚)	说 明
GKL1	H700×300×14×18	
GKL2	H600×180×10×12	
GL1	H500×220×8×14	焊接H形梁 Q345B
GL2	H500×220×8×12	
GKZ1	H400×400×12×18	
GKZ2	□500×500×16×16	焊接箱形柱
GKZ3	□500×500×18×18	Q345B

图3 二层结构平面布置图
(梁顶标高6.000m)

平面布置图制图规则	图集号	08SG115-1
审核 申林 校对 王喆 设计 王浩	页	16

图10-3 08SG115-1图集中对平面布置图制图规则的规定（三）

表5 钢构件截面表

构件编号	截面尺寸(mm) (高×宽×腹板厚×翼缘厚)	说 明
GKL1	H700×300×14×18	
GKL2	H600×300×10×12	
GL1	H500×220×8×14	焊接H形梁 Q345B
GL2	H500×220×8×12	
GKZ1	H400×400×12×18	
GC1	H200×200×10×14	
GKZ2	□500×500×16×16	焊接箱形柱
GKZ3	□500×500×18×18	Q345B

图4 二层结构平面布置图
(梁顶标高6.000m)

注：图中钢框架支撑用虚线表示。

平面布置图制图规则	图集号	08SG115-1
审核 申林 校对 王喆 设计 王浩	页	17

图10-4 08SG115-1图集中对平面布置图制图规则的规定（四）

137

1.3 节点索引选用说明。以图4为例，说明如何将平面节点与索引图联系起来。钢构件截面见钢构件截面表。

左侧钢梁与钢柱的连接可以按本图集中的5号节点。与此类似，其他3根钢梁和钢柱的连接节点同样可以查出为5号节点。然后将查出的参数节点索引编号标注在节点附近，且与钢梁方向相对应。

钢梁的截面不同，但与柱的连接形式相同，使用相同的节点索引。如果各方向钢梁与柱的连接形式均相同，则不必标注每个方向上的节点索引号，可简化为一个节点索引号。如图5。

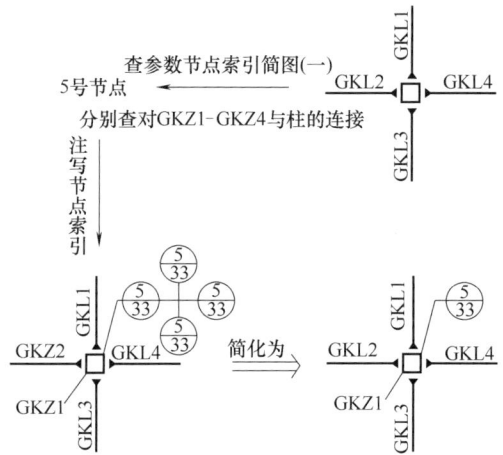

图5 节点索引选用过程示意图

平面布置图制图规则		图集号	08SG115-1
审核 申林	校对 王喆	设计 王浩	
		页	18

图 10-5 08SG115-1 图集中对平面布置图制图规则的规定（五）

10.2.2 钢框架梁柱刚接节点的构造详图

16G519 图集中对梁、柱刚性连接做了图 10-6～图 10-9 所示规定。

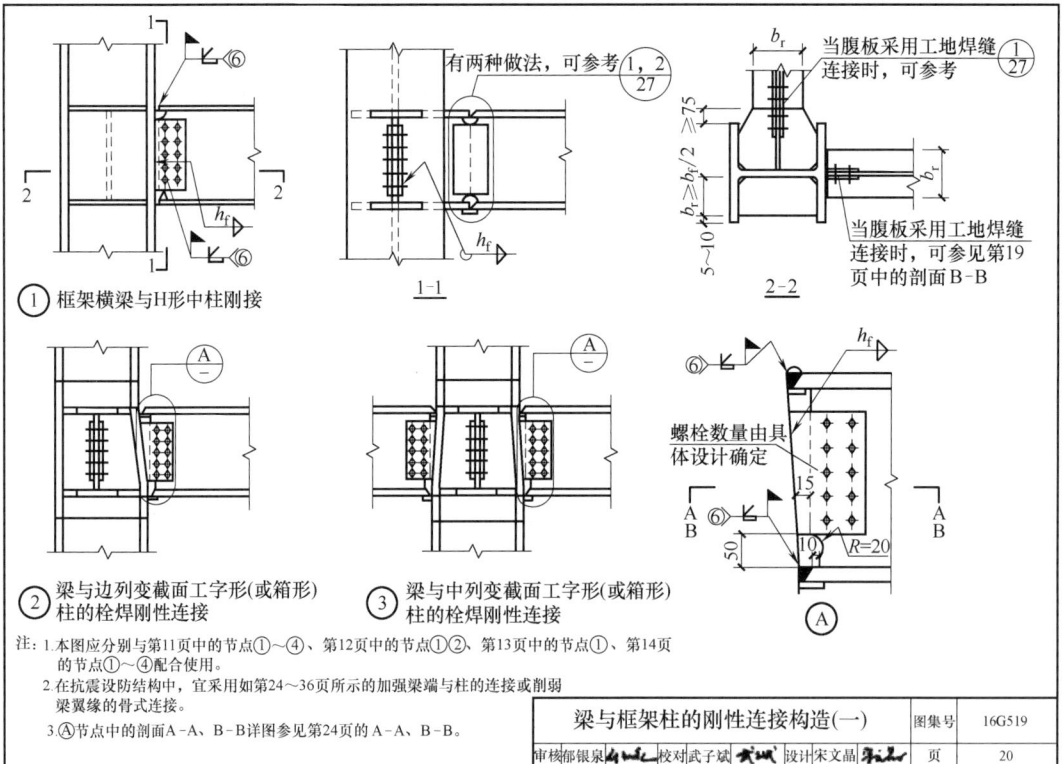

① 框架横梁与H形中柱刚接

1-1

2-2

② 梁与边列变截面工字形(或箱形)柱的栓焊刚性连接

③ 梁与中列变截面工字形(或箱形)柱的栓焊刚性连接

注：1. 本图应分别与第11页中的节点①～④、第12页中的节点①②、第13页中的节点①、第14页的节点①～④配合使用。
2. 在抗震设防结构中，宜采用如第24～36页所示的加强梁端与柱的连接或削弱梁翼缘的骨式连接。
3. Ⓐ节点中的剖面A-A、B-B详图参见第24页的A-A、B-B。

梁与框架柱的刚性连接构造(一)		图集号	16G519
审核郁银泉	校对武子斌	设计 宋文晶	
		页	20

图 10-6 16G519 图集中对梁与框架柱刚性连接

图 1（页 24）

箱形或H型截面柱的翼缘

50　h_f

在上翼缘加楔形盖板（板宽<b_f）板厚 $t≥6$

① 用楔形盖板加强框架梁梁端与柱的刚性连接

50　h_f

在下翼缘加楔形盖板（板宽>b_f）板厚 $t≥6$

$l_{tp}=(0.5\sim0.8)h_b$
$b_{tp}=b_f+4t_f$
$t_{tf}=(1.2\sim1.4)t_f$

在上翼缘加矩形盖板（板宽>b_f）板厚 $t≥6$

② 用矩形盖板加强框架梁梁端与柱的刚性连接

$l_{tp}=(0.5\sim0.8)h_b$
$b_{tp}=b_f+4t_f$
$t_{tf}=(1.2\sim1.4)t_f$

在下翼缘加矩形盖板（板宽>b_f）板厚 $t≥6$

柱中心线　箱形或H型截面柱的翼缘边线

1-1（腹板连接用高强度螺栓）
1-1（腹板连接用工地焊缝）
A-A　高强螺栓
B-B　安装螺栓

2-2（腹板连接用高强度螺栓）
2-2（腹板连接用工地焊缝）

注:
1. 按照常规等截面梁与柱栓焊连接的多高层钢结构。在遭受预估地震后的实地调查发现，造成破坏者，其破坏部位多在框架梁的下翼缘与柱的工地焊接连接处，致使钢结构所具有的良好延性并没有发挥出来。本图几种"强节点弱杆件"连接，可使在大震作用下，塑性铰出现在梁上，消耗地震能量，实现遭受预估的罕遇地震后不倒的抗震设计目标。
2. 本图腹板及节点板与柱的连接焊缝，当板厚小于16mm时，可采用本图所示的双面角焊缝；当板厚不小于16mm时采用K形坡口焊缝。7a图(0.15g)度以上应围焊。
3. 本图应与第11页～14页中的节点（第12页节点2⑤、第13页节点2⑤、第14页节点⑤除外）配合使用。
4. 平面图上的坡口焊缝衬板未示出。

梁与柱的加强型连接(一)		图集号	16G519
审核 郁银泉　校对 武子斌　设计 刘岩		页	24

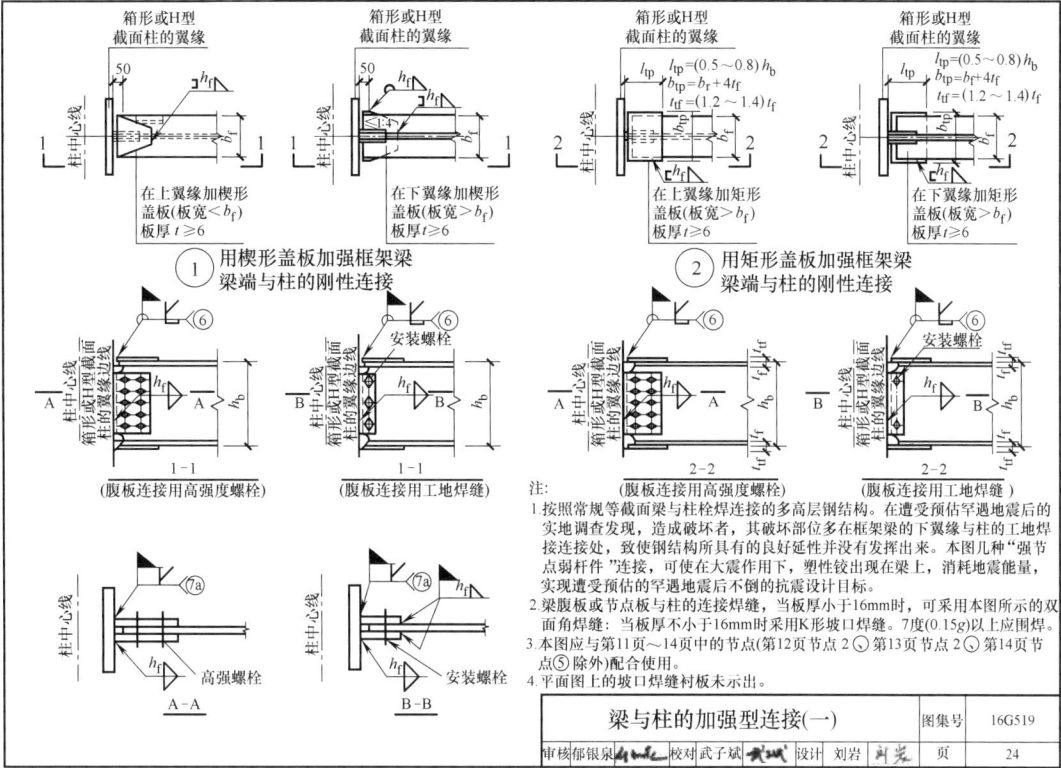

图 10-7　16G519图集中对梁与柱的加强型连接（一）

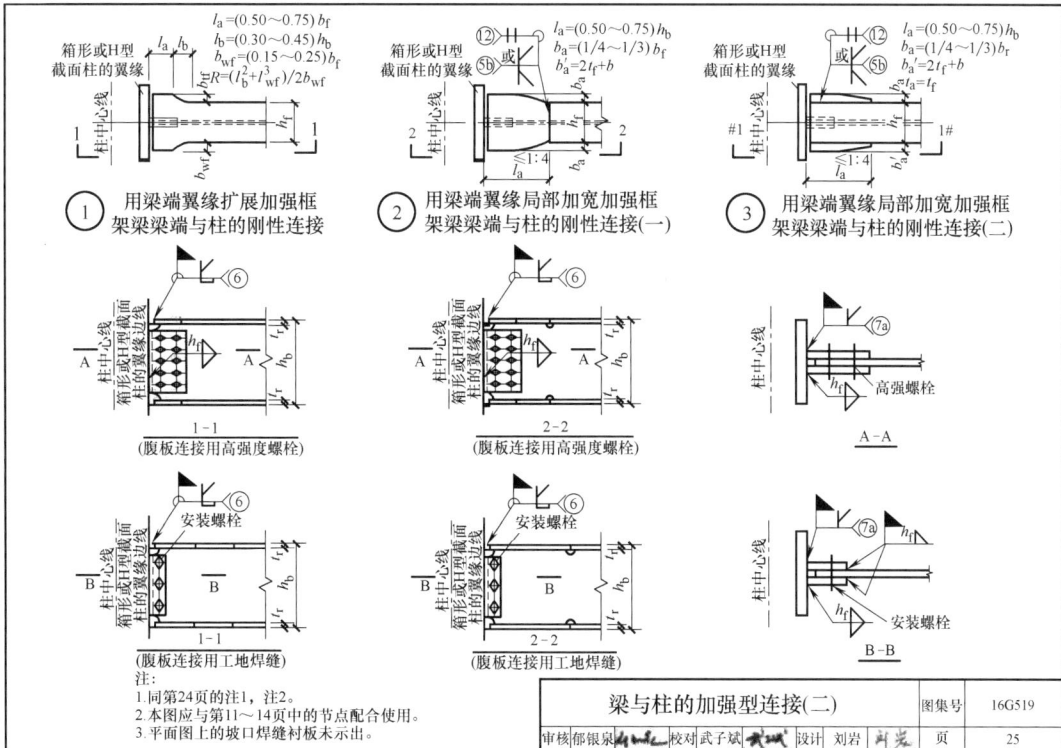

图 2（页 25）

箱形或H型截面柱的翼缘

$l_a=(0.50\sim0.75)b_f$
$b_b=(0.30\sim0.45)h_b$
$b_{wf}=(0.15\sim0.25)t_f$
$R=(l_b^2+t_{wf}^3)/2b_{wf}$

① 用梁端翼缘扩展加强框架梁梁端与柱的刚性连接

$l_a=(0.50\sim0.75)h_b$
$b_a=(1/4\sim1/3)b_f$
$b_a'=2t_f+b$

② 用梁端翼缘局部加宽加强框架梁梁端与柱的刚性连接(一)

$l_a=(0.50\sim0.75)h_b$
$b_a=(1/4\sim1/3)b_f$
$b_a'=2t_f+b$

③ 用梁端翼缘局部加宽加强框架梁梁端与柱的刚性连接(二)

柱中心线　箱形或H型截面柱的翼缘边线

1-1（腹板连接用高强度螺栓）
1-1（腹板连接用工地焊缝）
2-2（腹板连接用高强度螺栓）
2-2（腹板连接用工地焊缝）
A-A　高强螺栓
B-B　安装螺栓

注:
1. 同第24页的注1、注2。
2. 本图应与第11页～14页中的节点配合使用。
3. 平面图上的坡口焊缝衬板未示出。

梁与柱的加强型连接(二)		图集号	16G519
审核 郁银泉　校对 武子斌　设计 刘岩		页	25

图 10-8　16G519图集中对梁与柱的加强型连接（二）

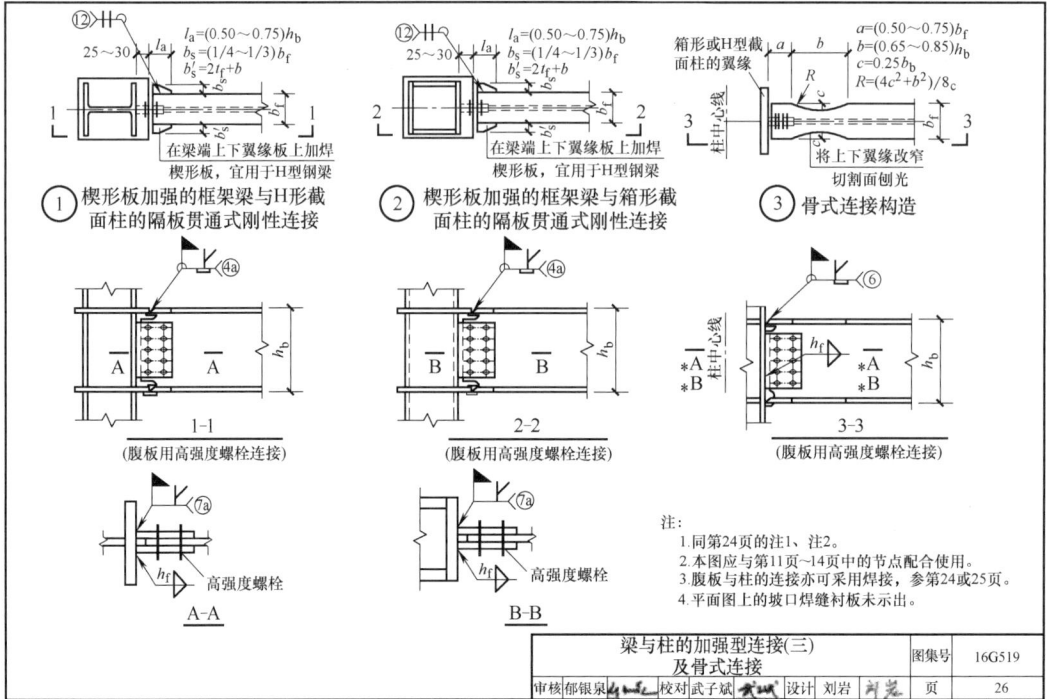

图 10-9 16G519 图集对梁与柱的加强型连接（三）

10.2.3 钢柱拼接点的构造详图

16G519 图集中对箱形柱拼接点连接做了图 10-10 和图 10-11 所示规定。

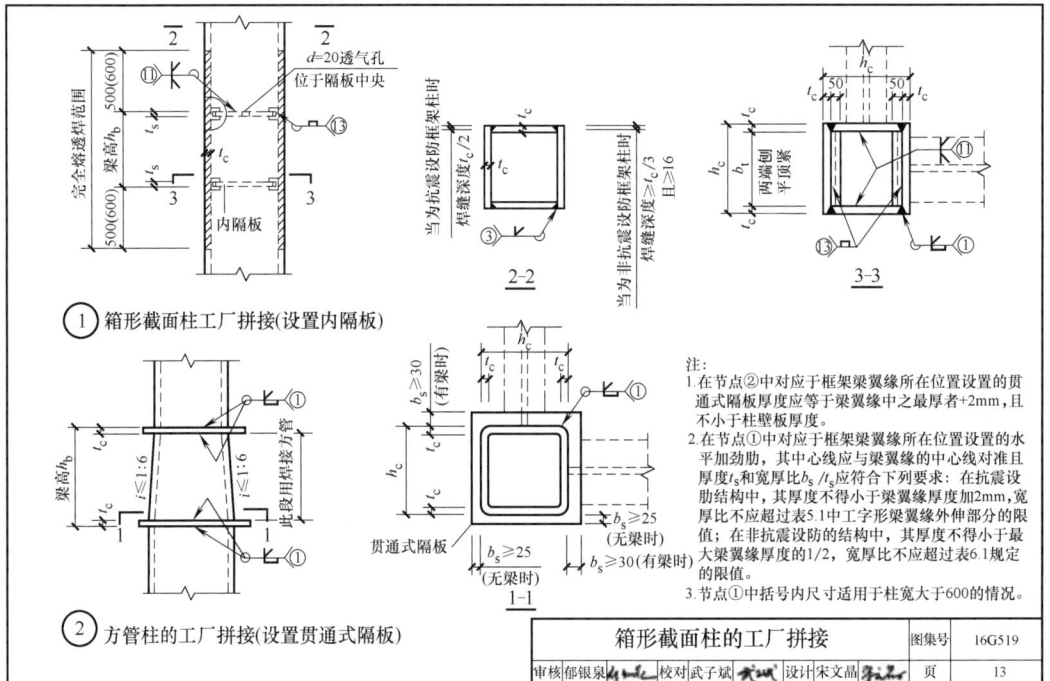

图 10-10 16G519 图集箱形柱工厂拼接

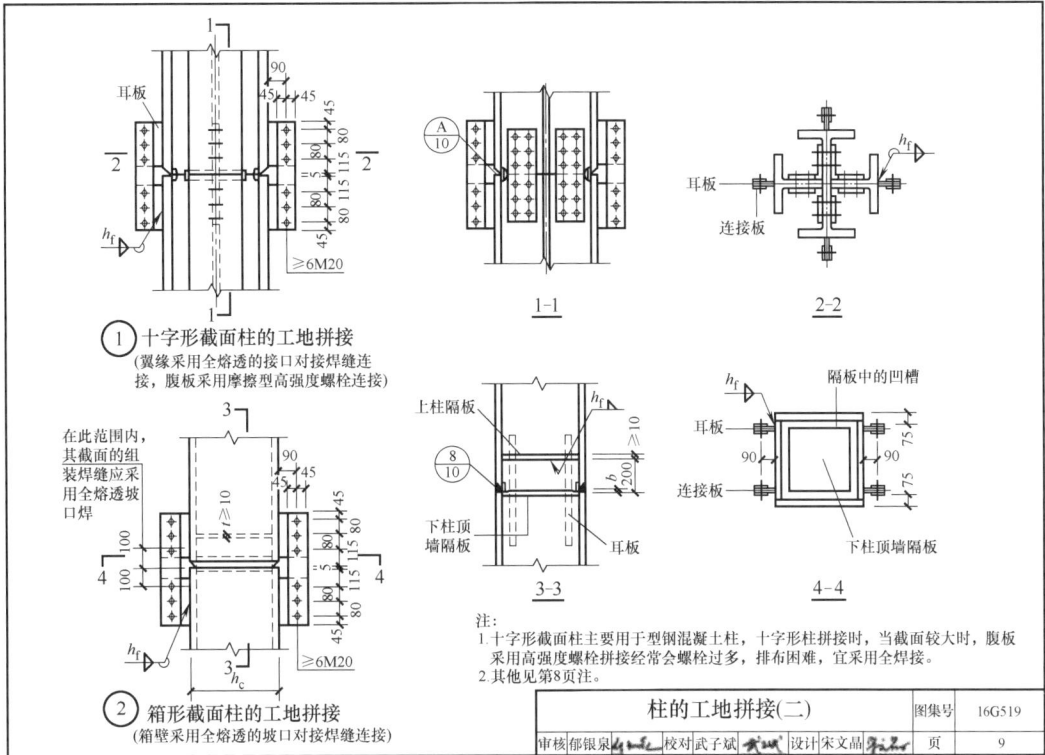

图 10-11　16G519 图集箱形柱工地拼接

10.3　钢梁挠度的验算

以第一层为例来验算钢梁的挠度是否满足规范限值，如图 10-12 所示。

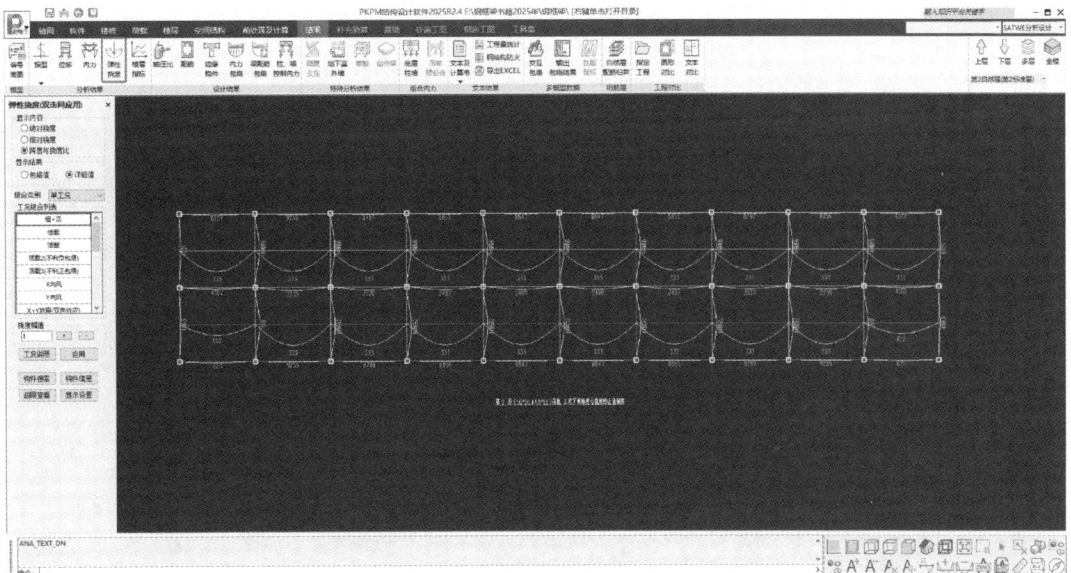

图 10-12　第一层挠度计算结果

《钢标》附录表 B.1.1 项次 4 对梁的挠度限值作了如下规定：

①主梁 $l/400$；②次梁 $l/250$。

如果梁的挠度不满足要求，可以通过增大截面尺寸或起拱来解决。从图 10-12 可以看出结果均满足规范要求。

10.4 梁、柱、柱脚及节点施工图绘制

（1）进入"钢结构施工图"界面，单击"绘设计图""列表绘图"，程序自动开始绘制梁、柱、柱脚及节点施工图，如图 10-13 所示。

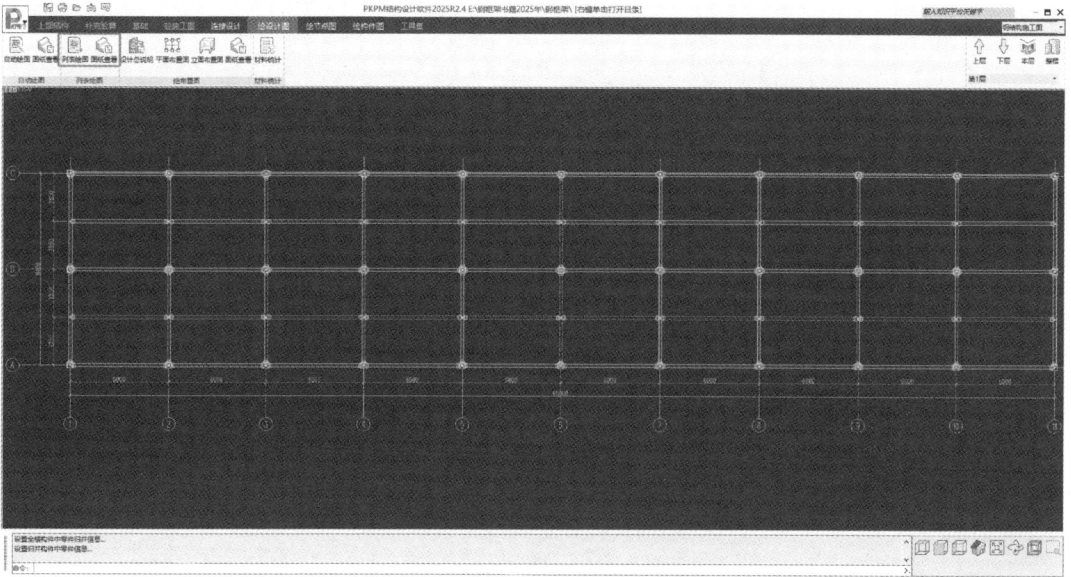

图 10-13 进入自动绘制施工图界面

（2）图纸查看。进入"钢结构施工图"界面，单击"图纸查看""报审图汇总图""转DWG图"，如图 10-14～图 10-17 所示。

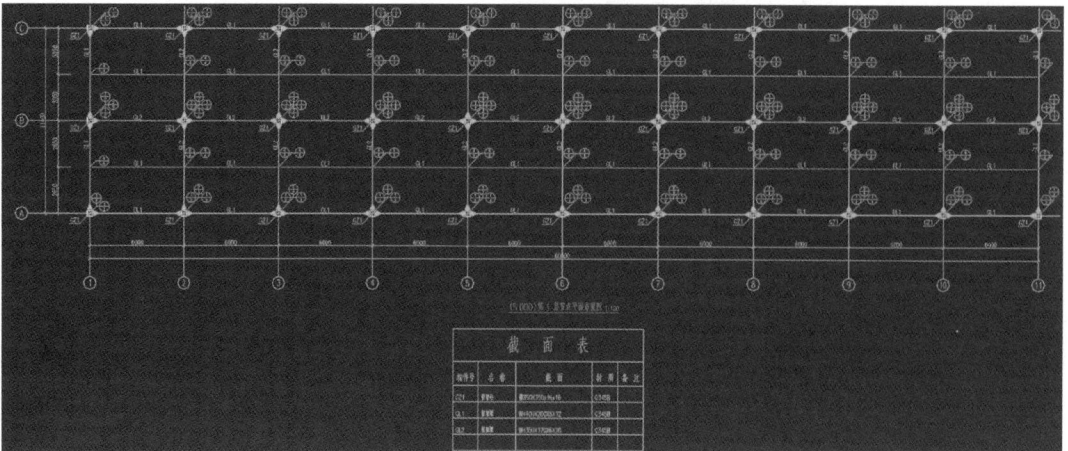

图 10-14 梁、柱平面施工图

表2-箱形柱与工形梁刚接连接，柱边连接

节点形并号	节点数量	柱截面	梁截面	D1	g	a+n1xb,c+n2xd	T1	Hf1	梁缘根部连接焊缝	R	B1	A	设计结果
1	96	箱350X350x16x16	WH400X200X8X12	M20	15	48+3x70,40+0x70	10	0	见焊接大样	35	35	35	满足
3	72	箱350X350x16x16	WH350X170X6X10	M20	15	60+2x70,40+0x70	8	0	见焊接大样	35	35	35	满足

②

表3-箱形柱与工形梁刚接连接，柱边连接

节点形并号	节点数量	柱截面	梁截面	D1	g	a+n1xb,c+n2xd	T1	Hf1	梁缘根部连接焊缝	R	H1	A	设计结果
2	40	箱350.0X350.0x16x16	WH350X170X6X10	M20	15	60+2x70,40+0x70	8	0	见焊接大样	35	50	35	满足

③

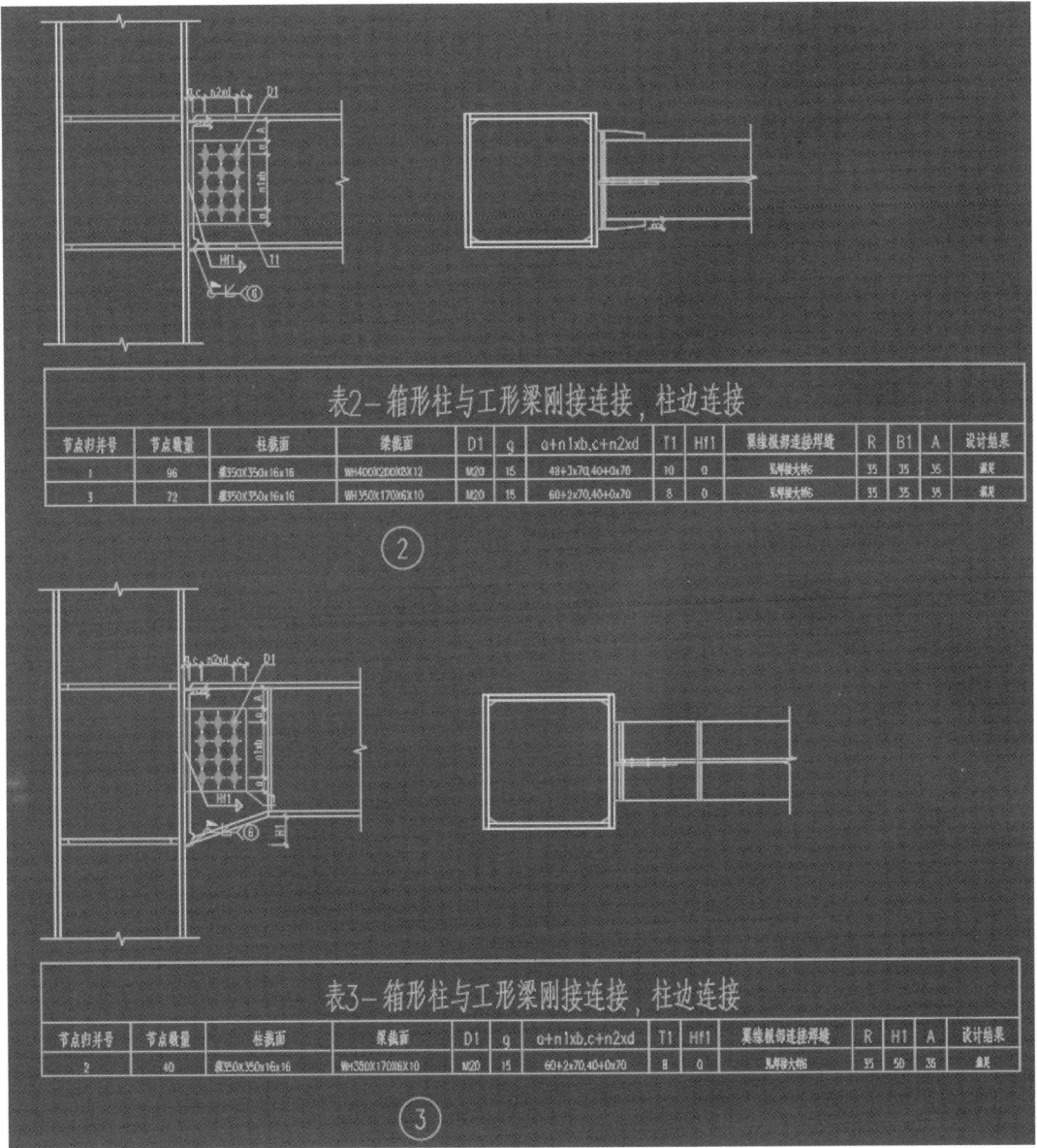

图 10-15　梁柱节点连接施工图

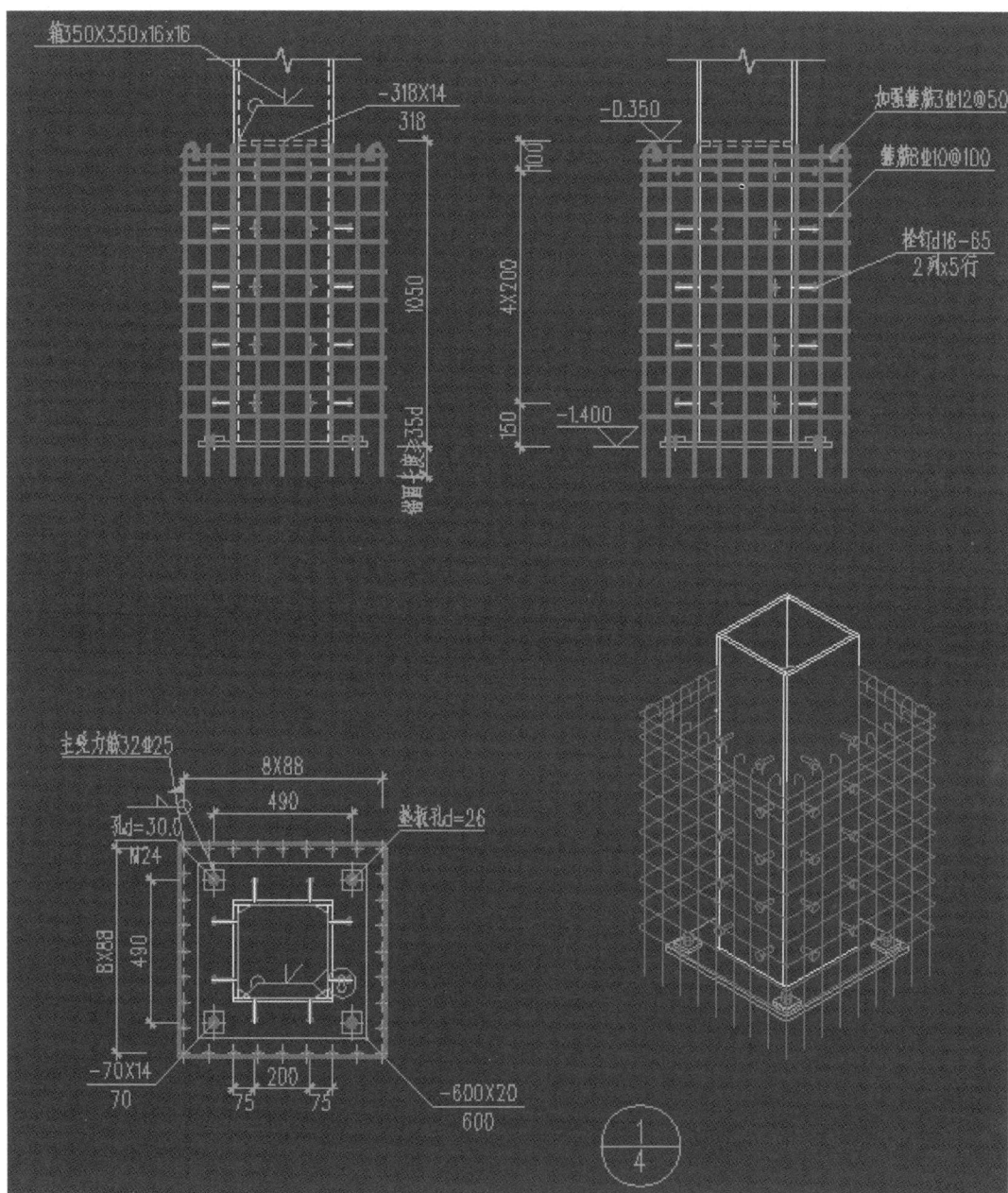

图 10-16 柱脚节点连接施工图

注意：柱脚节点施工图不能直接使用，需要根据不同项目做适当修改，并把外包尺寸与独立基础和钢柱的关系表示清楚，否则施工单位无法施工。

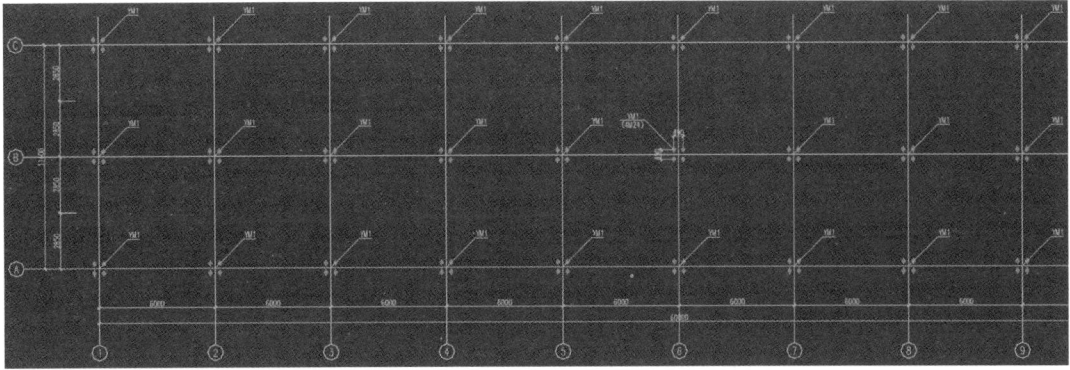

图 10-17　柱脚锚栓布置图

11 基础设计及绘图

在完成了前面的计算与绘图以后,接下来便是进行基础设计与绘图,基础属于隐蔽工程,且支承着所有的上部结构,其重要性不言而喻,因此需要慎重对待基础的设计。

11.1 规范条文链接

重要性不同的基础有不同的设计要求,设计基础时,应当首先确定基础的持力层,也就是确定基础的埋深,有了持力层的承载力特征值后便可确定基础底面的尺寸大小,然后再预估一个基础高度进行冲切或剪切验算,最后进行基础配筋计算。

11.1.1 确定基础的设计等级

《建筑地基基础设计规范》GB 50007—2011(以下简称《地基规范》)将地基基础的设计等级分为三级,不同的等级有不同的设计要求,规定如下:

3.0.1 地基基础设计应根据地基复杂程度、建筑物规模和功能特征以及由于地基问题可能造成建筑物破坏或影响正常使用的程度分为三个设计等级,设计时应根据具体情况,按表3.0.1选用。

表 3.0.1 地基基础设计等级

设计等级	建筑和地基类型
甲级	重要的工业与民用建筑物 30层以上的高层建筑 体型复杂,层数相差超过10层的高低层连成一体建筑物 大面积的多层地下建筑物(如地下车库、商场、运动场等) 对地基变形有特殊要求的建筑物 复杂地质条件下的坡上建筑物(包括高边坡) 对原有工程影响较大的新建建筑物 场地和地基条件复杂的一般建筑物 位于复杂地质条件及软土地区的二层及二层以上地下室的基坑工程 开挖深度大于15m的基坑工程 周边环境条件复杂、环境保护要求高的基坑工程
乙级	除甲级、丙级以外的工业与民用建筑物 除甲级、丙级以外的基坑工程
丙级	场地和地基条件简单,荷载分布均匀的七层及七层以下民用建筑及一般工业建筑;次要的轻型建筑物 非软土地区且场地地质条件简单、基坑周边环境条件简单、环境保护要求不高且开挖深度小于5.0m的基坑工程

《建筑与市政地基基础通用规范》GB 55003—2021(以下简称《市政通用地规》):

4.1.1 地基设计应符合下列规定:

1 地基计算均应满足承载力计算的要求；

2 对地基变形有控制要求的工程结构，均应按地基变形设计；

3 对受水平荷载作用的工程结构或位于斜坡上的工程结构，应进行地基稳定性验算。

从上述规定可以看出，本案例地基基础等级为丙级，不是对地基变形有控制要求的工程结构，地基计算只需要进行承载力计算即可，不必做变形验算。

地基基础设计时，不同的计算内容所采用的作用效应与相应的抗力限值有所不同，《市政通用地规》规定：

2.2.2 地基基础设计时，所采用的作用效应与相应的抗力限值应符合下列规定：

1 按地基承载力确定基础底面积及埋深或按单桩承载力确定桩数时，传至基础或承台底面上的作用效应应按正常使用极限状态下作用的标准组合；相应的抗力应采用地基承载力特征值或单桩承载力特征值。

2 计算地基变形时，传至基础底面上的作用效应应按正常使用极限状态下作用的准永久组合，不应计入风荷载和地震作用；相应的限值应为地基变形允许值。

3 计算挡土墙、地基或滑坡稳定以及基础抗浮稳定时，作用效应应按承载能力极限状态下作用的基本组合，但其分项系数均为1.0。

4 在确定基础或桩基承台高度、支挡结构截面、计算基础或支挡结构内力、确定配筋和验算材料强度时，上部结构传来的作用效应和相应的基底反力、挡土墙土压力以及滑坡推力，应按承载能力极限状态下作用的基本组合，采用相应的分项系数；当需要验算基础裂缝宽度时，应按正常使用极限状态下作用的标准组合。

11.1.2 确定基础底面积

《地基规范》规定：

5.2.1 基础底面的压力，应符合下列规定：

1 当轴心荷载作用时

$$p_k \leqslant f_a \tag{5.2.1-1}$$

式中：p_k——相应于作用的标准组合时，基础底面处的平均压力值（kPa）；

f_a——修正后的地基承载力特征值（kPa）。

2 当偏心荷载作用时，除符合式（5.2.1-1）要求外，尚应符合下式规定：

$$p_{kmax} \leqslant 1.2 f_a \tag{5.2.1-2}$$

式中：p_{kmax}——相应于作用的标准组合时，基础底面边缘的最大压力值（kPa）。

5.2.2 基础底面的压力，可按下列公式确定：

1 当轴心荷载作用时

$$p_k = \frac{F_k + G_k}{A} \tag{5.2.2-1}$$

式中：F_k——相应于作用的标准组合时，上部结构传至基础顶面的竖向力值（kN）；

G_k——基础自重和基础上的土重（kN）；

A——基础底面面积（m^2）。

2 当偏心荷载作用时

$$p_{kmax}=\frac{F_k+G_k}{A}+\frac{M_k}{W} \tag{5.2.2-2}$$

$$p_{kmin}=\frac{F_k+G_k}{A}-\frac{M_k}{W} \tag{5.2.2-3}$$

式中：M_k——相应于作用的标准组合时，作用于基础底面的力矩值（kN·m）；

W——基础底面的抵抗矩（m^3）；

p_{kmin}——相应于作用的标准组合时，基础底面边缘的最小压力值（kPa）。

3 当基础底面形状为矩形且偏心距 $e>b/6$ 时（图 5.2.2），p_{kmax} 应按下式计算：

$$p_{kmax}=\frac{2(F_k+G_k)}{3la} \tag{5.2.2-4}$$

式中：l——垂直于力矩作用方向的基础底面边长（m）；

a——合力作用点至基础底面最大压力边缘的距离（m）。

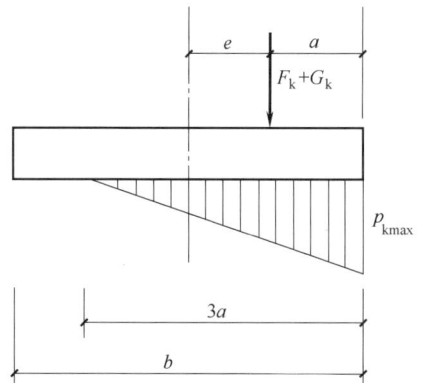

5.2.4 当基础宽度大于 3m 或埋置深度大于 0.5m 时，从载荷试验或其他原位测试、经验值等方法确定的地基承载力特征值，尚应按下式修正：

图 5.2.2 偏心荷载（$e>b/6$）下基底压力计算示意

b—力矩作用方向基础底面边长

$$f_a=f_{ak}+\eta_b\gamma(b-3)+\eta_d\gamma_m(d-0.5) \tag{5.2.4}$$

式中：f_a——修正后的地基承载力特征值（kPa）；

f_{ak}——地基承载力特征值（kPa），按本规范第 5.2.3 条的原则确定；

η_b、η_d——基础宽度和埋置深度的地基承载力修正系数，按基底下土的类别查表 5.2.4 取值；

γ——基础底面以下土的重度（kN/m^3），地下水位以下取浮重度；

b——基础底面宽度（m），当基础底面宽度小于 3m 时按 3m 取值，大于 6m 时按 6m 取值；

γ_m——基础底面以上土的加权平均重度（kN/m^3），位于地下水位以下的土层取有效重度；

d——基础埋置深度（m），宜自室外地面标高算起。在填方整平地区，可自填土地面标高算起，但填土在上部结构施工后完成时，应从天然地面标高算起。对于地下室，当采用箱形基础或筏基时，基础埋置深度自室外地面标高算起；当采用独立基础或条形基础时，应从室内地面标高算起。

148

表 5.2.4　承载力修正系数

土的类别		η_b	η_d
淤泥和淤泥质土		0	1.0
人工填土 e 或 I_L 大于等于 0.85 的黏性土		0	1.0
红黏土	含水比 $\alpha_w > 0.8$	0	1.2
	含水比 $\alpha_w \leq 0.8$	0.15	1.4
大面积压实填土	压实系数大于 0.95、粘粒含量 $\rho_c \geq 10\%$ 的粉土	0	1.5
	最大干密度大于 2100kg/m³ 的级配砂石	0	2.0
粉土	粘粒含量 $\rho_c \geq 10\%$ 的粉土	0.3	1.5
	粘粒含量 $\rho_c < 10\%$ 的粉土	0.5	2.0
e 及 I_L 均小于 0.85 的粘性土		0.3	1.6
粉砂、细砂(不包括很湿与饱和时的稍密状态)		2.0	3.0
中砂、粗砂、砾砂和碎石土		3.0	4.4

注：1　强风化和全风化的岩石，可参照所风化成的相应土类取值，其他状态下的岩石不修正；

　　2　地基承载力特征值按本规范附录 D 深层平板载荷试验确定时 η_d 取 0；

　　3　含水比是指土的天然含水量与液限的比值；

　　4　大面积压实填土是指填土范围大于两倍基础宽度的填土。

11.1.3　确定基础的高度

确定基础的高度即确定独立基础的冲切或剪力能够验算通过。

《地基规范》规定：

8.2.8　柱下独立基础的受冲切承载力应按下列公式验算：

$$F_l \leq 0.7\beta_{hp} f_t a_m h_0 \qquad (8.2.8\text{-}1)$$

$$a_m = (a_t + a_b)/2 \qquad (8.2.8\text{-}2)$$

$$F_l = p_j A_l \qquad (8.2.8\text{-}3)$$

式中：β_{hp}——受冲切承载力截面高度影响系数，当 h 不大于 800mm 时，β_{hp} 取 1.0；当 h 大于或等于 2000mm 时，β_{hp} 取 0.9，其间按线性内插法取用；

　　　　f_t——混凝土轴心抗拉强度设计值（kPa）；

　　　　h_0——基础冲切破坏锥体的有效高度（m）；

　　　　a_m——冲切破坏锥体最不利一侧计算长度（m）；

　　　　a_t——冲切破坏锥体最不利一侧斜截面的上边长（m），当计算柱与基础交接处的受冲切承载力时，取柱宽；当计算基础变阶处的受冲切承载力时，取上阶宽；

　　　　a_b——冲切破坏锥体最不利一侧斜截面在基础底面积范围内的下边长（m），当冲切破坏锥体的底面落在基础底面以内（图 8.2.8a、b），计算柱与基础交接处的受冲切承载力时，取柱宽加两倍基础有效高度；当计算基础变阶处的受冲切承载力时，取上阶宽加两倍该处的基础有效高度；

p_j——扣除基础自重及其上土重后相应于作用的基本组合时的地基土单位面积
净反力（kPa），对偏心受压基础可取基础边缘处最大地基土单位面积净
反力；

A_1——冲切验算时取用的部分基底面积（m²）（图8.2.8a、b中的阴影面积$ABCDEF$）；

F_1——相应于作用的基本组合时作用在A_1上的地基土净反力设计值（kPa）。

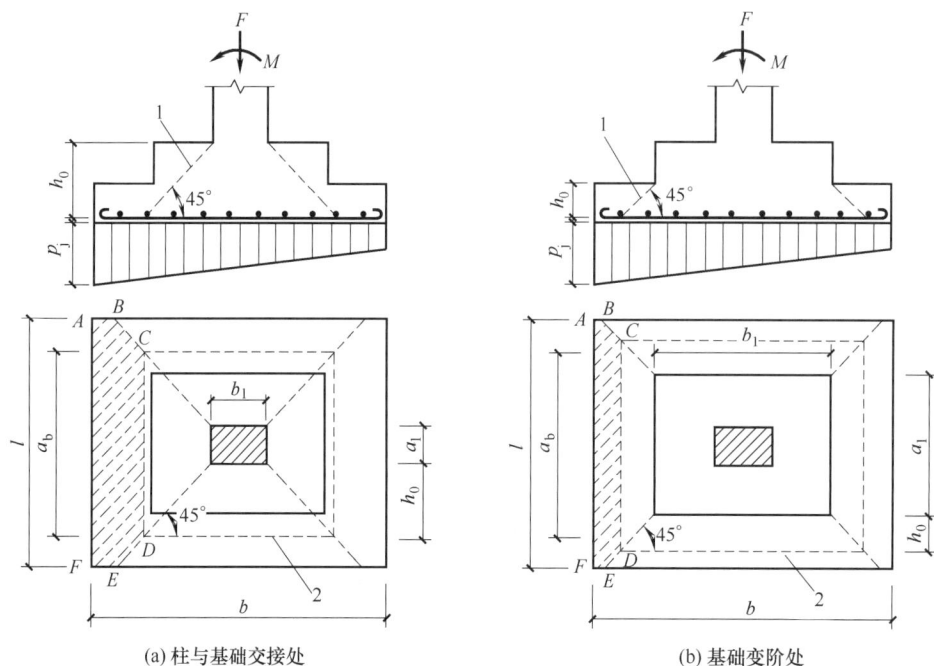

(a) 柱与基础交接处 　　　　　　　(b) 基础变阶处

图 8.2.8　计算阶形基础的受冲切承载力截面位置

1—冲切破坏锥体最不利一侧的斜截面；2—冲切破坏锥体的底面线

8.2.9　当基础底面短边尺寸小于或等于柱宽加两倍基础有效高度时，应按下列公式
验算柱与基础交接处截面受剪承载力：

$$V_s \leqslant 0.7\beta_{hs}f_t A_0 \tag{8.2.9-1}$$

$$\beta_{hs} = (800/h_0)^{1/4} \tag{8.2.9-2}$$

式中：V_s——相应于作用的基本组合时，柱与基础交接处的剪力设计值（kN），图8.2.9
中的阴影面积乘以基底平均净反力；

β_{hs}——受剪切承载力截面高度影响系数，当$h_0 < 800$mm 时，取$h_0 = 800$mm；当
$h_0 > 2000$mm 时，取$h_0 = 2000$mm；

A_0——验算截面处基础的有效截面面积（m²）。当验算截面为阶形或锥形时，可将
其截面折算成矩形截面，截面的折算宽度和截面的有效高度按本规范附录
U 计算。

11.1.4　确定基础的配筋

8.2.11　在轴心荷载或单向偏心荷载作用下，当台阶的宽高比小于或等于2.5且偏心

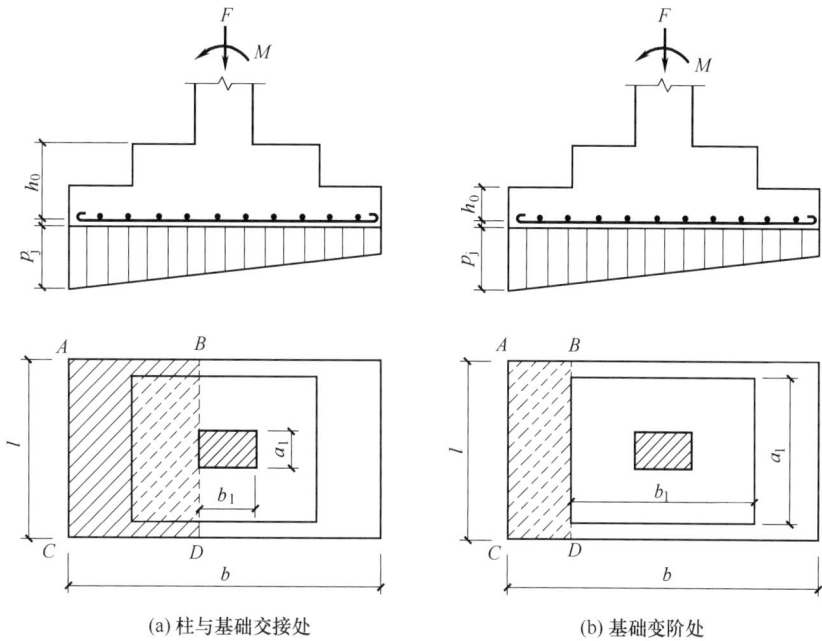

(a) 柱与基础交接处　　　　　　　(b) 基础变阶处

图 8.2.9　验算阶形基础受剪切承载力示意图

距小于或等于 1/6 基础宽度时，柱下矩形独立基础任意截面的底板弯矩可按下列简化方法进行计算（图 8.2.11）：

$$M_{\mathrm{I}}=\frac{1}{12}a_1^2\left[(2l+a')\left(p_{\max}+p-\frac{2G}{A}\right)+(p_{\max}-p)l\right]$$

(8.2.11-1)

$$M_{\mathrm{II}}=\frac{1}{48}(l-a')^2(2b+b')\left(p_{\max}+p_{\min}-\frac{2G}{A}\right)$$

(8.2.11-2)

式中：M_{I}、M_{II}——任意截面 I-I、II-II 处相应于作用的基本组合时的弯矩设计值（kN·m）；

　　a_1——任意截面 I-I 至基底边缘最大反力处的距离（m）；

　　l、b——基础底面的边长（m）；

$p_{\max}$、$p_{\min}$——相应于作用的基本组合时的基础底面边缘最大和最小地基反力设计值（kPa）；

　　p——相应于作用的基本组合时在任意截面 I-I 处基础底面地基反力设计值（kPa）；

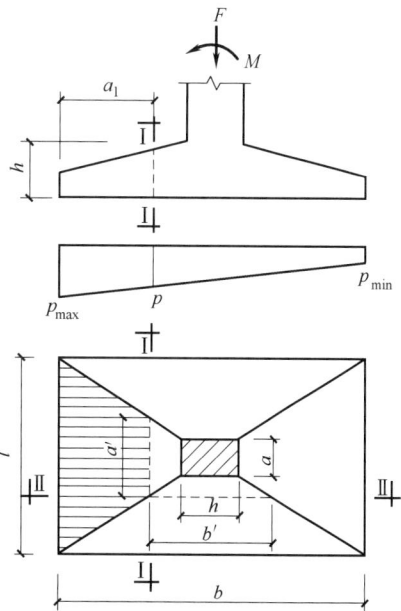

图 8.2.11　矩形基础底板的计算示意图

151

G——考虑作用分项系数的基础自重及其上的土自重（kN）；当组合值由永久作用控制时，作用分项系数可取 1.35。

8.2.12 基础底板配筋除满足计算和最小配筋率要求外，尚应符合本规范第 8.2.1 条第 3 款的构造要求。计算最小配筋率时，对阶形或锥形基础截面，可将其截面折算成矩形截面，截面的折算宽度和截面的有效高度，按附录 U 计算。基础底板钢筋可按式 (8.2.12) 计算。

$$A_s = \frac{M}{0.9 f_y h_0} \qquad (8.2.12)$$

11.1.5 独立基础的构造要求

8.2.1 扩展基础的构造，应符合下列规定：

1 锥形基础的边缘高度不宜小于 200mm，且两个方向的坡度不宜大于 1:3；阶梯形基础的每阶高度，宜为 300mm～500mm。

2 垫层的厚度不宜小于 70mm，垫层混凝土强度等级不宜低于 C10。

3 扩展基础受力钢筋最小配筋率不应小于 0.15%，底板受力钢筋的最小直径不应小于 10mm，间距不宜大于 200mm，也不宜小于 100mm。墙下钢筋混凝土条形基础纵向分布钢筋的直径不宜小于 8mm；间距不宜大于 300mm；每延米分布钢筋的面积应不小于受力钢筋面积的 15%。当有垫层时钢筋保护层的厚度不应小于 40mm；无垫层时不应小于 70mm。

4 混凝土强度等级不应低于 C20。

5 当柱下钢筋混凝土独立基础的边长和墙下钢筋混凝土条形基础的宽度大于或等于 2.5m 时，底板受力钢筋的长度可取边长或宽度的 0.9 倍，并宜交错布置（图 8.2.1-1）。

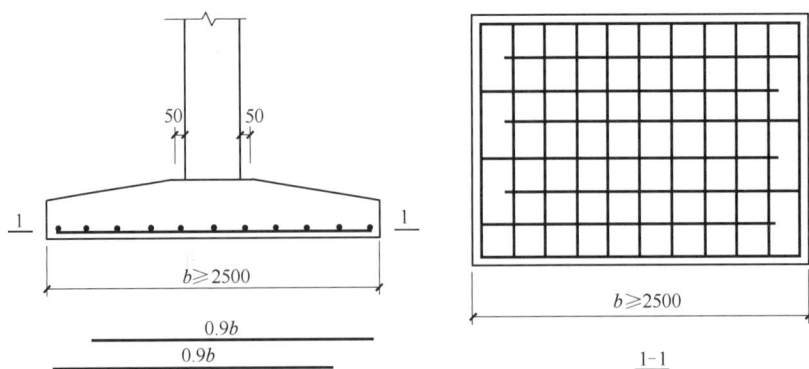

图 8.2.1-1 柱下独立基础底板受力钢筋布置

11.2 图集链接

22G101-3 图集中独立基础的构造详图如图 11-1～图 11-3 所示。

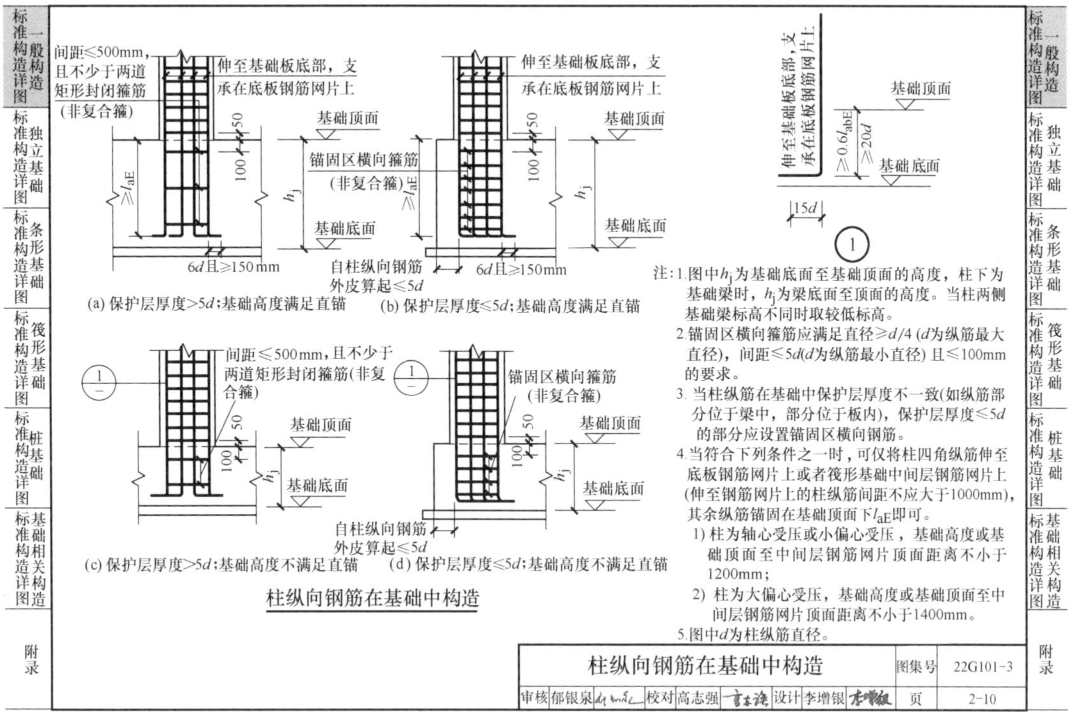

图（一）上部

间距≤500mm，且不少于两道矩形封闭箍筋（非复合箍）

伸至基础板底部，支承在底板钢筋网片上

基础顶面

锚固区横向箍筋（非复合箍）

基础底面

6d且≥150mm

自柱纵向钢筋外皮算起≤5d

(a) 保护层厚度>5d；基础高度满足直锚

伸至基础板底部，支承在底板钢筋网片上

基础顶面

h_j

基础底面

6d且≥150mm

(b) 保护层厚度≤5d；基础高度满足直锚

伸至基础板底部，支承在底板钢筋网片上

基础顶面

≥0.6l_{aE}
≥20d

基础底面

15d

①

注：1.图中 h_j 为基础底面至基础顶面的高度，柱下为基础梁时，h_j 为梁底面至顶面的高度。当柱两侧基础梁标高不同时取较低标高。
2.锚固区横向箍筋应满足直径≥d/4（d为纵筋最大直径），间距≤5d（d为纵筋最小直径）且≤100mm的要求。
3.当柱纵筋在基础中保护层厚度不一致（如纵筋部分位于梁中，部分位于板内），保护层厚度≤5d的部分应设置锚固区横向钢筋。
4.当符合下列条件之一时，可仅将柱四角纵筋伸至底板钢筋网片上或者筏形基础中间层钢筋网片上（伸至钢筋网片上的柱纵筋间距不应大于1000mm），其余纵筋锚固在基础顶面下 l_{aE} 即可。
　1) 柱为轴心受压或小偏心受压，基础高度或基础顶面至中间层钢筋网片顶面距离不小于1200mm；
　2) 柱为大偏心受压，基础高度或基础顶面至中间层钢筋网片顶面距离不小于1400mm。
5.图中 d 为柱纵筋直径。

(c) 保护层厚度>5d；基础高度不满足直锚

间距≤500mm，且不少于两道矩形封闭箍筋（非复合箍）

基础顶面

基础底面

自柱纵向钢筋外皮算起≤5d

锚固区横向箍筋（非复合箍）

基础顶面

(d) 保护层厚度≤5d；基础高度不满足直锚

柱纵向钢筋在基础中构造

柱纵向钢筋在基础中构造	图集号	22G101-3
审核 郁银泉　校对 高志强　设计 李增银	页	2-10

图 11-1　22G101-3 图集中独立基础的构造详图（一）

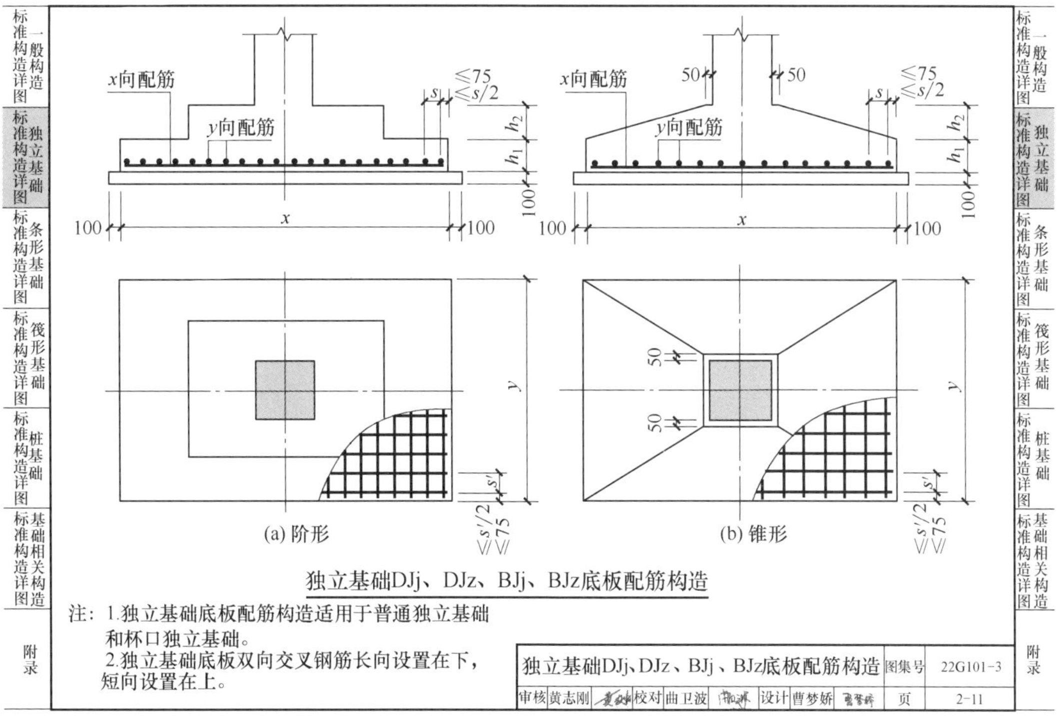

---

x向配筋
y向配筋
s ≤75 ≤s/2
h_2
h_1
100
x
100

(a) 阶形

x向配筋
y向配筋
50　50
s ≤75 ≤s/2
h_2
h_1
100
x
100

50
50

s'/2 75

y

(b) 锥形

s'/2 75

y

独立基础DJj、DJz、BJj、BJz底板配筋构造

注：1.独立基础底板配筋构造适用于普通独立基础和杯口独立基础。
　　2.独立基础底板双向交叉钢筋长向设置在下，短向设置在上。

独立基础DJj、DJz、BJj、BJz底板配筋构造	图集号	22G101-3
审核 黄志刚　校对 曲卫波　设计 曹梦娇	页	2-11

图 11-2　22G101-3 图集中独立基础的构造详图（二）

x向配筋　y向配筋　≤75　s　s/2　h₂　h₁　100

100　≥1250　≥1250　100　x≥2500

x向配筋　y向配筋　≤75　s　s/2　h₂　h₁　100

100　<1250　>1250　100　x≥2500

≤75　s/2　s'　≥1250　≥1250　y≥2500　0.9y　0.9y

0.9x　0.9x

(a) 对称独立基础

≤75　s/2　s'　≥1250　≥1250　y≥2500　0.9y　0.9y

0.9x

(b) 非对称独立基础

独立基础底板配筋长度减短10%构造

注：1.当独立基础底板长度大于或等于2500mm时，除外侧钢筋外，底板配筋长度可取相应方向底板长度的0.9倍，交错放置，四边最外侧钢筋不缩短。
2.当非对称独立基础底板长度大于或等于2500mm，但该基础某侧从柱中心至基础底板边缘的距离小于1250mm时，钢筋在该侧不应减短。

独立基础底板配筋长度减短10%构造		图集号	22G101-3
审核 黄志刚　　校对 曲卫波　　设计 曹梦娇		页	2-14

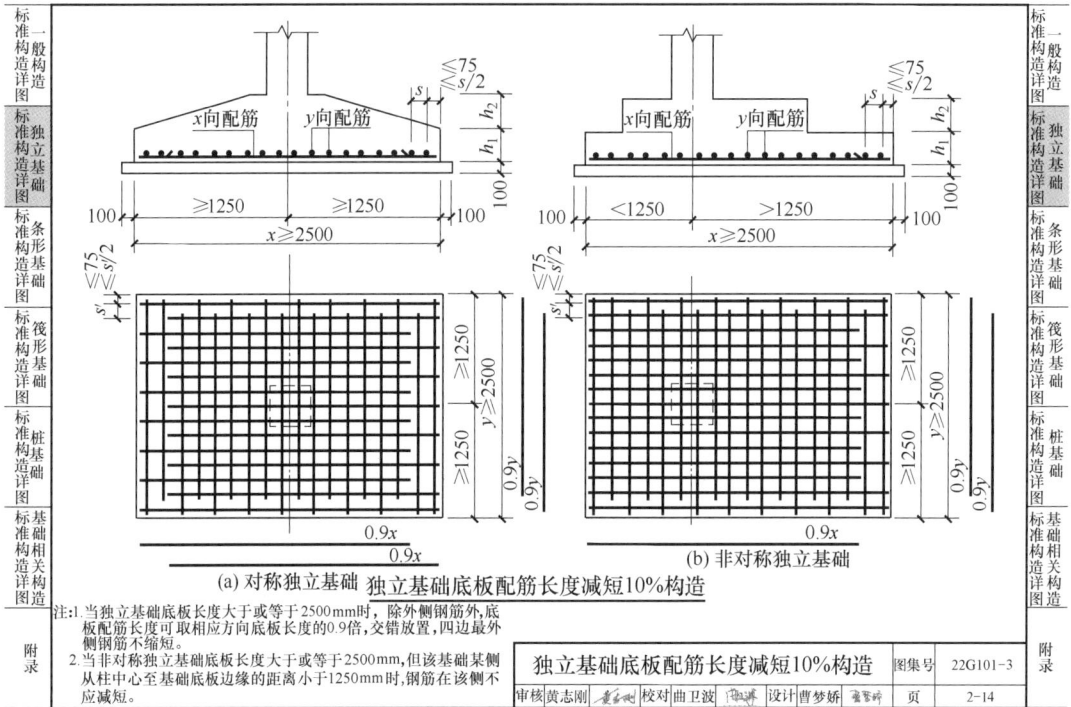

图 11-3　22G101-3 图集中独立基础的构造详图（三）

11.3　地勘资料

基础的设计离不开地勘资料，本项目的地勘资料简单描述如下：

场地主要土层分布情况：

第一层素填土，褐黄色，湿，松散状态，主要由粉质黏土组成，含少量建筑垃圾。堆积时间小于 10 年，全场地分布；厚度 1.0～1.5m。

第二层粉质黏土，褐色，稍湿，硬塑状，由黏粉粒构成。全场均有分布，埋深 1.0～1.5m，厚度 4.0～6.0m，本层地基承载力特征值 f_{ak}=220kPa，压缩模量 E_s=6MPa。

第三层粉细砂，灰褐色-灰黄色，饱和，中密，主要成分为石英，颗粒均匀。全场地分布，埋深 5.0～7.0m，厚度 1.0～2.0m，本层地基承载力特征值 f_{ak}=320kPa，压缩模量 E_s=15.5MPa。

第四层中砂，灰黄色，中密-密实，主要矿物成分为石英、长石碎粒，含 10%～15% 的砾石，局部砾石直径较大。全场地分布，埋深 7.0～9.0m，厚度未揭穿，本层地基承载力特征值 f_{ak}=350kPa，压缩模量 E_s=22.5MPa。

本次勘察对场地进行剪切波速及地面脉动测试。根据波速报告综合评定该场地属中硬场地土，按《抗震标准》评价，本场地属Ⅱ类场地，属可进行建筑的一般场地。

本项目为多层结构，基础选型建议为独立基础，持力层可选择第二层粉质黏土层，基础底标高定为 -2.000m。

11.4 独立基础的设计

切换到"基础模型"选项卡,如图 11-4 所示。

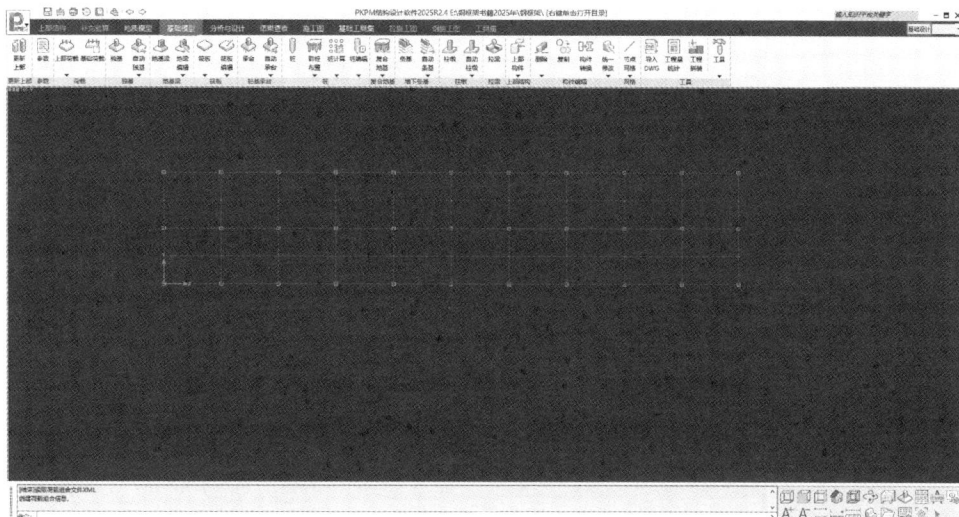

图 11-4 "基础模型"选项卡

(1) 单击"参数"按钮,弹出"分析与设计参数补充定义"对话框,其中"总信息"页参数如图 11-5 所示设置。

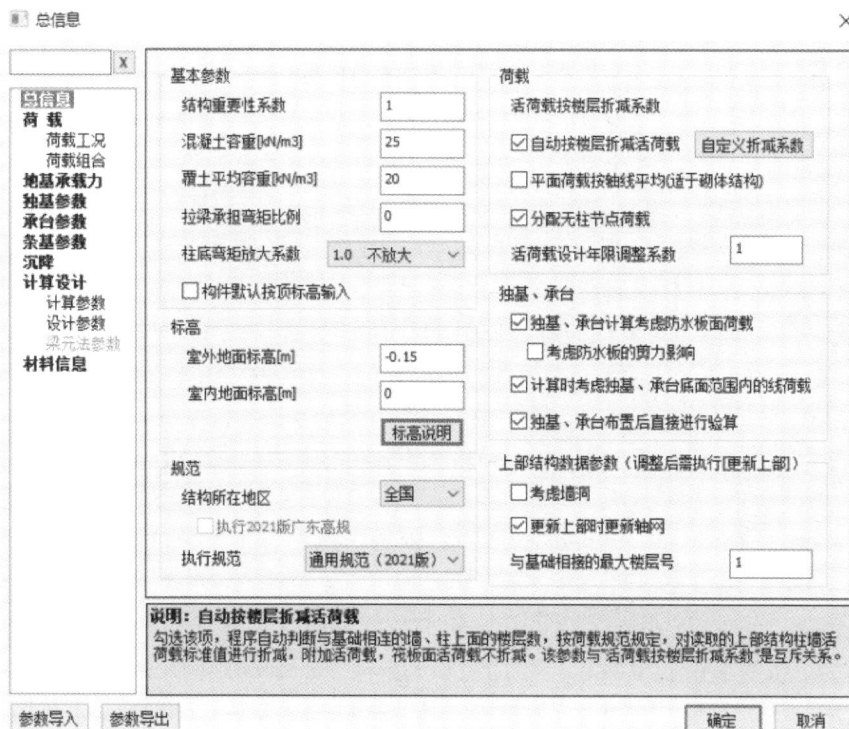

图 11-5 "总信息"页参数设置

（2）"荷载工况"页参数，如图11-6所示。

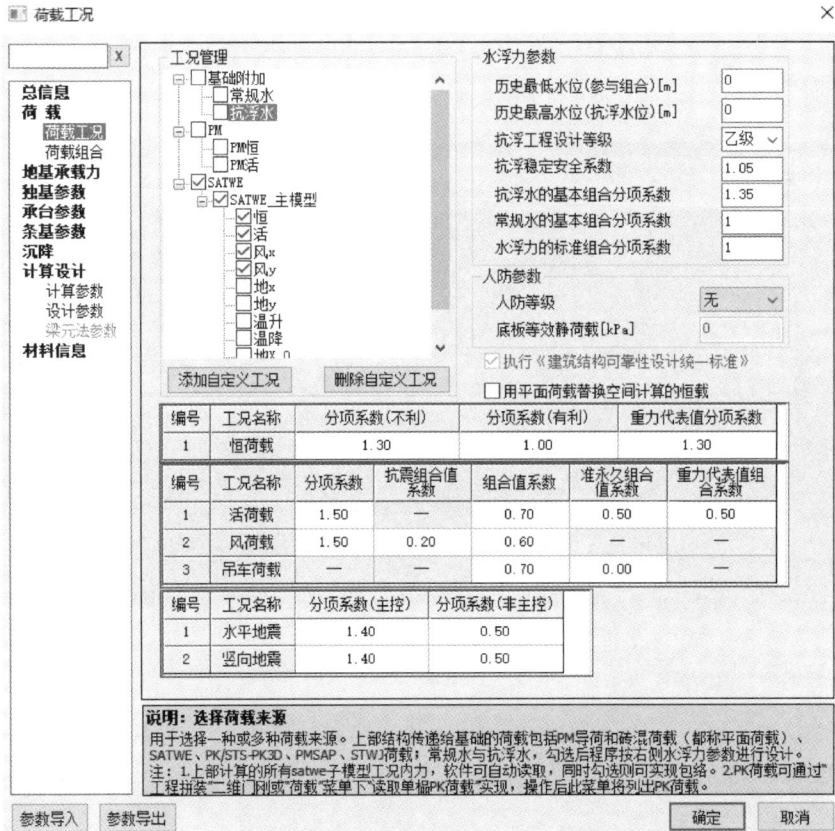

图11-6 "荷载工况"页参数设置

注意：笔者审图时，发现有些设计院设计独立基础时一律考虑地震作用，结果在高烈度地区独立基础特别大，一个两层的框架独立基础竟然要做到5m×5m，完全不符合常识。根据《抗震标准》4.2.1条可知：无论是地基还是基础，不超过8层且高度在24m以下的一般民用框架和框架-抗震墙房屋都是不用考虑抗震验算的。所以，本项目为两层框架，只考虑恒载、活荷载、风荷载。

"荷载组合"页参数按默认即可，如图11-7所示。

（3）"地基承载力"页参数如图11-8所示设置。

地基承载力特征值：根据地勘资料，选择2层粉质黏土层为持力层，$f_{ak}=220.00$kPa；

地基承载力宽度修正系数：不考虑宽度修正，把宽度修正作为富余，宽度修正系数取0.00；

地基承载力深度修正系数：根据土的类别查《地基标准》表5.2.4，深度修正系数取1.00；

基底以下土的重度：用于宽度修正，土的重度可近似取20.00kN/m³；

基底以上土的加权平均重度：用于深度修正，土的重度可近似取20.00kN/m³；

确定地基承载力所用的基础埋置深度：用于深度修正，从室外地面算起的基础埋置深度，基底标高为−2.000m，室外地面标高为−0.150m，基础埋置深度为1.850m；

156

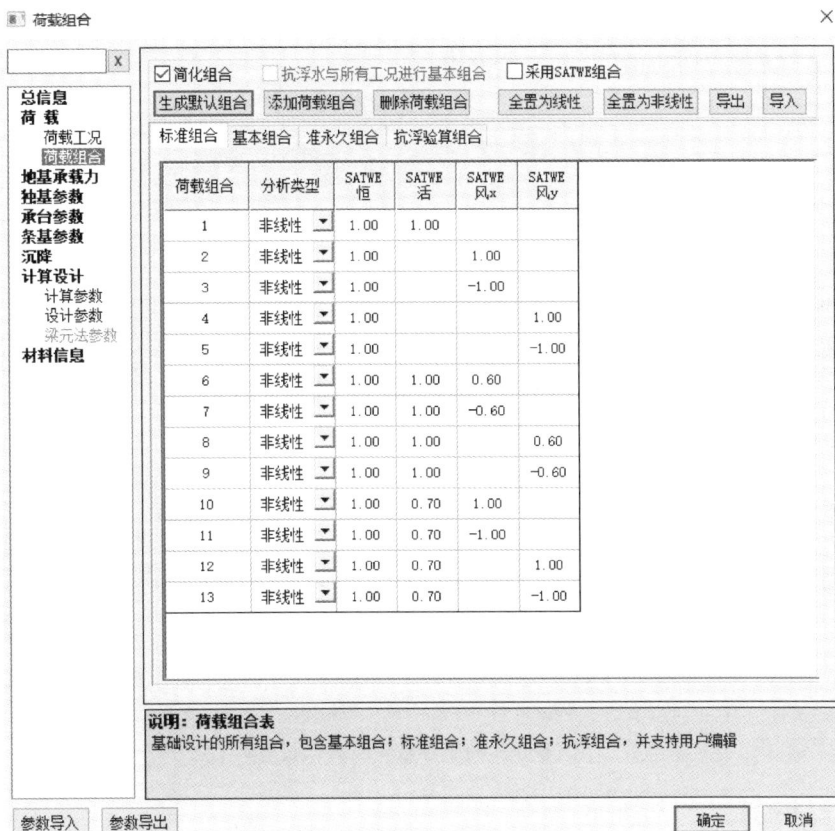

图 11-7 "荷载组合"页参数设置

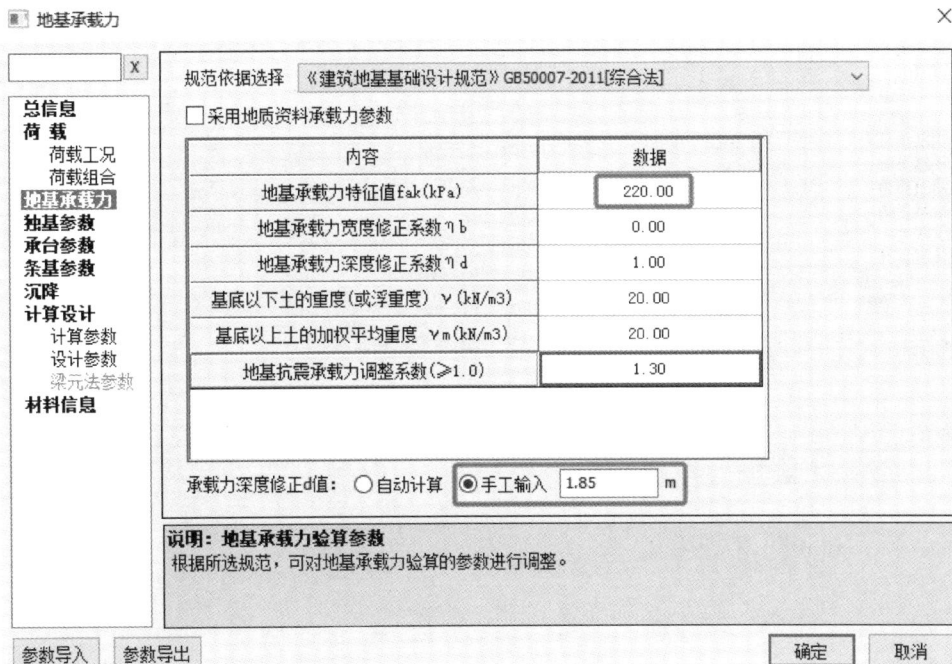

图 11-8 "地基承载力"页参数设置

地基抗震承载力调整系数：按软件默认值即可。

（4）"独基参数"页如图 11-9 所示设置。

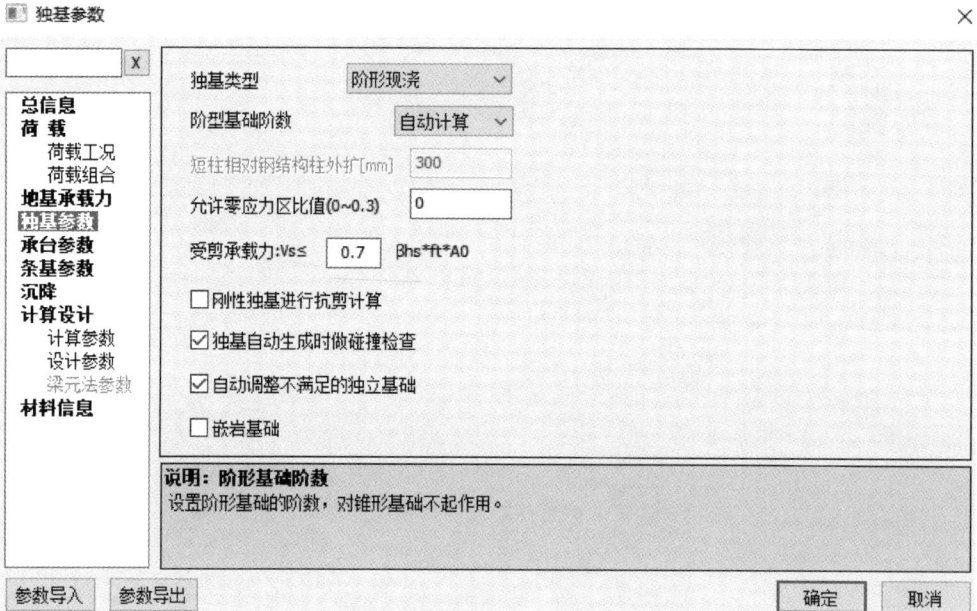

图 11-9 "独基参数"页参数设置

（5）"材料信息"页如图 11-10 所示设置。

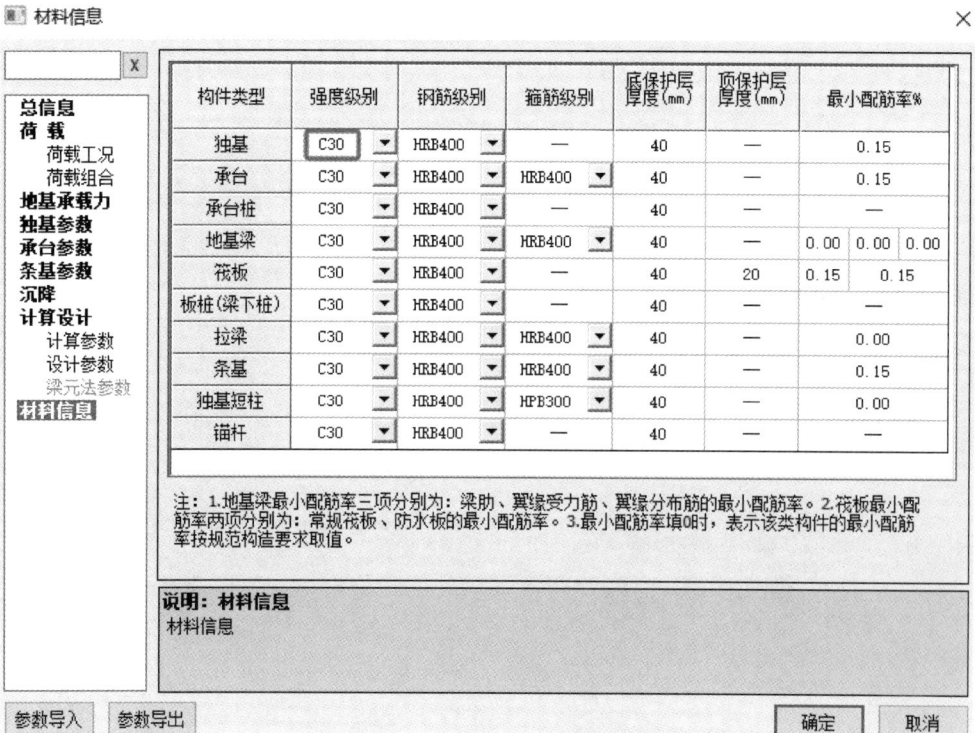

图 11-10 "材料信息"页参数设置

其余页参数对于独立基础设置暂时用不上，不必设置。

单击"自动生成"按钮下的"自动分组布置"，进行参数修改，再单击"独基自动布置"自动布置独立基础，如图 11-11 所示。

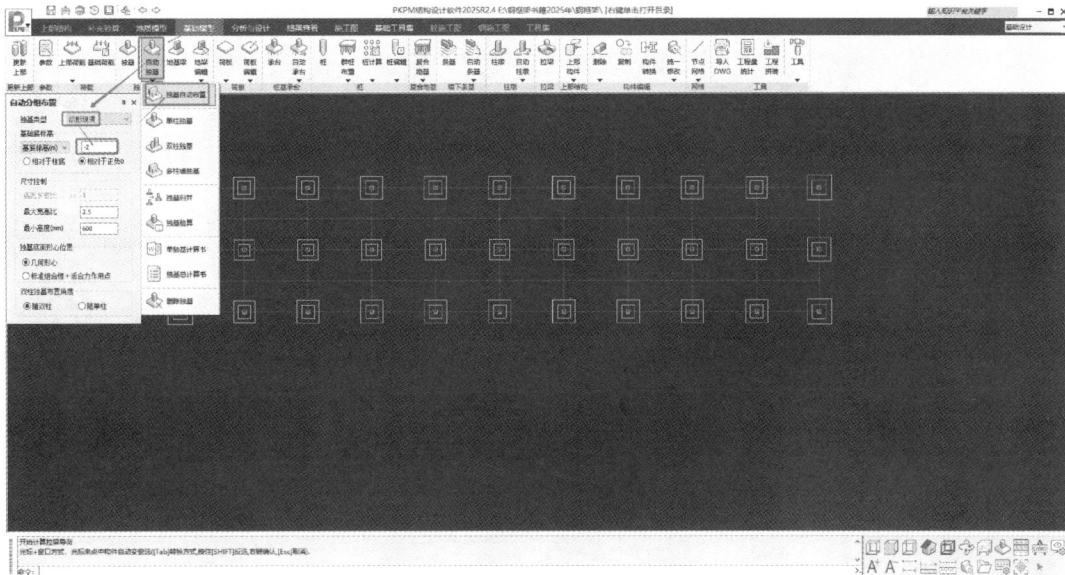

图 11-11　自动分组布置独立基础

单击"分析与设计"选项卡下的"生成数据＋计算设计"进行独立基础的计算，如图 11-12 所示。

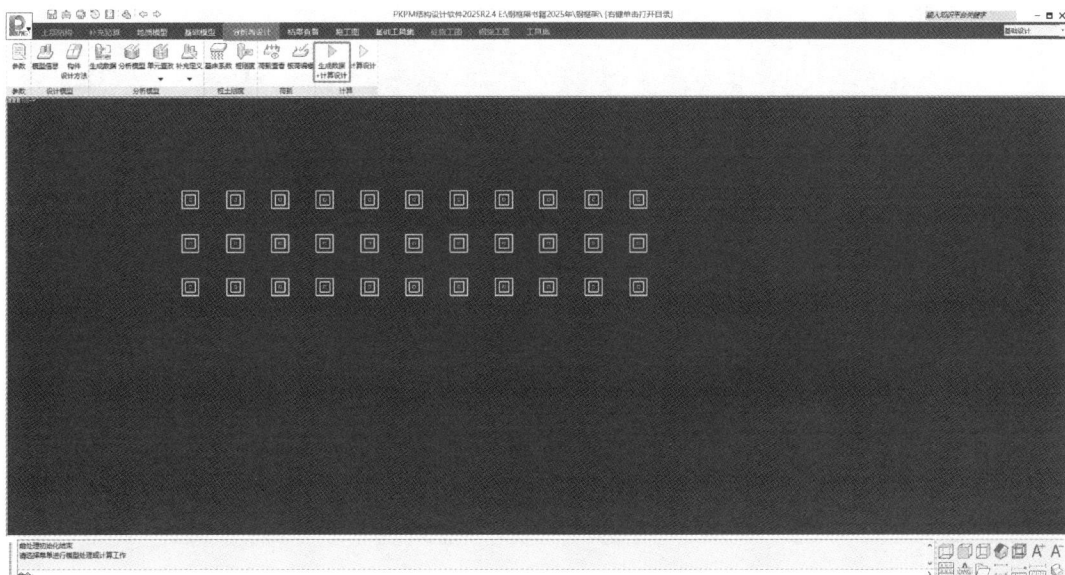

图 11-12　独立基础的计算

单击"结果查看"选项卡下的"承载力校核"，查看地基承载力是否满足设计要求，查看结果如图 11-13 所示。

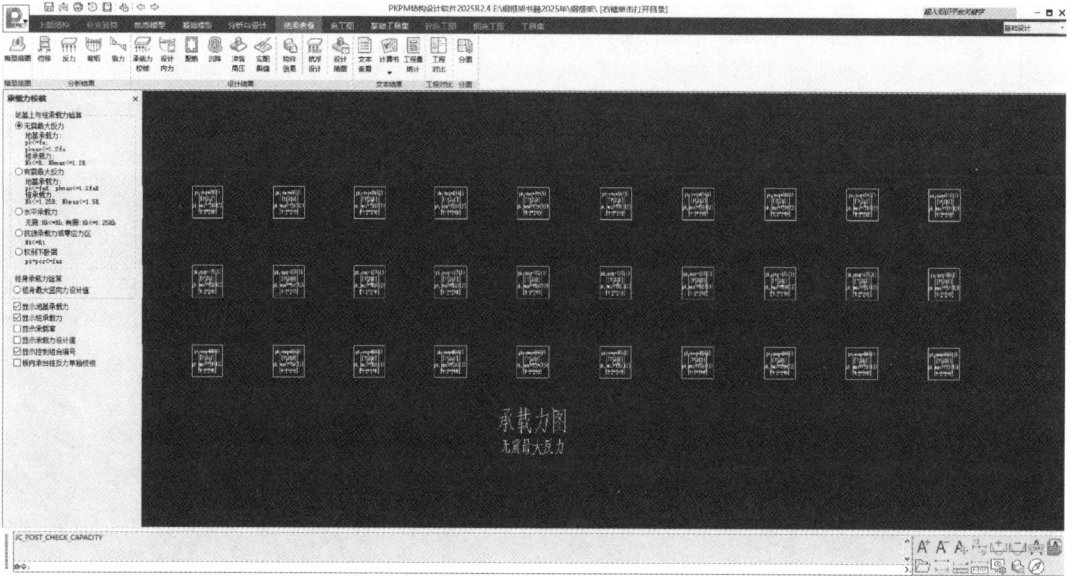

图 11-13　承载力校核

单击"结果查看"选项卡下的"配筋"，查看基础的配筋计算结果，查看结果如图 11-14 所示。

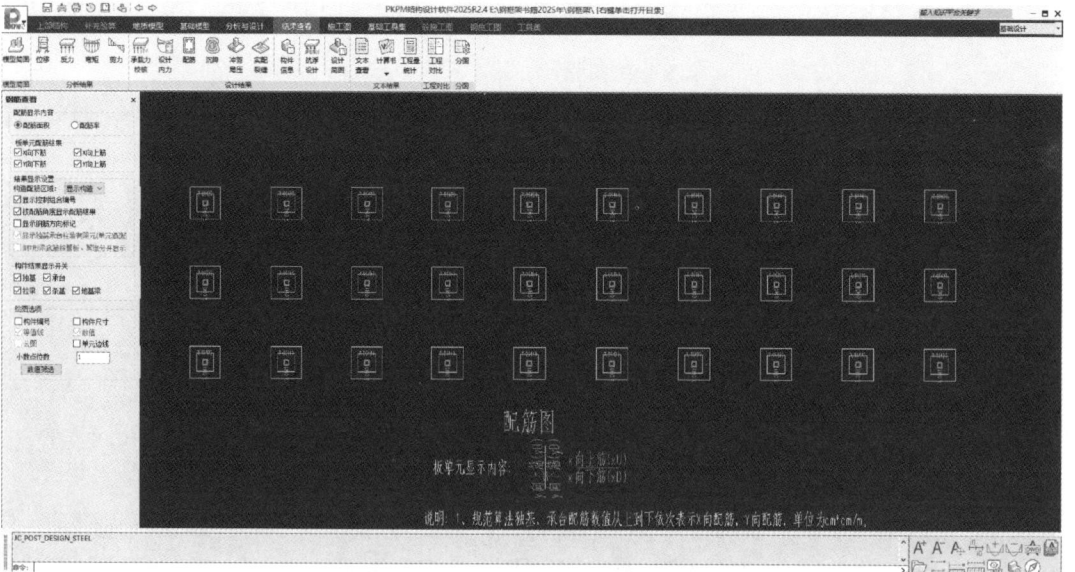

图 11-14　查看基础的配筋计算结果

单击"结果查看"选项卡下的"冲剪局压"，查看冲切及剪切验算是否满足设计要求，查看结果如图 11-15 所示。

当独立基础各项设计结果均满足要求后便可进行基础施工图的绘制。

160

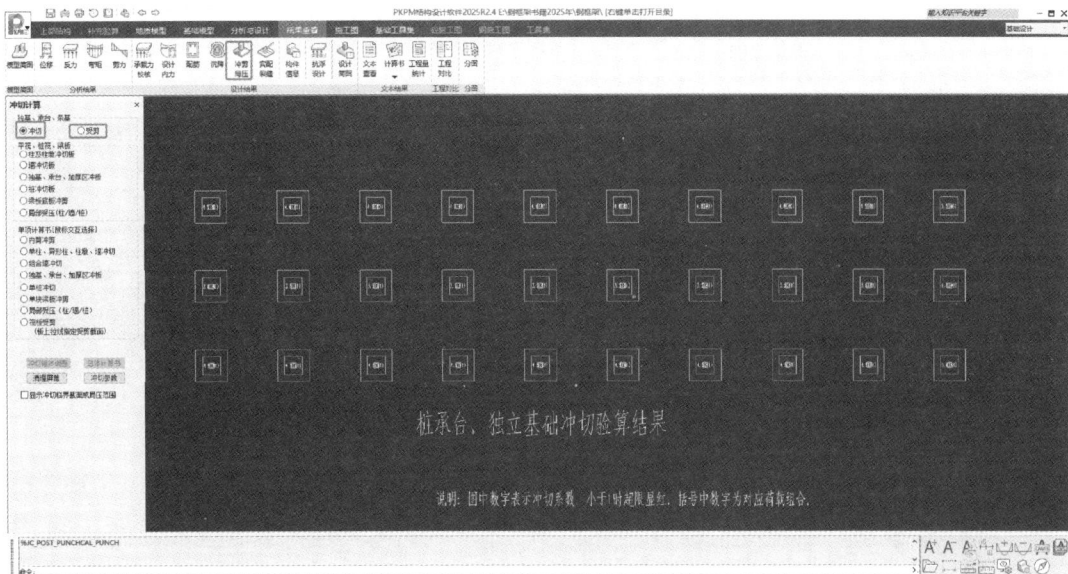

图 11-15　冲切剪切验算

11.5　基础施工图的绘制

切换到"施工图"选项卡，单击平法中的"绘制新图""独基"按钮，绘制平法表示法的独立基础施工图如图 11-16 所示。

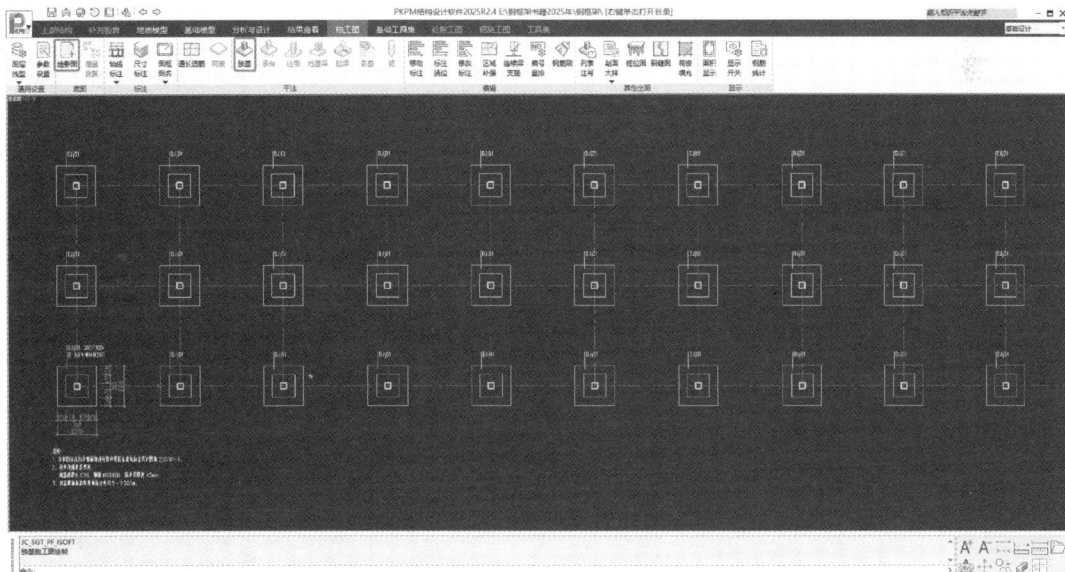

图 11-16　绘制平法表示法的独立基础施工图

单击"独基列表"绘制独立基础表，如图 11-17 所示。

将上面所绘制的独立基础平面图和列表图转成.dwg 格式经过后处理，便可成为最终的施工图。

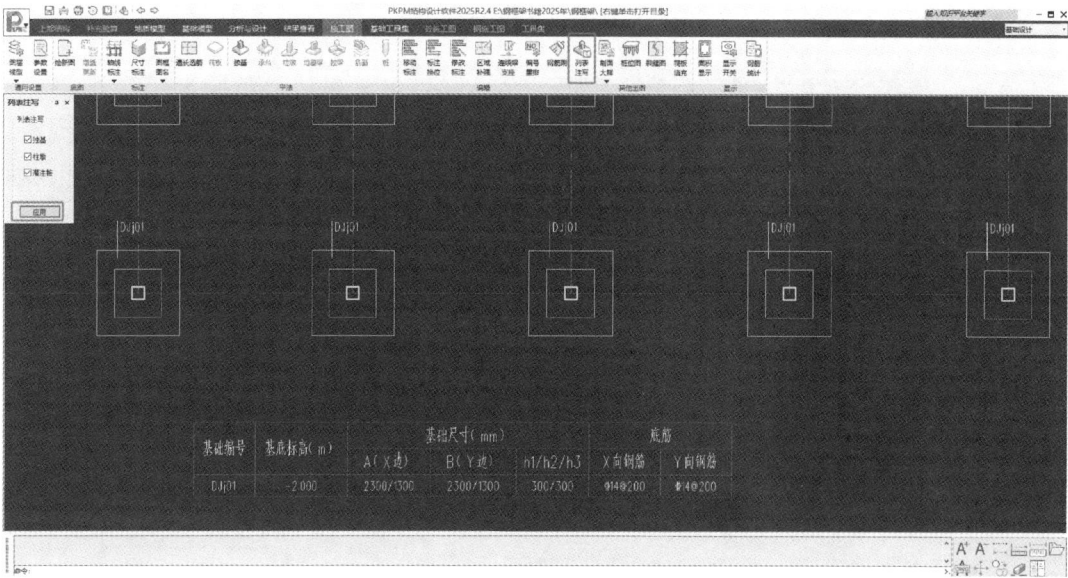

图 11-17　绘制独立基础表

12 楼梯详图

楼梯详图往往是初到设计院的新人最开始画的东西，但要真正弄懂它们，也并非一件容易的事情，本章将结合项目讲述楼梯及雨篷详图的设计过程。

12.1 常见楼梯的形式

常见的楼梯平面形式有：单跑楼梯（上下两层之间只有一个梯段）、双跑楼梯（上下两层之间有两个梯段、一个中间平台）、三跑楼梯（上下两层之间有三个梯段、两个中间平台）等。各种楼梯的平面如图 12-1 所示。

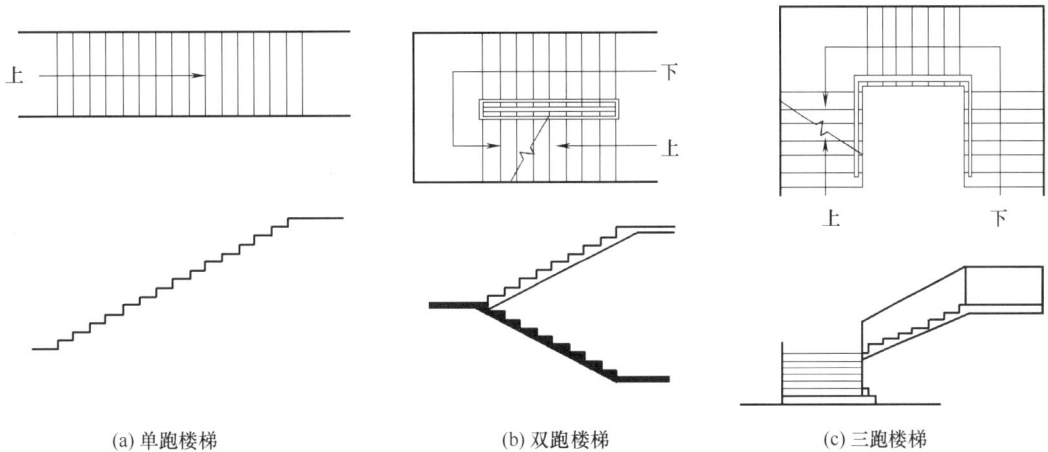

| (a) 单跑楼梯 | (b) 双跑楼梯 | (c) 三跑楼梯 |

图 12-1　常见的楼梯平面形式

对于结构专业而言，楼梯由两部分组成，即楼梯段和楼梯平台。

楼梯段也称为梯段或梯跑，是指设有若干踏步供层间上下行走的通道段落，是楼梯主要使用的承重部分。为了减少人们上下楼梯时的疲劳，一跑楼梯的踏步数不超过 18 级，同时也不宜少于 3 级，因为步数太少不易被人察觉。

楼梯平台即两楼梯段间的水平板，起缓解行人疲劳并改变行进方向的作用。楼梯平台分为中间平台和楼层平台，中间平台让人们在连续上楼时可稍加休息，故也称为休息平台；楼层平台与楼层地面标高相同，具有缓冲、分配从楼梯到达各楼层的人流的功能。

12.2 确定楼梯的型号

12.2.1 钢梯图集部分说明

选择钢梯型号时，需要知道这些型号中的字母以及数字的含义，如图 12-2 和图 12-3 所示。

固定式钢斜梯说明

1 概述

固定式钢斜梯是为民用建筑设计选用提供的一套组合式钢楼梯,可用于直跑楼梯和双跑楼梯,固定式钢斜梯由钢梯梁、踏步板、平台板和平台梯柱等构件组成。

2 适用范围

适用于非抗震和抗震设防烈度为6~8度的一般钢结构或钢筋混凝土结构建筑。

3 基本规定

3.1 钢斜梯计算时,取在水平投影面上作用3.50kN/m²均布活荷载标准值和在任何点施加的4.4kN集中荷载标准值二者的不利工况;钢踏步计算时,取在踏板中点作用1.5kN集中活荷载标准值和钢梯内侧宽度范围内作用2.2kN/m均布活荷载标准值二者的不利工况。

3.2 建筑面层自重标准值1.5kN/m²;金属栏杆0.2kN/m。

3.3 钢斜梯的梯梁容许挠度取梯梁跨度的1/250。

4 一般说明

4.1 固定式钢斜梯的梯高有1500、1650、1800、1950、2100、2250mm六种,对应3.0、3.3、3.6、3.9、4.2、4.5m六种层高,梯宽有1000、1200、1500、1800mm四种。

4.2 梯梁分为钢板梯梁和槽钢梯梁两种。

4.3 固定式钢斜梯踏步宽度有280、300mm两种。

4.4 钢结构图中所注的型钢定位线,除特殊注明外,角钢是指肢的外边线,槽钢是指腹板外边线。

4.5 本图集中间休息平台均包括在梯段中。

4.6 楼梯栏杆选用国标图集15J403-1《楼梯 栏杆 栏板(一)》。

5 选用示例

5.1 符号说明:

n — 钢斜梯踏步数;

b_0、h — 踏步宽、高;

B — 梯宽净宽, H — 梯高;

L_0 — 斜梁水平段长度, $L_0 = (n-1) \times b_0$;

L_1 — 楼层处水平折梁长度(b_0、0.6m、1.2m 三种);

L_2 — 中间平台水平折梁长度,取 $L_2 = B$。

5.2 编号及选用方法

固定式钢斜梯代号 —— XT

梯梁类型:1-钢板;2-槽钢

踏步宽度:a-280mm;b-300mm

斜梁对应的踏步数 (n)

梯宽×梯高: $B \times H(dm)$

楼层处水平段长度 $(dm$,不注明为 $b_0)$

$$XT\ \underset{1}{\ } \underset{a}{\ } \underset{(n)}{\ } - B \times H - L_2$$

5.3 按钢斜梯选用表选用梯梁时,如楼梯宽度 B 或跨度与表中不一致时,可参照表中高一档值选用。

	固定式钢斜梯说明	图集号	15J401
审核 李正刚 校对 徐逸 设计 许岩		页	C1

图 12-2 固定式钢斜梯说明

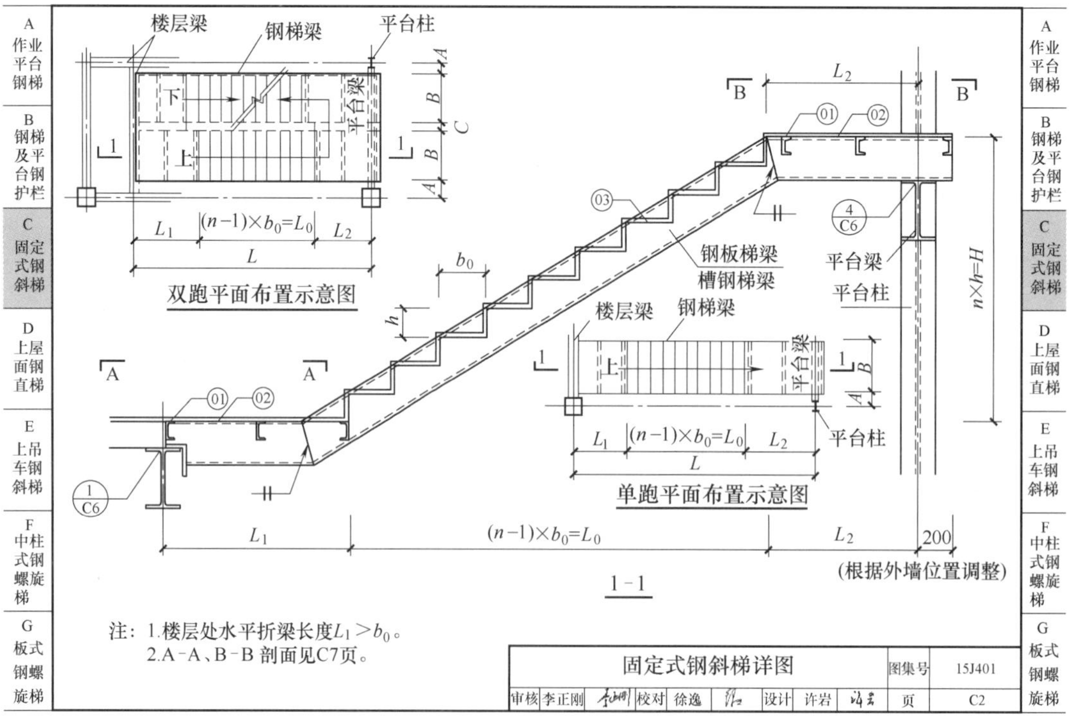

图 12-3 固定式钢斜梯详图

注:1.楼层处水平折梁长度 $L_1 > b_0$。
　　2.A-A、B-B 剖面见C7页。

	固定式钢斜梯详图	图集号	15J401
审核 李正刚 校对 徐逸 设计 许岩		页	C2

12.2.2　确定钢梯型号

本项目在钢梯±0处设置钢梁，因此钢梯起步从±0起算，层高5m，楼梯跨度6m。本项目钢楼梯选自《钢梯》15J401的固定式钢斜梯，而此图集没有完全相同跨度和高度的钢梯，因此需要按照弯矩等效的原理做适当修正。根据此原则，选用《钢梯》中XT2a(12)-180×195-120，如图12-4所示。此钢梯跨度为6080mm＞6000mm，因此，此型号钢梯中的梯梁及踏板等钢构件能满足本项目要求。

钢梯型号	平台长度(mm)			钢梯高度	梯宽	梯梁型号	钢梯材料表(kg)				
	$(n-1)\times b=L_0$	L_1	L_2	$n\times h=H$(mm)	B(mm)	(槽钢)	梯梁重量	踏步重量	平台板重量	配件重量	总重量
XT2a(12)-100×195	11×280=3080	280	1000	12×162.5=1950	1000	C16a	174.92	232.07	53.46	37.95	498.39
XT2a(12)-100×195-60	11×280=3080	600	1000	12×162.5=1950	1000	C16a	195.56	232.07	80.19	57.95	565.76
XT2a(12)-100×195-120	11×280=3080	1200	1000	12×162.5=1950	1000	C18a	253.91	232.07	106.92	67.95	660.84
XT2a(12)-120×195	11×280=3080	280	1200	12×162.5=1950	1200	C18a	213.51	278.48	73.71	43.95	609.65
XT2a(12)-120×195-60	11×280=3080	600	1200	12×162.5=1950	1200	C18a	237.75	278.48	105.30	67.95	689.48
XT2a(12)-120×195-120	11×280=3080	1200	1200	12×162.5=1950	1200	C20a	293.12	278.48	136.89	79.95	788.43
XT2a(12)-150×195	11×280=3080	280	1500	12×162.5=1950	1500	C18a	225.63	348.10	110.16	67.95	751.84
XT2a(12)-150×195-60	11×280=3080	600	1500	12×162.5=1950	1500	C20a	279.56	348.10	149.04	97.95	874.64
XT2a(12)-150×195-120	11×280=3080	1200	1500	12×162.5=1950	1500	C22a	339.24	348.10	187.92	112.95	988.21
XT2a(12)-180×195	11×280=3080	280	1800	12×162.5=1950	1800	C22a	294.24	417.72	153.90	79.95	945.81
XT2a(12)-180×195-60	11×280=3080	600	1800	12×162.5=1950	1800	C25a	356.67	417.72	200.07	115.95	1090.40
XT2a(12)-180×195-120	11×280=3080	1200	1800	12×162.5=1950	1800	C25a	389.67	417.72	246.24	133.95	1187.57
XT2b(13)-100×195	12×300=3600	300	1000	13×150=1950	1000	C16a	191.28	255.35	53.46	37.95	538.04
XT2b(13)-100×195-60	12×300=3600	600	1000	13×150=1950	1000	C18a	248.88	255.35	80.19	57.95	642.37
XT2b(13)-100×195-120	12×300=3600	1200	1000	13×150=1950	1000	C20a	305.57	255.35	106.92	67.95	735.79
XT2b(13)-120×195	12×300=3600	300	1200	13×150=1950	1200	C18a	232.72	306.42	73.71	43.95	656.80
XT2b(13)-120×195-60	12×300=3600	600	1200	13×150=1950	1200	C20a	287.49	306.42	105.30	67.95	767.16
XT2b(13)-120×195-120	12×300=3600	1200	1200	13×150=1950	1200	C22a	348.02	306.42	136.89	79.95	871.28
XT2b(13)-150×195	12×300=3600	300	1500	13×150=1950	1500	C20a	273.93	383.03	110.16	67.95	835.07
XT2b(13)-150×195-60	12×300=3600	600	1500	13×150=1950	1500	C22a	333.02	383.03	149.04	97.95	963.04
XT2b(13)-150×195-120	12×300=3600	1200	1500	13×150=1950	1500	C25a	399.32	383.03	187.92	112.95	1083.22
XT2b(13)-180×195	12×300=3600	300	1800	13×150=1950	1800	C25a	349.82	459.63	153.90	79.95	1043.30
XT2b(13)-180×195-60	12×300=3600	600	1800	13×150=1950	1800	C25a	382.82	459.63	200.07	115.95	1158.47
XT2b(13)-180×195-120	12×300=3600	1200	1800	13×150=1950	1800	C28a	474.79	459.63	246.24	133.95	1314.61

续表

注：本页适用条件：槽钢梯梁；踏步宽280mm、300mm；层高3.9m。

固定式钢斜梯选型及材料表　　图集号 15J401

审核 李正刚　校对 徐逸　设计 许岩　页 C11

（左侧标签：A 作业平台钢梯；B 钢梯及平台钢护栏；C 固定式钢斜梯；D 上屋面钢直梯；E 上吊车钢斜梯；F 中柱式钢螺旋梯；G 板式钢螺旋梯）

图12-4　固定式钢斜梯选型及材料表

12.3　钢梯修改

本项目层高5m，需采用双跑楼梯，所以单跑楼梯层高为2.5m，但《钢梯》中所选型号梯段高度为1.95m；此外，梯段宽度及梯段平台端长度都不同，因此要做适当修改。根据本项目楼梯间宽度2.85m，梯段总长度6m，梯段高度2.5m可将《钢梯》中XT2a(12)-180×195-120修改为XT2a(15)-120×250-88。其中$C=50$mm，$A=200$mm，$B=1200$mm，具体详见《钢梯》第C2页。

13 钢结构防护

钢结构最大的缺点是容易锈蚀和耐火能力差。钢材的腐蚀是自发的、不可避免的过程，但却是可以控制的；在发生火灾时钢结构在高温作用下会很快失效倒塌，耐火极限通常仅 15min，所以钢结构工程必须进行防护设计。

防火侧重于火灾时的应急防护，依赖材料的隔热性能与耐火设计；防腐强调长期耐久性，需结合环境选择涂层、镀层或电化学保护。

钢结构的防护是结构设计、施工、使用中必须重视的问题，其关系钢结构的耐久性、维护费用、使用性能等多方面的内容。

13.1 一般规定

《钢标》防火规定：

18.1.1 钢结构防火保护措施及其构造应根据工程实际，考虑结构类型、耐火极限要求、工作环境等因素，按照安全可靠、经济合理的原则确定。

18.1.2 建筑钢构件的设计耐火极限应符合现行国家标准《建筑设计防火规范》GB 50016 中的有关规定。

18.1.3 当钢构件的耐火时间不能达到规定的设计耐火极限要求时，应进行防火保护设计，建筑钢结构应按现行国家标准《建筑钢结构防火技术规范》GB 51249 进行抗火性能验算。

18.1.4 在钢结构设计文件中，应注明结构的设计耐火等级，构件的设计耐火极限、所需要的防火保护措施及其防火保护材料的性能要求。

18.1.5 构件采用防火涂料进行防火保护时，其高强度螺栓连接处的涂层厚度不应小于相邻构件的涂料厚度。

《钢标》防腐蚀规定：

18.2.1 钢结构应遵循安全可靠、经济合理的原则，按下列要求进行防腐蚀设计：

1 钢结构防腐蚀设计应根据建筑物的重要性、环境腐蚀条件、施工和维修条件等要求合理确定防腐蚀设计年限；

2 防腐蚀设计应考虑环保节能的要求；

3 钢结构除必须采取防腐蚀措施外，尚应尽量避免加速腐蚀的不良设计；

4 防腐蚀设计中应考虑钢结构全寿命期内的检查、维护和大修。

18.2.2 钢结构防腐蚀设计应综合考虑环境中介质的腐蚀性、环境条件、施工和维修条件等因素，因地制宜，从下列方案中综合选择防腐蚀方案或其组合：

1 防腐蚀涂料；

2 各种工艺形成的锌、铝等金属保护层；

3 阴极保护措施；

4 耐候钢。

18.2.3 对危及人身安全和维修困难的部位，以及重要的承重结构和构件应加强防护。对处于严重腐蚀的使用环境且仅靠涂装难以有效保护的主要承重钢结构构件，宜采用耐候钢或外包混凝土。

当某些次要构件的设计使用年限与主体结构的设计使用年限不相同时，次要构件应便于更换。

13.2　钢结构的防火设计概述

目前，钢结构已在建筑工程中发挥着日益重要的作用，钢结构以其自身的优越性能，已经在工程中得到合理、广泛的应用，可以预想，在可预见的将来，钢结构在建筑工程中的应用将会越来越广泛。

钢材的力学性能随温度的不同而变化，当温度升高时，钢材的屈服强度、抗拉强度和弹性模量总趋势是下降的，但是在150℃以下时，变化不大；当温度在250℃左右时，钢材的屈服强度、抗拉强度反而有较大提高，但是这时的相应伸长率较低、冲击韧性变差，钢材在此温度范围内破坏时常呈现脆性破坏特征，称为"蓝脆"；当温度超过300℃时，钢材的屈服强度、抗拉强度和弹性模量开始显著下降，而伸长率开始显著增大，钢材产生徐变；当温度超过400℃时，强度和弹性模型量都急剧降低；到500℃左右时，其强度下降40％～50％，钢材的力学性能，如屈服点、抗压强度、弹性模量等都迅速下降。所以在发生火灾时，钢材在15～20min后即急剧软化，这时整个建筑物会因失去稳定而导致崩溃。实际上，由于各种因素的作用，有些钢结构在烈火中一般只有10min的支撑能力，随即变形倒塌。

钢结构的抗火性能较差，其原因主要有两个方面：一是钢材热传导系数很大，火灾时钢构件升温快；二是钢材强度随温度升高而迅速降低，致使钢结构不能承受外部荷载作用而失效破坏。无防火保护的钢结构的耐火时间通常为15～20min，故极易在火灾下破坏。一旦发生这种情况，将对整个建筑物造成灾难性的后果。正因为如此，对钢结构采取有效的保护，使其避免受高温火焰的直接灼烧，从而延缓其坍塌时间，为消防救援争取宝贵的时间就显得十分重要。

钢结构的防火保护有多种方法，这些方法可以分为两种，一种为被动防火法，包括：钢结构防火涂料保护、防火板保护、混凝土防火保护、结构内通水冷却、柔性卷材防火保护等，它们为钢结构提供了足够的耐火时间，从而受到工程人员的普遍欢迎，而以前三种方法应用较多。另一种为主动防火法，即提高钢材自身的防火性能（如耐火钢）或设置结构喷淋。

选择钢结构的防火措施时，应考虑下列因素：

（1）钢结构所处部位，需防护的构件性质（如屋架、网架或梁、柱）；

（2）钢结构采取防护措施后结构增加的重量及占用的空间；

（3）防护材料的可靠性；

（4）施工难易程度和经济性。

无论是用混凝土还是用防火板保护钢结构，达到规定的防火要求需要相当厚的保护层，这样必然会增加构件质量和占用较多的室内空间，所以采用这两种方法也不合适。通常情况下，采用钢结构防火涂料较为合理。钢结构防火涂料施工简便，无须复杂的工具即可施工，重量轻、造价低，而且不受构件的几何形状和部位限制。

13.3 钢结构的防火涂料

13.3.1 防火涂料分类

1. 定义

施涂于建（构）筑物钢结构表面，能形成耐火隔热保护层以提高钢结构耐火极限的涂料。

2. 分类

（1）按火灾防护对象《钢结构防火涂料》GB 14907—2018 4.1.1 条

1）普通钢结构防火涂料：用于普通工业与民用建（构）筑物钢结构表面的防火涂料；

2）特种钢结构防火涂料：用于特殊建（构）筑物（如石油化工设施、变配电站等）钢结构表面的防火涂料。

（2）按使用场所《钢结构防火涂料》GB 14907—2018 4.1.2 条

1）室内钢结构防火涂料：用于建筑物室内或隐蔽工程的钢结构表面的防火涂料；

2）室外钢结构防火涂料：用于建筑物室外或露天工程的钢结构表面的防火涂料。

（3）按分散介质《钢结构防火涂料》GB 14907—2018 4.1.3 条

1）水基性钢结构防火涂料：以水作为分散介质的钢结构防火涂料；

2）溶剂性钢结构防火涂料：以有机溶剂作为分散介质的钢结构防火涂料。

（4）按防火机理《钢结构防火涂料》GB 14907—2018 4.1.4 条

1）膨胀型钢结构防火涂料：涂层在高温时膨胀发泡，形成耐火隔热保护层的钢结构防火涂料；

2）非膨胀型钢结构防火涂料：涂层在高温时不膨胀发泡，其自身成为耐火隔热保护层的钢结构防火涂料。

（5）按涂层厚度《钢结构防火涂料》GB 14907—2018 5.1.5 条

膨胀型钢结构防火涂料的涂层厚度不应小于 1.5mm。

按照市场常见的不同涂层厚度可分为超薄型、薄型、厚型三类防火涂料，其中超薄型与薄型属于膨胀型，厚型属于不膨胀型。

超薄型：1.5mm≤厚度≤3mm

薄型：3mm＜厚度≤7mm

厚型：15mm≤厚度≤45mm

13.3.2 钢结构涂料防火机理

膨胀型钢结构防火涂料：在大火中，涂料遇热后树脂胶粘剂熔化并快速发泡膨胀，形成具有耐火隔热和隔绝空气作用的炭化层。在这个过程中，活性颜料产生气体可使膨胀层膨胀到原始厚度的 50 倍以上，以达到耐火隔热的效果。膨胀层减缓从火焰中产生的热传递至钢材表面，从而延长钢铁承载重物的时间（升温时间），如图13-1所示。最高耐火时限2h。

非膨胀型钢结构防火涂料：依靠材料本身的低导热性、高隔热性和不燃燃性，阻隔热量传递、延缓钢材升温，从而保护钢构件的强度不丧失，如图13-2所示。最高耐火时限4h以上。

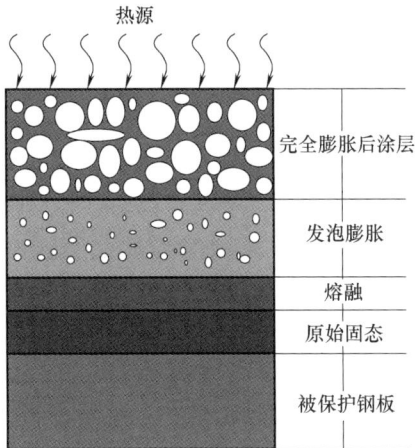

图13-1　膨胀性钢结构防火涂料防火示意图　　图13-2　非膨胀性钢结构防火涂料防火示意图

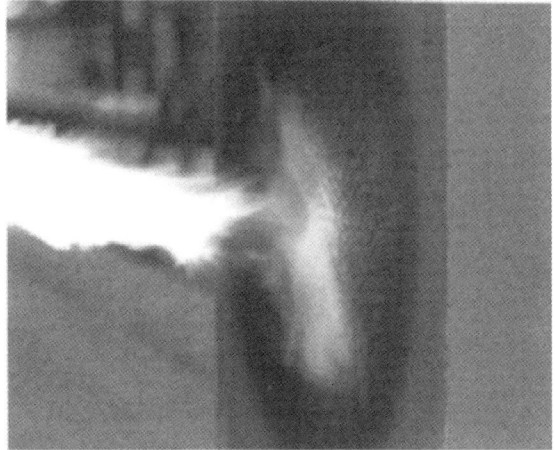

关于防火性能的理解如下。

（1）任何被保护的物体都有承受大火燃烧的极限值，无论什么样结构的建筑长时间遭受火灾，最终都会倒塌。

（2）防火涂料的作用是在被保护物体表面隔离热量，延缓建筑的破坏倒塌，为人员疏散和灭火、营救争取宝贵的时间。

（3）防火涂料也有其耐火极限，超过耐火极限以后，涂料会失去隔热效果，被保护的物体温度会迅速升温。

13.3.3　钢结构涂料的选用

《钢结构防火规范》：

4.1.3　钢结构采用喷涂防火涂料保护时，应符合下列规定：

1　室内隐蔽构件，宜选用非膨胀型防火涂料；

2　设计耐火极限大于1.50h的构件，不宜选用膨胀型防火涂料；

3　室内、半室外钢结构采用膨胀型防火涂料时，应选用符合环境对其性能要求的产品；

4　非膨胀型防火涂料涂层的厚度不应小于10mm；

5　防火涂料与防腐涂料应相容、匹配。

13.3.4　高温下防火构涂料的特性

具有防火保护的钢构件在高温下的极限变形是$L/20$，称之为耐火承载力极限状态（详见《钢结构防火涂料》GB 14907—2018）。这个变形值远超过钢构件在正常使用状态

169

下的变形限值，比如挠度的 1/400、1/250 和侧移的 1/500、1/800 等。因此，防火涂料的性能评价中，除了要发挥防火隔热作用的"耐火性能"之外，最重要的就是在高温大变形发展过程中，需要防火涂料依然能够完整地、完好地附着在钢材表面而小脱落的"粘接性能"，与大变形协调而小开裂的"变形性能"，二者统称为防火涂料的"工作性能"，没有良好的工作性能，防火涂料的耐火性能就无法发挥作用。因此，防火设计时，需要对防火涂料的"耐火性能"和"工作性能"分别提出设计要求。GB 51249—2018 第 3.1.4 条规定的要注明"防火材料的性能要求"是指涂料的"干密度、粘接强度和抗压强度"。

防火涂料和普通建筑材料的区别：防火涂料在钢构件发生 $L/20$ 大变形过程中，"涂料不脱落的高粘接性"和"涂料不开裂的高形变性"，是防火涂料区别于普通建筑材料的最大不同点，也是防火涂料最重要的特性，更是反映防火涂料性能品质高低的关键点。

在涂料耐火性能一致的情况下，明确厚型涂料的类别是石膏基还是水泥基，是反映了对涂料综合性能的要求，等同于同等强度钢材是选用碳素钢、低合金钢还是高建钢的情况。

13.3.5 钢结构防火涂料的耐火性能分级

《钢结构防火涂料》GB 14907—2018：

4.2.1 钢结构防火涂料的耐火极限分为：0.50h、1.00h、1.50h、2.00h、2.50h 和 3.00h。

4.2.2 钢结构防火涂料耐火性能分级代号见表 1。

表 1　耐火性能分级代号

耐火极限(F_r) h	耐火性能分级代号	
	普通钢结构防火涂料	特种钢结构防火涂料
$0.50 \leqslant F_r < 1.00$	$F_p0.50$	$F_t0.50$
$1.00 \leqslant F_r < 1.50$	$F_p1.00$	$F_t1.00$
$1.50 \leqslant F_r < 2.00$	$F_p1.50$	$F_t1.50$
$2.00 \leqslant F_r < 2.50$	$F_p2.00$	$F_t2.00$
$2.50 \leqslant F_r < 3.00$	$F_p2.50$	$F_t2.50$
$F_r \geqslant 3.00$	$F_p3.00$	$F_t3.00$

注：F_p 采用建筑纤维类火灾升温试验条件；F_t 采用烃类（HC）火灾升温试验条件。

5.2.3 钢结构防火涂料的耐火性能应符合表 4 的规定。

表 4　钢结构防火涂料的耐火性能

产品分类	耐火性能										缺陷类别
	膨胀型				非膨胀型						
普通钢结构防火涂料	$F_p0.50$	$F_p1.00$	$F_p1.50$	$F_p2.00$	$F_p0.50$	$F_p1.00$	$F_p1.50$	$F_p2.00$	$F_p2.50$	$F_p3.00$	A
特种钢结构防火涂料	$F_t0.50$	$F_t1.00$	$F_t1.50$	$F_t2.00$	$F_t0.50$	$F_t1.00$	$F_t1.50$	$F_t2.00$	$F_t2.50$	$F_t3.00$	

注：耐火性能试验结果适用于同种类型且截面系数更小的基材。

解读： 从《钢结构防火涂料》GB 14907—2018 表 1 和表 4 可以看出，膨胀型防火涂料的最高耐火性能是 $F2.00$，对应耐火时间区间是 $2.0h \leqslant F2.00 < 2.5h$。也就是在国家标准中，膨胀型耐火性能没有 2.5h 的分级，即国家不对 2.5h 的膨胀型进行认定和评定，那么膨胀型也不被允许使用在 2.5h 及以上耐火极限构件上，而只能最高用于 2.0h 的构件。

13.4 钢结构的防火设计

13.4.1 常用钢结构防火术语

《钢结构防火规范》：

2.1.1 耐火钢 fire-resisant steel

在 600℃温度时的屈服强度不小于其常温屈服强度 2/3 的钢材。

2.1.5 截面形状系数 section factor

钢构件的受火表面积与其相应的体积之比。

2.1.10 耐火承载力极限状态 fire limit state

结构或构件受火灾作用达到不能承受外部作用或不适于继续承载的变形的状态。

2.1.11 荷载比 load ratio

火灾下结构或构件的荷载效应设计值与其常温下的承载力设计值的比值。

2.1.12 临界温度 critical temperature

钢构件受火灾作用达到其耐火承载力极限状态时的温度。

13.4.2 建筑的耐火等级

1. 确定建筑分类

《建筑防火规范》：

5.1.1 民用建筑根据其建筑高度和层数可分为单、多层民用建筑和高层民用建筑。

高层民用建筑根据其建筑高度、使用功能和楼层的建筑面积可分为一类和二类。民用建筑的分类应符合表 5.1.1 的规定。

表 5.1.1 民用建筑的分类

名称	高层民用建筑		单、多层民用建筑
	一类	二类	
住宅建筑	建筑高度大于54m的住宅建筑(包括设置商业服务网点的住宅建筑)	建筑高度大于27m,但不大于54m的住宅建筑(包括设置商业服务网点的住宅建筑)	建筑高度不大于27m的住宅建筑(包括设置商业服务网点的住宅建筑)
公共建筑	1. 建筑高度大于50m的公共建筑； 2. 建筑高度24m以上部分任一楼层建筑面积大于1000m² 的商店、展览、电信、邮政、财贸金融建筑和其他多种功能组合的建筑； 3. 医疗建筑、重要公共建筑、独立建造的老年人照料设施；	除一类高层公共建筑外的其他高层公共建筑	1. 建筑高度大于24m的单层公共建筑 2. 建筑高度不大于24m的其他公共建筑

名称	高层民用建筑		单、多层民用建筑
	一类	二类	
公共建筑	4. 省级及以上的广播电视和防灾指挥调度建筑、网局级和省级电力调度建筑； 5. 藏书超过100万册的图书馆、书店	除一类高层公共建筑外的其他高层公共建筑	1. 建筑高度大于24m的单层公共建筑 2. 建筑高度不大于24m的其他公共建筑

注：1 表中未列入的建筑，其类别应根据本表类比确定。

2 除本规范另有规定外，宿舍、公寓等非住宅类居住建筑的防火要求，应符合本规范有关公共建筑的规定。

3 除本规范另有规定外，裙房的防火要求应符合本规范有关高层民用建筑的规定。

从《建筑防火规范》GB 50016—2014（2018年版）表5.1-1可以看出，本项目建筑为高度不大于24m的其他公共建筑，因此归于单、多层民用建筑的分类。

2. 确定耐火等级

表13-1系根据18J88-1图集第5-14页不同建筑耐火等级说明编制而成。

耐火等级的确定 　　　　　　　　　　　　　　　　　　　　　　表13-1

名称	耐火等级	允许建筑高度或层数	防火分区的最大允许建筑面积(m²)	备注
高层民用建筑	一、二级	按本规范第5.1.1条确定	1500	对于体育馆、剧场的观众厅，防火分区的最大允许建筑面积可适当增加
单、多层民用建筑	一、二级	按本规范第5.1.1条确定	2500	
	三级	5层	1200	
	四级	2层	600	
地下或半地下建筑（室）	一级	—	500	设备用房的防火分区最大允许建筑面积不应大于1000m²

5.1.3 民用建筑的耐火等级应根据其建筑高度、使用功能、重要性和火灾扑救难度等确定，并应符合下列规定：

1 地下或半地下建筑（室）和一类高层建筑的耐火等级不应低于一级；

2 单、多层重要公共建筑和二类高层建筑的耐火等级不应低于二级。

5.1.4 建筑高度大于100m的民用建筑，其楼板的耐火极限不应低于2.00h。

一、二级耐火等级建筑的上人平屋顶，其屋面板的耐火极限分别不应低于1.50h和1.00h。

综合上述可以看出，因为本项目建筑为单、多层民用建筑的分类，但建筑面积为684m²＞600m²，所以其耐火等级为三级。

13.4.3 建筑构件的耐火极限

《建筑防火规范》：

5.1.2 民用建筑的耐火等级可分为一、二、三、四级，除本规范另有规定外，不同耐火等级建筑相应构件的燃烧性能和耐火极限不应低于表5.1.2的规定。

表 5.1.2　不同耐火等级建筑相应构件的燃烧性能和耐火极限（h）

构件名称		耐火等级			
		一级	二级	三级	四级
墙	防火墙	不燃性 3.00	不燃性 3.00	不燃性 3.00	不燃性 3.00
	承重墙	不燃性 3.00	不燃性 2.50	不燃性 2.00	难燃性 0.50
	非承重外墙	不燃性 1.00	不燃性 1.00	不燃性 0.50	可燃性
	楼梯间和前室的墙 电梯井的墙 住宅建筑单元之间的墙和分户墙	不燃性 2.00	不燃性 2.00	不燃性 1.50	难燃性 0.50
	疏散走道两侧的隔墙	不燃性 1.00	不燃性 1.00	不燃性 0.50	难燃性 0.25
	房间隔墙	不燃性 0.75	不燃性 0.50	难燃性 0.50	难燃性 0.25
柱		不燃性 3.00	不燃性 2.50	不燃性 2.00	难燃性 0.50
梁		不燃性 2.00	不燃性 1.50	不燃性 1.00	难燃性 0.50
楼板		不燃性 1.50	不燃性 1.00	不燃性 0.50	可燃性
屋顶承重构件		不燃性 1.50	不燃性 1.00	可燃性 0.50	可燃性
疏散楼梯		不燃性 1.50	不燃性 1.00	不燃性 0.50	可燃性
吊顶（包括吊顶搁栅）		不燃性 0.25	难燃性 0.25	难燃性 0.15	可燃性

注：1　除本规范另有规定外，以木柱承重且墙体采用不燃材料的建筑，其耐火等级应按四级确定。
　　2　住宅建筑构件的耐火极限和燃烧性能可按现行国家标准《住宅建筑规范》GB 50368 的规定执行。

注意：相应建筑构件中的相应，也就是建筑构件的耐火等级同建筑的耐火等级。

综上所述，本项目耐火极限柱为 2.0h，梁为 1.0h。

《钢结构防火规范》：

3.1.1　钢结构构件的设计耐火极限应根据建筑的耐火等级，按现行国家标准《建筑设计防火规范》GB 50016 的规定确定。

解读：通常，无防火保护钢构件的耐火时间为 0.25～0.50h，达不到绝大部分建筑构件的设计耐火极限，需要进行防火保护。防火保护应根据工程实际选用合理的防火保护方法、材料和构造措施，做到安全适用、技术先进、经济合理。防火保护层的厚度应通过构件耐火验算确定，保证构件的耐火极限达到规定的设计耐火极限。

3.1.3　钢结构节点的防火保护应与被连接构件中防火保护要求最高者相同。

解读：基于"强节点、弱构件"的设计原则，规定节点的防火保护要求及其耐火性能均不应低于被连接构件中要求最高者。例如，采用防火涂料保护时，节点处防火涂层的厚

173

度不应小于所连接构件防火涂层的最大厚度。

13.4.4 钢结构的耐火极限状态

《钢结构防火规范》：

3.2.1 钢结构应按结构耐火承载力极限状态进行耐火验算与防火设计。

解读： 钢结构耐火验算与防火设计的验算准则，是基于承载力极限状态。钢结构在火灾下的破坏，本质上是由于随着火灾下钢结构温度的升高，钢材强度下降，其承载力随之下降，致使钢结构不能承受外部荷载、作用而失效破坏。因此，为保证钢结构在设计耐火极限时间内的承载安全，必须进行承载力极限状态验算。

当满足下列条件之一时，应视为钢结构整体达到耐火承载力极限状态：

（1）钢结构产生足够的塑性铰形成可变机构；

（2）钢结构整体丧失稳定。

当满足下列条件之一时，应视为钢结构构件达到耐火承载力极限状态：

（1）轴心受力构件截面屈服；

（2）受弯构件产生足够的塑性铰而成为可变机构；

（3）构件整体丧失稳定；

（4）构件达到不适于继续承载的变形。

火灾下允许钢结构发生较大的变形，不要求进行正常使用极限状态验算。随着温度的升高，钢材的弹性模量急剧下降，在火灾下构件的变形显著大于常温受力状态，按正常使用极限状态来设计钢构件的防火保护是过于严苛的。

3.2.2 钢结构耐火承载力极限状态的最不利荷载（作用）效应组合设计值，应考虑火灾时结构上可能同时出现的荷载（作用），且应按下列组合值中的最不利值确定：

$$S_m = \gamma_{0T}(\gamma_G S_{Gk} + S_{Tk} + \phi_f S_{Qk}) \tag{3.2.2-1}$$

$$S_m = \gamma_{0T}(\gamma_G S_{Gk} + S_{Tk} + \phi_q S_{Qk} + \phi_w S_{Wk}) \tag{3.2.2-2}$$

式中：S_m——荷载（作用）效应组合的设计值；

S_{Gk}——按永久荷载标准值计算的荷载效应值；

S_{Tk}——按火灾下结构的温度标准值计算的作用效应值；

S_{Qk}——按楼面或屋面活荷载标准值计算的荷载效应值；

S_{Wk}——按风荷载标准值计算的荷载效应值；

γ_{0T}——结构重要性系数；对于耐火等级为一级的建筑，$\gamma_{0T}=1.1$；对于其他建筑，$\gamma_{0T}=1.0$；

γ_G——永久荷载的分项系数，一般可取 $\gamma_G=1.0$；当永久荷载有利时，取 $\gamma_G=0.9$；

ϕ_w——风荷载的频遇值系数，取 $\phi_w=0.4$；

ϕ_f——楼面或屋面活荷载的频遇值系数，应按现行国家标准《建筑结构荷载规范》GB 50009 的规定取值；

ϕ_q——楼面或屋面活荷载的准永久值系数，应按现行国家标准《建筑结构荷载规范》GB 50009 的规定取值。

13.4.5 钢结构耐火验算采用整体结构耐火验算还是构件耐火验算

《钢结构防火规范》：

3.2.3 钢结构的防火设计应根据结构的重要性、结构类型和荷载特征等选用基于整体结构耐火验算或基于构件耐火验算的防火设计方法，并应符合下列规定：

1 跨度不小于60m的大跨度钢结构，宜采用基于整体结构耐火验算的防火设计方法；

解读： 门式刚架厂房跨度不超过48m，因此，采用基于构件耐火验算的防火设计方法。

13.4.6 钢结构的耐火验算

《钢结构防火规范》：

3.2.6 钢结构构件的耐火验算和防火设计，可采用耐火极限法、承载力法或临界温度法，且应符合下列规定：

1 耐火极限法。在设计荷载作用下，火灾下钢结构构件的实际耐火极限不应小于其设计耐火极限，并应按下式进行验算。其中，构件的实际耐火极限可按现行国家标准《建筑构件耐火试验方法 第1部分：通用要求》GB/T 9978.1、《建筑构件耐火试验方法 第5部分：承重水平分隔构件的特殊要求》GB/T 9978.5、《建筑构件耐火试验方法 第6部分：梁的特殊要求》GB/T 9978.6、《建筑构件耐火试验方法 第7部分：柱的特殊要求》GB/T 9978.7通过试验测定，或按本规范有关规定计算确定。

$$t_m \geq t_d \tag{3.2.6-1}$$

2 承载力法。在设计耐火极限时间内，火灾下钢结构构件的承载力设计值不应小于其最不利的荷载（作用）组合效应设计值，并应按下式进行验算。

$$R_d \geq S_m \tag{3.2.6-2}$$

3 临界温度法。在设计耐火极限时间内，火灾下钢结构构件的最高温度不应高于其临界温度，并应按下式进行验算。

$$T_d \geq T_m \tag{3.2.6-3}$$

式中：t_m——火灾下钢结构构件的实际耐火极限；

t_d——钢结构构件的设计耐火极限，应按本规范第3.1.1条规定确定；

S_m——荷载（作用）效应组合的设计值，应按本规范第3.2.2条的规定确定；

R_d——结构构件抗力的设计值，应根据本规范第7章、第8章的规定确定；

T_m——在设计耐火极限时间内构件的最高温度，应根据本规范第6章的规定确定；

T_d——构件的临界温度，应根据本规范第7章、第8章的规定确定。

解读： 本条给出了构件耐火验算时的三种方法。耐火极限法是通过比较构件的实际耐火极限和设计耐火极限，来判定构件的耐火性能是否符合要求，并确定其防火保护。结构受火作用是一个恒载升温的过程，即先施加荷载，再施加温度作用。模拟恒载升温，对于试验来说操作方便，但是对于理论计算来说则需要进行多次计算比较。为了简化计算，可采用直接验算构件在设计耐火极限时间内是否满足耐火承载力极限状态要求。火灾下随着构件温度的升高，材料强度下降，构件承载力也将下降；当构件承载力降至最不利组合效应时，构件达到耐火承载力极限状态。构件从受火到达到耐火承载力极限状态的时间即为构件的耐火极限；构件达到其耐火承载力极限状态时的温度即为构件的临界温度。因此，公式（3.2.6-1）、公式（3.2.6-2）、公式（3.2.6-3）的耐火验算结果是完全相同的，耐火验算时只需采用其中之一即可。

13.5 如何运用 PKPM 实现防火设计

13.5.1 PKPM 采用何种耐火验算方法

PKPM 程序采用临界温度法进行耐火验算。后面我们将会看到，采用临界温度法可以最快捷地计算出防火保护层所需要的最小厚度或等效热阻。

13.5.2 PKPM 进行耐火设计时的几个关键参数

与钢材有关的几个参数见图 13-3。

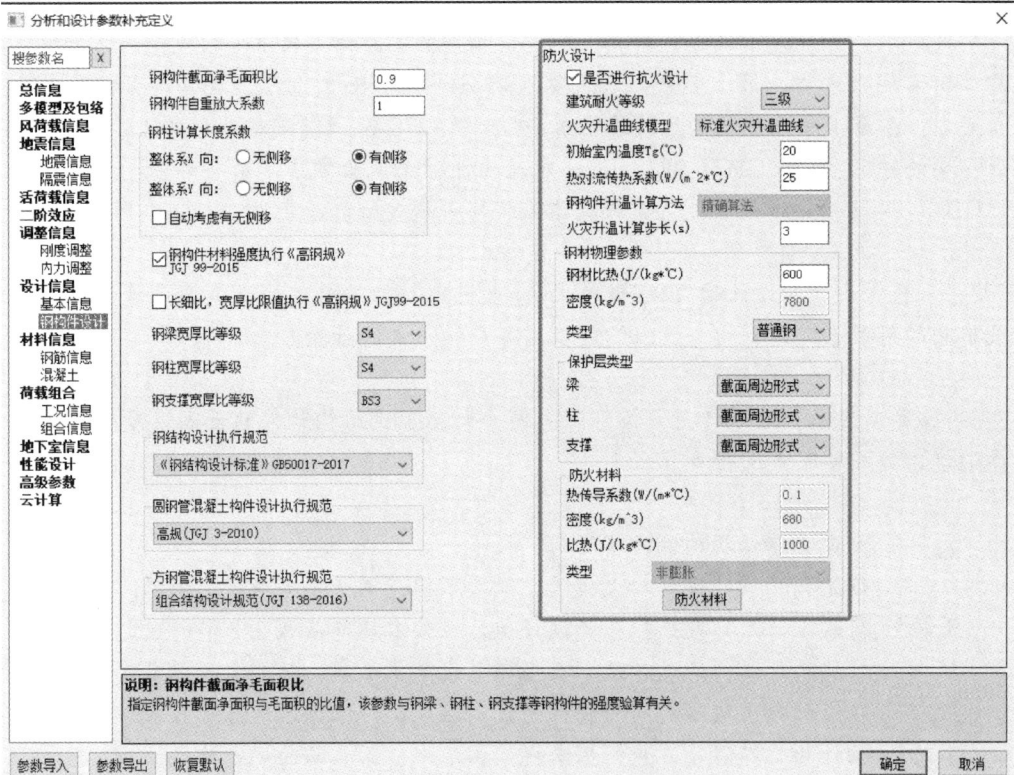

图 13-3　PKPM 防火钢材参数示意图

本案例厂房属于戊类，故建筑耐火等级为四级。

（1）T_{g0}——火灾前室内环境的温度（℃），可取 20℃。

见《钢结构防火规范》6.1.1 条。

（2）α_c——热对流传热系数 [W/(m²·℃)]，可取 25W/(m²·℃)。

见《钢结构防火规范》6.2.1 条。

（3）Δt——火灾升温计算（时间）步长（s），取值不宜大于 5s。

见《钢结构防火规范》6.2.1 条。

（4）c_s——钢材比热（容）[J/(kg·℃)]—600J/(kg·℃)。

见《钢结构防火规范》表 5.1.1。

与涂料有关的几个参数见图 13-4。

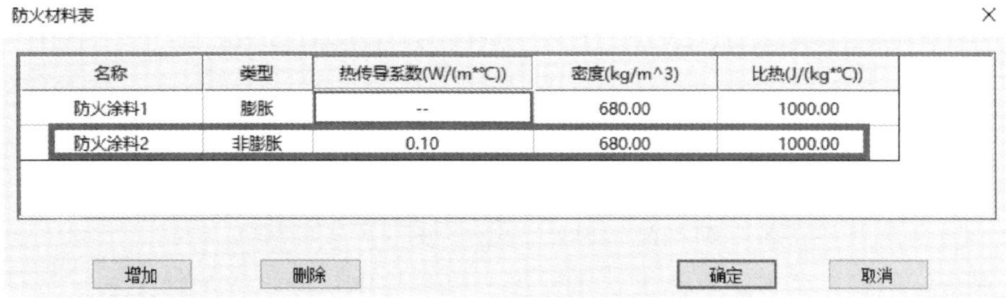

防火材料表					×
名称	类型	热传导系数(W/(m*℃))	密度(kg/m^3)	比热(J/(kg*℃))	
防火涂料1	膨胀	--	680.00	1000.00	
防火涂料2	非膨胀	0.10	680.00	1000.00	

| 增加 | 删除 | | | 确定 | 取消 |

图 13-4　防火涂料参数示意图

如果有具体厂家的涂料产品物理性能，请按照给定数值填写，如果没有，可参考下面数值执行。

λ_s——热传导系数 $[W/(m \cdot ℃)]$——0.1~0.2W/(m·℃)

密度（500kg/m³）：干密度一般≤500kg/m³，考虑溶剂后可按照默认数值。

比热（容）$[J/(kg \cdot ℃)]$——800~1000J/(kg·℃)

13.5.3　PKPM 钢构件防火计算结果

1. 防火设计依据

（1）《钢结构防火涂料》GB 14907—2018

（2）《建筑钢结构防火技术规范》GB 51249—2017

（3）《钢结构防火涂料应用技术规程》T/CECS 24—2020

（4）《建筑设计防火规范》GB 50016—2014（2018 年版）

（5）《钢结构工程施工质量验收标准》GB 50205—2020

2. 钢构件防火设计

（1）建筑防火等级为三级

（2）防火设计内容：钢构件的耐火设计、防火涂料类型及热物理指标和涂层厚度，应按下表执行。

说明：默认给出每层各防火类型材料的最大值构件，完整信息需勾选详细构件统计查看。

1层

构件类别	编号	耐火极限(h)	防火涂料类型	涂层厚度(mm)	等效热阻(m²·℃/W)
钢梁	1	1.0	非膨胀型	16.46	0.16
钢柱	1	2.0	非膨胀型	8.74	0.09

2层

构件类别	编号	耐火极限(h)	防火涂料类型	涂层厚度(mm)	等效热阻(m²·℃/W)
钢梁	1	1.0	非膨胀型	17.60	0.18
钢柱	1	2.0	非膨胀型	8.76	0.09

13.6　钢结构的防腐蚀设计

《钢标》防腐蚀设计规定：

18.2.4　结构防腐蚀设计应符合下列规定：

1　当采用型钢组合的杆件时，型钢间的空隙宽度宜满足防护层施工、检查和维修的要求。

2　不同金属材料接触会加速腐蚀时，应在接触部位采用隔离措施。

3　焊条、螺栓、垫圈、节点板等连接构件的耐腐蚀性能，不应低于主材材料；螺栓直径不应小于12mm。垫圈不应采用弹簧垫圈。螺栓、螺母和垫圈应采用镀锌等方法防护，安装后再采用与主体结构相同的防腐蚀方案。

4　设计使用年限大于或等于25年的建筑物，对不易维修的结构应加强防护。

5　避免出现难于检查、清理和涂漆之处，以及能积留湿气和大量灰尘的死角或凹槽；闭口截面构件应沿全长和端部焊接封闭。

6　柱脚在地面以下的部分应采用强度等级较低的混凝土包裹（保护层厚度不应小于50mm），包裹的混凝土高出室外地面不应小于150mm，室内地面不宜小于50mm，并宜采取措施防止水分残留；当柱脚底面在地面以上时，柱脚底面高出室外地面不应小于100mm，室内地面不宜小于50mm。

18.2.5　钢材表面原始锈蚀等级和钢材除锈等级标准应符合现行国家标准《涂覆涂料前钢材表面处理　表面清洁度的目视评定》GB/T 8923的规定。

1　表面原始锈蚀等级为D级的钢材不应用作结构钢；

2　喷砂或抛丸用的磨料等表面处理材料应符合防腐蚀产品对表面清洁度和粗糙度的要求，并符合环保要求。

18.2.6　钢结构防腐蚀涂料的配套方案，可根据环境腐蚀条件、防腐蚀设计年限、施工和维修条件等要求设计。修补和焊缝部位的底漆应能适应表面处理的条件。

18.2.7　在钢结构设计文件中应注明防腐蚀方案，如采用涂（镀）层方案，须注明所要求的钢材除锈等级和所要用的涂料（或镀层）及涂（镀）层厚度，并注明使用单位在使用过程中对钢结构防腐蚀进行定期检查和维修的要求，建议制订防腐蚀维护计划。

详见表13-2说明。

具体说明　　　　　　　　　　　　　　　　　　　表13-2

序号	规范类别	具体要求
1	表面处理等级	喷射/抛射除锈:Sa2.5 或 Sa3 级;手工/动力工具:St2 或 St3 级
2	除锈方法	抛丸(钢丸粒度 2~3mm)、喷砂(石英砂)、手工工具(砂轮机、铲刀)

14 施工图审查及设计交底

14.1 施工图审查

施工图审查是施工图设计文件审查的简称，是指建设主管部门认定的施工图审查机构按照有关法律、法规，对施工图涉及公共利益、公众安全和工程建设强制性标准的内容进行的审查。国务院建设行政主管部门负责全国的施工图审查管理工作。省、自治区、直辖市人民政府建设行政主管部门负责组织本行政区域内的施工图审查工作的具体实施和监督管理工作。

14.1.1 计算模型及计算书中常见问题

（1）模型荷载输入是否正确合理，活荷载取值是否符合《荷载规范》的要求？

（2）模型参数设置是否正确合理？

（3）模型构件截面是否与最后的施工图纸对应？

（4）模型计算结果是否合理；刚度比、受剪承载力之比、剪重比、刚重比、周期比、位移角、位移比、有效质量参与系数、单位面积质量等是否合理？

（5）隔墙自重和二次装修荷载另计，按恒荷载考虑，当隔墙位置可灵活布置时，非固定隔墙的自重可取每延米墙重的 1/3 作为楼面活荷载的附加值计入，不应小于 $1.0kN/m^2$。

（6）当最不利地震作用角度较大时，是否按最不利地震作用方向计算地震作用（角度较大时，例如大于 15°时，应将该方向的地震作用计算一次，并以此较大的计算结果设计、编制施工图）？

（7）计算单向地震作用时，是否考虑了偶然偏心的影响？

（8）对于质量和刚度分布明显不均匀、不对称的结构，是否按照双向水平地震作用进行计算？

（9）角柱是否定义？

14.1.2 板施工图常见问题

（1）板厚取值是否有误（板的跨厚比：钢筋混凝土单向板不大于 30）？

（2）板中受力筋间距：板厚 $h \leq 150mm$ 时，$S \leq 200mm$；板厚 $h > 150mm$ 时，$S \leq \min\{1.5h, 250mm\}$。

（3）板面构造筋：简支边支座负筋 $d \geq 8mm$，$S \leq 200mm$，且不少于跨中相应方向板底筋的 1/3，伸入板内的长度 $L_0/4$，L_0 为受力方向或短边计算跨度。

（4）结构外轮廓与建筑是否一致（一定要把模板图拷贝到建筑图上核对）？

（5）结构平面各部分的标高是否标明，是否与建筑相应位置符合（注意各层卫生间、室外露台、屋顶花园、台阶位置、公共厨房等需降标高的场所）？

（6）结构变标高位置、开洞位置及反梁是否为实线？

（7）建筑、设备在板上开的洞有没有遗漏，是否与建筑图位置完全一致？

（8）柱是否与建筑一致，在位置和尺寸上是否影响建筑使用（一定要把模板图拷贝到建筑图上核对）？

（9）洞的定位、大小与洞边加强处理。

（10）楼层层高表是否正确（特别注意檐口结构标高，出大屋面标高建筑标高同结构标高）？

（11）板面标高、板厚有无缺漏？

（12）逐条检查模板及板配筋说明是否正确，是否适合本工程，是否有与平面图矛盾的地方？

（13）楼板钢筋平法表达是否正确？是否所有板都有编号？

（14）屋面是否设置通长面筋或温度筋？

14.1.3　钢结构平面布置图常见问题

（1）框架梁截面未满足宽厚比等构造要求。

（2）跨度较大的梁挠度是否验算通过？

（3）梁腹板开孔位置未避开高应力区域（如跨中剪力较大处）。

（4）开孔后未补强或补强方式错误（如环形加劲板缺失）。

（5）平面节点详图编号是否与节点详图做法相对应？

14.1.4　基础施工图常见问题

（1）逐个检查独立基础定位、编号是否正确？

（2）建筑台阶、坡道等处对基础标高是否有影响？场地高差较大时，确保基础埋深满足要求。

（3）对照勘察报告，注意天然基础底能否落在持力层上？

（4）基础详图中长、宽、高等尺寸是否与平面图一致？

（5）柱子形心是否落在基础形心上？

（6）多柱联合基础是否设置面筋？

（7）地基基础设计等级是否满足《地基规范》第3.0.1条？

14.2　设计交底

设计交底，即由建设单位组织施工总承包单位、监理单位参加，由勘察、设计单位对施工图纸内容进行交底的一项技术活动，或由施工总承包单位组织分包单位、劳务班组，由总承包单位对施工图纸施工内容进行交底的一项技术活动。目的是使参与工程建设的各方了解工程设计的主导思想、建筑构思和要求、采用的设计规范、确定的抗震设防烈度、防火等级、基础、结构、内外装修及机电设备设计，熟悉主要建筑材料、构配件和设备的要求、采用的新技术、新工艺、新材料、新设备的要求以及施工中应特别注意的事项，掌握工程关键部分的技术要求，保证工程质量。设计单位必须依据国家设计技术管理的有关规定，对提交的施工图纸进行系统的设计技术交底，同时，也为了减少图纸中的差错、遗漏、矛盾，将图纸中的质量隐患与问题消灭在施工之前，使施工图纸更符合施工现场的具体要求，避免返工浪费。在施工图设计技术交底的同时，监理部、设计单位、建设单位、施工单位及其他有关单位需对设计图纸在自审的基础上进行会审。施工图纸是施工单位和监理单位开展工作最直接的依据。现阶段大多数是对施工过程进行监理，对设计过程监理很少，图纸中的差错难免存在，故设计交底与图纸会审更显必要。设计交底与图纸会审是保证工程质量的重要环节，是保证工程质量的前提，也是保证工程顺利施工的主要步骤。监理和各有关单位应当充分重视。

设计交底应该遵循以下原则：

（1）设计单位应提交完整的施工图纸；各专业相互关联的图纸必须提供齐全、完整；对施工单位急需的重要分部分项专业图纸也可提前交底与会审，但在所有成套图纸到齐后需再统一交底与会审。一个普遍情况是，很多工程已开工而施工图纸还不全，以致后到的图纸拿来就施工，这些现象是不正常的。图纸会审不可遗漏，即使施工过程中另补的新图也应进行交底和会审。

（2）在设计交底与图纸会审之前，建设单位、监理部及施工单位和其他有关单位必须事先指定主管该项目的有关技术人员看图自审，初步审查本专业的图纸，进行必要的审核和计算工作。各专业图纸之间必须核对。

（3）设计交底与图纸会审时，设计单位必须派负责该项目的主要设计人员出席。进行设计交底与图纸会审的工程图纸，必须经建设单位确认，未经确认不得交付施工。

（4）凡直接涉及设备制造厂家的工程项目及施工图，应由订货单位邀请制造厂家代表到会，并请建设单位、监理部与设计单位的代表一起进行技术交底与图纸会审。

设计交底应重点注意的事项：

（1）设计图纸与说明书是否齐全、明确，坐标、标高、尺寸、管线、道路等交叉连接是否相符，图纸内容、表达深度是否满足施工需要，施工中所列各种标准图册是否已经具备？

（2）施工图与设备、特殊材料的技术要求是否一致，主要材料来源有无保证，能否代换，新技术、新材料的应用是否落实？

（3）设备说明书是否详细，与规范、规程是否一致？

（4）土建结构布置与设计是否合理，是否与工程地质条件紧密结合，是否符合抗震设计要求？

（5）设计的图纸之间有无相互矛盾：各专业之间、平立剖面之间、总图与分图之间有无矛盾；建筑图与结构图的平面尺寸及标高是否一致，表示方法是否清楚？

（6）建筑与结构是否存在不能施工或不便施工的技术问题，或导致质量、安全及工程费用增加等问题？

（7）防火、消防设计是否满足有关规程要求？

会议纪要与实施：

（1）项目监理部应将施工图会审记录整理汇总并负责形成会议纪要。经与会各方签字同意后，该纪要即被视为设计文件的组成部分（施工过程中应严格执行），发送建设单位和施工单位，抄送有关单位，并予以存档。

（2）如有不同意见，通过协商仍不能取得统一时，应报请建设单位定夺。

（3）对会审会议上决定必须进行设计修改的，由原设计单位按设计变更管理程序提出修改设计，一般性问题经监理工程师和建设单位审定后，交施工单位执行，重大问题报建设单位及上级主管部门与设计单位共同研究解决。施工单位拟施工的一切工程项目设计图纸，必须经过设计交底与图纸会审，否则不得开工。已经交底和会审的施工图以下达会审纪要的形式作为确认。

15 钢框架常见问题

15.1 设计方法采用性能化设计还是传统设计？

抗震性能化设计的核心在于平衡延性与承载力，并针对特定工程需求优化性能目标。其适用性需综合考虑结构类型、设防烈度、经济条件及技术可行性。对于超出规范范围、地震非主导因素或条件受限的项目，应优先采用常规抗震设计或其他专项解决方案。

（1）超出规范适用范围的结构

当钢框架结构的抗震设防烈度高于 8 度（0.20g）或结构高度超过 100m 时，《钢标》明确其抗震性能化设计方法不再适用，需采用其他专项设计手段。

若结构形式不属于框架、支撑或框架-支撑体系（如单层工业厂房、大跨空间结构），性能化设计的针对性可能不足，需结合具体结构特性调整方案。

（2）地震作用非主要控制因素的项目

在低烈度区或地震作用不主导结构设计的情况下（如以风荷载或温度效应为主），采用性能化设计可能增加不必要的经济成本。例如，单层工业厂房若由风荷载控制设计，更适合采用"低延性-高承载力"的常规抗震思路，而非性能化设计。

（3）经济性或施工条件受限

性能化设计要求较高的延性或承载力，可能涉及特殊材料（如高性能钢材、复合材料）或复杂构造措施（如强节点设计、耗能装置安装），若项目预算有限或施工技术无法满足，则难以实施。

若常规抗震设计已满足规范要求（如小震下承载力和层间位移达标），且无特殊功能需求，采用性能化设计反而可能因过度设计导致资源浪费。

（4）构造措施难以调整的情况

当现有构造措施（如宽厚比、长细比）无法通过性能化设计要求的延性等级调整来放松限制时，该方法可能失效。例如，若构件在性能化验算后仍需严格满足原构造要求，则无法体现其经济性优势。

（5）复杂结构或设计基础薄弱

对于高度不规则结构或动力特性复杂的钢框架，性能化设计需精准的地震动输入和精细化分析，若缺乏可靠的地震参数或计算能力不足，可能导致设计结果存在偏差。

若设计团队对性能目标的确定、延性与承载力平衡等核心概念理解不足，盲目应用该方法可能引发安全隐患。

15.2 梁柱连接采用居中布置还是偏心布置？

梁柱居中布置（梁柱中心线对齐）和偏心布置相比，从结构的角度来说居中布置更合理，但从建筑的角度来说，偏心布置更合理，各自的优缺点都很明显。下面是梁柱居中布置优缺点的展开论述。

优点：

（1）受力明确

梁端弯矩直接传递至柱中心，柱主要承受轴向压力，受力均匀，减少局部应力集中。节点受力对称，避免附加扭矩，结构分析简单，符合常规设计假定。

（2）节点构造简单

对称连接便于标准化设计，焊接或螺栓施工便捷，质量易控制。节点刚性高，整体刚度大，变形较小。

（3）抗震性能优

传力路径直接，节点延性易保证，地震中不易发生脆性破坏。规范推荐做法，易满足抗震构造要求（如强节点弱构件原则）。

（4）经济性高

材料利用率高，柱截面通常较小，节点无须额外加强，综合造价较低。

缺点：

（1）空间灵活性受限

柱中心可能影响建筑功能布局（如门窗位置、设备管线穿越）。

大跨度时梁高可能占用层高，需权衡结构效率与空间需求。

（2）建筑美观局限

柱居中对室内空间分割较明显，可能影响视觉效果。

针对建筑上美观和影响空间的不利因素，我们采用梁柱居中布置时可以通过一些结构的相关措施来进行协调。比如，外围梁柱中心布置时柱会突出墙面，此时梁柱理论上应该是偏心布置，但是我们可以强行将框架梁进行偏移，以满足梁柱居中布置，这时框架梁就无法直接托住外围的墙，可以通过挑板托住外围墙解决。但是如果是梁柱偏心布置，结构受力和相应构造措施均难以处理。

梁柱偏心布置缺点：

（1）受力复杂

柱承受偏心弯矩，需增大截面或采用更强材料，增加用钢量。节点处存在附加剪力与扭矩，需进行精细化分析（如考虑 $P\text{-}\Delta$ 效应）。

（2）节点构造复杂

需设置加劲肋、扩翼连接或特殊构造（如端板、狗骨式削弱），施工难度大。焊接残余应力集中，易引发疲劳或脆性破坏，质量控制要求高。

（3）抗震性能挑战

偏心导致节点应力分布不均，降低耗能能力，需额外加强措施。非对称变形可能加剧结构扭转效应，需严格验算层间位移比。

（4）经济性较低

节点加强措施及复杂施工工艺增加成本，设计及施工周期延长。

综上所述，对梁柱居中和偏心布置归纳，详见表15-1。

梁柱居中和偏心布置对比   **表 15-1**

对比项	居中布置	偏心布置
受力性能	简单、均匀	复杂、需考虑附加弯矩
节点构造	简单、标准化	复杂、需加强
抗震性能	优（传力直接）	需特殊设计（易应力集中）
空间利用	受限（但可通过结构措施调整）	灵活
施工难度	低	高
经济性	高	较低

15.3 框架梁端必须设置隅撑吗？

（1）《高钢规》8.5.5 条：抗震设计时，框架梁受压翼缘根据需要设置侧向支承（图 8.5.5），在出现塑性铰的截面上、下翼缘均应设置侧向支承。当梁上翼缘与楼板有可靠连接时，固端梁下翼缘在梁端 0.15 倍梁跨附近均宜设置隅撑（图 8.5.5a）；梁端采用加强型连接或骨式连接时，应在塑性区外设置竖向加劲肋，隅撑与偏置 45°的竖向加劲肋在梁下翼缘附近相连（图 8.5.5b），该竖向加劲肋不应与翼缘焊接。梁端下翼缘宽度局部加大，对梁下翼缘侧向约束较大时，视情况也可不设隅撑。相邻两支承点间的构件长细比，应符合现行国家标准《钢结构设计规范》GB 50017 对塑性设计的有关规定。

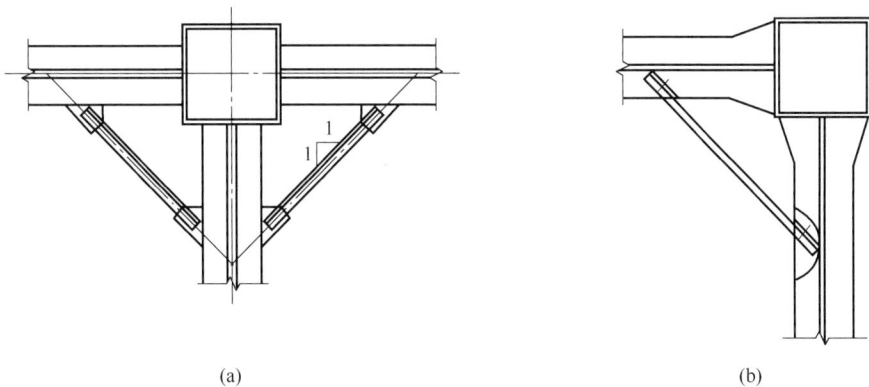

(a)   (b)

图 8.5.5 梁的隅撑设置

（2）《抗震标准》8.3.3 条条文说明：当梁上翼缘与楼板有可靠连接时，简支梁可不设置侧向支承，固端梁下翼缘在梁端 0.15 倍梁跨附近宜设置隅撑。

综上所述，钢结构框架梁应在下端设置隅撑。

15.4 采用组合梁一定比非组合梁经济吗？

在钢框架设计中，组合梁与非组合梁的经济性需结合具体项目条件综合判断，并非组合梁一定更经济。以下是关键因素分析：

（1）设计简化与施工便利性

设计复杂度低：非组合梁仅需考虑钢梁自身的受力，无须验算混凝土与钢梁的协同工作（如界面滑移、长期徐变、收缩效应等），设计流程更简单，符合常规项目的"快速设计"需求。

施工工序少：非组合梁无须焊接剪力栓钉、无须等待混凝土养护，可直接安装钢梁后铺设压型钢板或预制楼板，工期更短（节省15％～30％的时间）。

施工容错率高：无须精确控制混凝土浇筑对组合界面的影响，对施工队伍技术水平要求较低。

（2）中小跨度项目的经济性更优

材料节省有限：对于跨度＜6m的常规建筑（如办公楼、住宅），非组合梁的钢材用量增加有限（10％～20％），但省去了栓钉、混凝土协同施工等成本，综合造价可能更低。

小荷载场景：活荷载较低时（如普通楼面荷载5kN/m^{2}以下），组合梁的刚度优势难以发挥，反而增加额外成本。

（3）维护与改造灵活性

后期改造便利：非组合梁的钢梁独立受力，改造时无须考虑混凝土楼板的连接破坏风险（如开洞、加层）。

维护成本低：钢梁的防腐防火处理标准化，而组合梁的混凝土开裂修复可能更复杂（尤其在负弯矩区）。

（4）行业惯性及规范适用性

传统设计习惯：许多设计院对非组合梁的设计经验更丰富，配套图集和标准节点成熟，设计风险更低。

规范偏向保守：部分设计规范对组合梁的构造要求较严（如栓钉间距、混凝土板配筋），可能导致设计保守，削弱经济性优势。

15.5 何时需要设置柱间支撑？

框架结构依靠梁柱受弯承受荷载，其抗侧刚度相对较小。当结构的高度较高时，如仍采用框架结构，在风或地震作用下，结构的抗侧刚度难以满足设计要求，或结构梁柱截面过大，结构失去了经济合理性，此时可在框架结构中布置支撑构成中心支撑框架结构。

参 考 文 献

［1］ 中华人民共和国住房和城乡建设部. 建筑结构可靠性设计统一标准 GB 50068—2018［S］. 北京：中国建筑工业出版社，2018.

［2］ 中华人民共和国住房和城乡建设部，中华人民共和国国家质量监督检验检疫总局. 建筑结构荷载规范 GB 50009—2012［S］. 北京：中国建筑工业出版社，2012.

［3］ 中华人民共和国住房和城乡建设部. 建筑抗震设计标准 GB/T 50011—2010（2024 年版）［S］. 北京：中国建筑工业出版社，2024.

［4］ 中华人民共和国住房和城乡建设部. 混凝土结构设计标准 GB 50010—2010（2024 年版）［S］. 北京：中国建筑工业出版社，2024.

［5］ 中华人民共和国住房和城乡建设部，中华人民共和国国家质量监督检验检疫总局. 建筑地基基础设计规范 GB 50007—2011［S］. 北京：中国建筑工业出版社，2012.

［6］ 但泽义. 钢结构设计手册（第四版）［M］. 北京：中国建筑工业出版社，2019.

［7］ 中华人民共和国住房和城乡建设部，中华人民共和国国家质量监督检验检疫总局. 钢结构设计标准 GB 50017—2017［S］. 北京：中国建筑工业出版社，2017.

［8］ 国家市场监督管理总局，中国国家标准化管理委员会. 钢结构防火涂料 GB 14907—2018［S］. 北京：中国标准出版社，2018.

［9］ 中华人民共和国住房和城乡建设部，中华人民共和国国家质量监督检验检疫总局. 建筑钢结构防火技术规范 GB 51249—2017［S］. 北京：中国计划出版社，2017.

［10］ 中华人民共和国住房和城乡建设部，中华人民共和国国家质量监督检验检疫总局. 建筑设计防火规范 GB 50016—2014（2018 版）［S］. 北京：中国计划出版社，2018.

［11］ 李星荣，秦斌. 钢结构连接节点设计手册（第四版）［M］. 北京：中国建筑工业出版社，2019.